U0643613

应用型本科系列规划教材

特 种 水 处 理

主　编　沈　哲
副主编　吴　奇
编　者　沈　哲　吴　奇　方向青
　　　　李　雅　李瑞娟　范文雯

西北工业大学出版社

西 安

【内容简介】 本书针对高等学校相关专业的特点,全面、系统地介绍特种水处理相关的基础知识,重点培养学生对本学科的整体认知,提高学生的动手能力。全书共 12 章,内容包括发酵、制药、煤化工、医院、石油工业、电镀、垃圾渗滤液、钢铁冶炼、稀土工业、纺织印染、制革工业等废水以及常见管件、仪表设备。多数章节后配有相应的工程案例,便于学生对理论知识的深入学习和了解现场实际工艺、运行状况。

本书既可作为应用型本科院校给排水科学与工程、环境工程相关专业大三学生特种水处理课程的教材,也可供从事环保行业及相关技术领域的人员阅读参考。

图书在版编目(CIP)数据

特种水处理 / 沈哲主编. — 西安 : 西北工业大学出版社,2024.8. — ISBN 978 - 7 - 5612 - 9507 - 6

Ⅰ. TU991.2

中国国家版本馆 CIP 数据核字第 2024QT9350 号

TEZHONGSHUI CHULI

特 种 水 处 理

沈哲 主编

责任编辑:蒋民昌	**策划编辑:**蒋民昌
责任校对:万灵芝	**装帧设计:**高永斌 董晓伟

出版发行:西北工业大学出版社

通信地址:西安市友谊西路 127 号 邮编:710072

电　　话:(029)88491757,88493844

网　　址:www.nwpup.com

印 刷 者:陕西五星印刷有限公司

开　　本:787 mm×1 092 mm　　1/16

印　　张:13.5

字　　数:346 千字

版　　次:2024 年 8 月第 1 版　　2024 年 8 月第 1 次印刷

书　　号:ISBN 978 - 7 - 5612 - 9507 - 6

定　　价:68.00 元

如有印装问题请与出版社联系调换

前　言

为进一步提高应用型本科高等教育教师的教学水平,推动应用型人才培养工作的开展,提升学生的实践能力和创新能力,提高应用型本科教材的建设和管理水平,西安航空学院与国内众多高校、科研院所、企业进行深入探讨和研究,编写了"应用型本科系列规划教材"用书,包括《特种水处理》共计 30 种。本系列教材的出版,将对基于生产实际并符合市场的人才培养工作起到积极的促进作用。

"特种水处理"是高等学校理工科专业学生的专业选修课程,通过全面介绍各种行业污水处理科学技术基础知识,揭示环境科学工程学科专业特色。本书概述性地介绍该学科各分支的主要专业知识,展示环保特种行业相关领域污水特点,处理方法、工艺及工程案例。该课程开设的目的是向给排水科学与工程、环境工程各专业学生介绍关于特种行业污水处理的基础知识和技能,使他们对该学科有一个整体的认识,尽早建立一个完整的工程设计专业知识体系框架,为深入学习相关课程打下一个良好的基础。

为此,笔者结合多年的教学及实践工作经验,对照给排水科学与工程、环境工程专业人才的培养要求,依据社会对于环境工程学科人才素质和能力的需求,组织人员编写了本书。

本书由沈哲任主编。具体编写分工如下:方向青编写第 1、4 章,李雅编写第 2、6 章,沈哲编写第 3、5 章,李瑞娟编写第 7、8 章,吴奇编写第 9～12 章,范文雯编写附录,全书由沈哲统稿。

在编写本书的过程中,笔者得到了有关领导的关心和帮助,并参考了一些同行、专家的有关文献资料,在此一并表示感谢。此外,西安丝路软件有限公司、西安中瑞石油科技有限公司、陕西化工研究院有限公司对本书的部分内容进行了审阅,在此表示感谢。

由于笔者水平有限,书中难免存在不足之处,欢迎读者提出批评和建议,以便改正和完善。

编　者

2024 年 5 月

目 录

第1章 发酵废水

发酵指人们借助微生物在有氧或无氧条件下的生命活动来制备微生物菌体本身或者直接代谢产物或次级代谢产物的过程。发酵工程是生物技术的重要组成部分,是生物技术产业化的重要环节。发酵技术有着悠久的历史。近百年来,随着科学技术的进步,发酵技术发生了划时代的变革,已经从利用自然界中原有的微生物进行发酵生产的阶段进入结合了现代的基因工程、细胞工程等的新技术,按照人们的意愿改造成具有特殊性能的微生物以生产人类所需要的发酵产品的新阶段。

发酵包括传统发酵工业(有时称酿造),如某些食品和酒类的生产,也包括近代的发酵工业,如酒精、乳酸、丙酮-丁醇、丁醇-异丙醇、丙酮-乙醇等的生产,还包括新兴的发酵工业,如抗生素、有机酸、氨基酸、酶制剂、单细胞蛋白等的生产。在我国,常常把由复杂成分构成,并有较高风味要求的发酵食品,如啤酒、白酒、黄酒、葡萄酒等饮料酒,以及酱油、酱、豆腐乳、酱菜、食醋等副食佐餐调味品的生产称为酿造工业;而把经过纯种培养、提炼精制获得的成分单纯且无风味要求的酒精、抗生素、柠檬酸、谷氨酸、酶制剂、单细胞蛋白等的生产称做生产工业。

发酵产业经过数十年的发展,已经初步形成了以食品、饮料、药品、环保等为核心的产业体系。从产业规模来看,我国发酵产业经过多年的快速发展,形成了一定的规模。据统计,截至 2021 年,我国发酵产业总产值已经达 2.2 万亿元,占全国工业总产值的比重也在不断提高。

1.1 发酵工业废水特点

1.1.1 发酵工业废水的来源及水量

在我国,一般地讲淀粉、制糖、乳制品的加工工艺为:原料→处理→加工→产品,而发酵产品(酒精、酒类、味精、柠檬酸、有机酸)的生产工艺为:原料→处理→淀粉→糖化→发酵→分离与提取→产品。

由工艺流程可见,发酵工业的主要废渣水来自原料处理后剩下的废渣,如蔗渣、甜菜粕、大米渣、麦糟等;分离与提取主要产品后母液与废糟,如玉米、薯干、糖蜜酒精糟、味精发酵废母液、白酒糟、葡萄酒糟等;加工和生产过程中各种冲洗水、洗涤剂和冷却水。这些行业年排放废水量大,整个食品与发酵工业的年排放废水、废渣水总量大,而且有逐年增多的趋势。

发酵工业采用玉米、薯干、大米等作为主要原料,并不是利用这些原料的全部,而只是利用其中的淀粉,其余部分限于投资和技术、设备、管理等原因,很多企业尚未加以很好的利用。发酵工业年耗粮食、糖料、农副产品约达 8 000 万 t,其中玉米、大米等原料耗量为 2 500 万 t 左右。若粮薯原料按平均淀粉含量 60%(质量分数)计,则上述行业全年将有 1 000 万 t 原料尚未被很好利用,其中有相当部分随冲洗涤水排入生产厂周围水系,不但严重污染环境,而且大量地浪费了粮食资源。

味精工业废水造成的环境污染问题日益突出,在众所周知的淮河流域水污染问题中,它是仅次于造纸废水的第二大污染源;在太湖、松花江、珠江等流域,也因味精废液污染问题,成为公众瞩目的焦点。对于味精废液,过去一直采用末端治理的技术,投资大,不能从根本上解决问题。随着生产规模的不断扩大,味精废液的污染日趋严重,该类废水已被列为环境保护综合名录(2021 年)中高污染产品名录。据统计,每生产 1 t 的味精就会伴随着 10 t 到 15 t 的废水产生。来源于其生产过程中制糖工段、发酵工段以及提取工段,它们都会带来大量的废水产生。数据显示,2012 年我国味精行业排放废水 1.2 亿吨,柠檬酸行业排放废水 3 500 万 t。

应指出的是,发酵工业的行业繁多、原料广泛、产品种类也多,因此,排出的废水水质差异大,其主要特点是有机物质和悬浮物含量较高、易腐蚀,一般无毒性,但会导致受纳水体富营养化,造成水体缺氧,水质恶化,污染环境,甚至危害人类健康。

1.1.2 发酵工业废水的水质及其特征

食品与发酵工业均以粮食、薯干农副产品为主要原料,生产过程中排出的废渣水(如酒精糟、白酒糟、麦糟、废酵母、黄浆大米渣、薯干渣、玉米浆渣等)中含有丰富的蛋白质、氨基酸、维生素以及糖类和多种微量元素(见表 1-1),因此是理想的饲料原料,也是微生物增殖的营养源。此外,还可以以这些废渣为培养基进行厌氧发酵,将复杂的有机物通过微生物作用降解转化,获得大量沼气。更重要的是,废渣水在生产饲料和沼气的同时,能大大降低污染负荷,实属一举两得。

按照发酵工业的性质与产品分类,所产生的废水主要包括酒类生产废水、糖类生产废水、乳品工业废水、味精生产废水、柠檬酸生产废水和抗生素类生物制药废水等。各种废水的水质特征迥异,这里选几种常见的典型废水阐述其特性。

1. 酒精工业废水

酒精工业的污染以水的污染最为严重。生产过程的废水主要来自蒸馏发酵成熟醪后排出的酒精糟,生产设备的洗涤水、冲洗水,以及蒸煮、糖化、发酵蒸馏工艺的冷却水等。

表1-1　食品发酵业废渣水主要成分含量

废渣水项目	薯干酒精糟	玉米酒精糟	糖蜜酒精糟	味精废母液[②]	柠檬酸废母液	白酒精[③]	啤酒精	废甜菜粕	大米渣
pH	5.4	5.2	5.0	3.2~3.5	5.0~5.5	3~4			
$w^{①}$(还原糖)	0.22			0.75	0.4				
w(总糖)	0.68	0.83	2.2		1.0		1.8		
u(总固形物)	5.2	5.7	11.5	11.54	4.0				
a(悬浮物)	4.2	4.12	1.5	1.54		40	20~25	8.4	50
w(灰分)	0.6	0.22	3.1	6.03		5.84			
w(氮)	0.13		0.31			8.1	5.1	0.9	25
w(磷)	0.02		0.005	0.16		0.11		0.05	
w(谷氨酸)				1.74					
w(淀粉)				1.03					12
COD/$(g \cdot L^{-1})$	52.6	70	130	100~120	20~30	30~50			
BOD/$(g \cdot L^{-1})$	23.3			50~60					

注：①表示的是成分的质量分数。

②味精废母液是指发酵液采用一次冷冻等电提取粗谷氨酸后的母液。

③白酒精是指大曲酒(65度)酒精。

酒精生产基本不排放工艺废渣和废气，排放的废气、废渣主要来自锅炉房。酒精生产污染物的来源与排放如图1-1所示。由该图可知，酒精生产的废水主要来自蒸馏发酵成熟醪时粗馏塔底部排放的蒸馏残留物——酒精糟(即高浓度有机废水)，以及生产过程中的洗涤水(中浓度有机废水)和冷却水。酒精糟、洗涤水、冷却水的水质和吨产品排水量见表1-2。

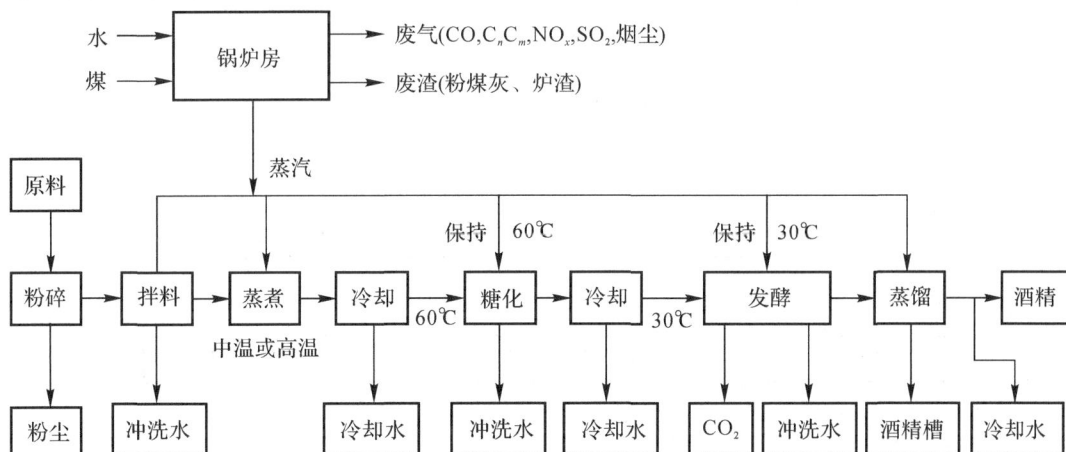

图1-1　酒精生产污染物的来源与排放

由表 1-2 可见,每生产 1 t 酒精约排放 13~16 t 酒精糟。酒精糟呈酸性,COD 高达 $(5\sim7)\times10^4$ mg/L,是酒精行业最主要的污染源。2022 年,我国发酵酒精整体产量约为 1 245.8 万 t。按照表中数据计算污水产生量预计达到 12 亿吨,年有机污染物 BOD 约为 460 万吨,COD 约为 880 万吨。

表 1-2　酒精生产废水水质与排水量

废水名称与来源	排水量/(t·t⁻¹)	pH	COD/(mg·L⁻¹)	BOD₅/(mg·L⁻¹)	ρ(SS)/(mg·L⁻¹)
糖薯酒精糟	13~16	4~4.5	$(5\sim7)\times10^4$	$(2\sim4)\times10^4$	$(1\sim4)\times10^4$
糖蜜酒精糟	14~16	4~4.5	$(8\sim11)\times10^4$	$(4\sim7)\times10^4$	$(8\sim10)\times10^4$
精馏塔底残留水	3~4	5.0	1000	600	
冲洗水、洗涤水	2~4	7.0	600~2 000	500~1 000	
冷却水	50~100	7.0	<100		

2. 啤酒工业废水

啤酒行业是食品工业中耗水较大的行业,虽然各企业间有较大差别,一般来说,每生产 1 t 啤酒的耗水量为 8~25 m³。以生产 1 t 啤酒产生 20 m³ 废水计算,我国啤酒工业每年排放的废水量达 3.72 亿 m³。

啤酒废水属于中等浓度有机废水。一般 COD 为 1 500~3 000 mg/L,BOD₅ 为 100~1 500 mg/L,BOD₅ 与 COD 的比值为 0.5~0.6,表明其可生化性较好,污染物中的有机物容易降解。啤酒生产主要工艺流程如图 1-2 所示。

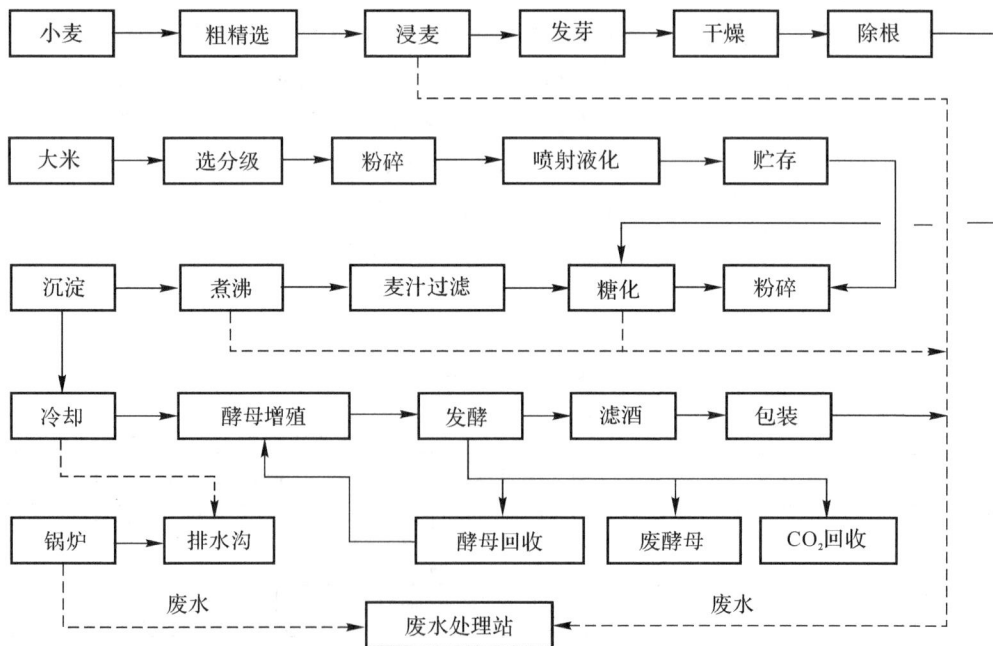

图 1-2　啤酒生产工艺流程图

从图 1-2 可看出,啤酒生产工艺中的每道工序都有固体废弃物(废弃麦根、冷凝凝固蛋白、酵母泥、废硅藻土、废麦糟等)、废水(洗罐水、洗槽水、浸麦水、酒桶与酒瓶洗涤水等)。啤酒厂废水主要来源有:麦芽生产过程中的洗麦水、浸麦水、发芽降温喷雾水、麦糟水、洗涤水、凝固物洗涤水;糖化过程的糖化、过滤洗涤水;发酵过程的发酵罐洗涤、过滤洗涤水;罐装过程洗瓶、灭菌、破瓶啤酒及冷却水和成品车间洗涤水。此外,啤酒工业废水还包括来自办公楼、食堂、宿舍和浴室等处的生活污水。每制 1 t 成品酒,将产生生活污水约 1.7 t,含 COD 污染物 0.85 kg 或 BOD_5 污染物 0.5 kg。

啤酒厂排放的废水超标项目主要是 COD、BOD_5 和 SS 等,其生产过程中各工序水质情况见表 1-3。由该表可见,啤酒生产的废水主要来自两个方面:一是大量的冷却水(糖化、麦汁冷却、发酵等),二是大量的洗涤水、冲洗水(各种罐洗涤水和瓶洗涤水等)。由此可见,啤酒废水的特点是水量大、无毒有害,属高浓度有机废水。

表 1-3　啤酒生产中各工序废水水质

废水来源	主要污染物	COD/(mg·L⁻¹)	BOD_5/(mg·L⁻¹)	排放比/%	排放方式
浸麦、洗麦水	糖类、果胶、矿物盐、蛋白化合物等	500~800	300~500	20~25	间歇
糖化锅、糊化锅清洗水,麦糟贮存池底流出的麦糟水	残余麦汁、糖化醪残留物、热冷凝固物等	20 000~40 000	15 000~25 000	5~10	间歇
发酵罐、贮酒罐清洗水	残余酵母及凝固物、废啤酒等	2 000~3 000	1 400~2 400	15~20	间歇
洗瓶水、喷淋杀菌水、地面冲洗水、包装物破损流出的残酒	洗涤剂、碱、悬浮物、废啤酒等	500~800	300~500	30~40	间歇
厂总排放口工艺水、清洗水	糖类、醇类、有机酸类等有机物	1 500~2 500	1 000~1 800	100	连续

啤酒厂生产啤酒过程用水量很大,特别是酿造罐装工艺过程大量使用新鲜水,相应产生大量废水。啤酒的生产工序较多,不同啤酒厂生产过程中吨酒耗水量和水质相差较大。管理和技术水平较高的啤酒厂耗水量为 8~12 t/t,我国啤酒厂的吨酒耗水量一般大于该参数。国内啤酒从糖化到灌装总耗水 10~20 t/t。

酿造啤酒消耗的大量水除了一部分转入产品外,绝大部分作为工业废水排入环境。如上所述,啤酒工业废水按其有机物含量可分为以下几类(见表 1-4)。

(1)冷却水。冷却水包括冷冻机、麦汁和发酵的冷却水等。这类废水基本上未受污染。

(2)清洗废水。清洗废水如大麦浸渍废水、大麦发芽降温喷雾水、清洗生产装置废水、漂洗酵母水、洗瓶机初期洗涤水、酒罐消毒废液、巴斯德杀菌喷淋水和地面冲洗水等。这类废水受到不同程度的有机污染。

表 1-4　北京某啤酒厂废水实测值

废水排水量	麦芽车间	酿造车间 （糖化、发酵）	灌装车间	厕所	厂区生活 污水（澡堂）	CO₂ 回收	冷却水 溢流	全厂总 排水量
月排水量/m³	7 089	26 549	29 304	3 000	7 800	150	33 134	107 026
日均排水量/m³	236.3	884.9	976.8	100	260	5	1 104.5	3 567.5

（3）冲渣废水。冲渣废水如麦糟液、冷热凝固物、酒花糟、剩余酵母、酒泥、滤酒渣和残碱性洗涤液等。这类废水中含有大量的悬浮性固体有机物。工序中将产生麦汁冷却水、装置洗涤水、麦糟、热凝固物和酒花糟。装置洗涤水主要是糖化锅洗涤水、过滤槽和沉淀槽洗涤水。此外，糖化过程还要排出酒花糟、热凝固物等大量悬浮固体。

（4）灌装废水。在灌装酒时，机器的跑冒滴漏时有发生，还经常出现冒酒，将大量残酒掺入废水中。另外，喷淋时由于用热水喷淋，啤酒升温引起瓶内压力上升，"炸瓶"现象时有发生，致使大量啤酒洒散在喷淋水中。为防止生物污染，循环使用喷淋水时须加入防腐剂，因此，被更换下来的废喷淋水含防腐剂成分。

（5）洗瓶废水。清洗瓶子时先用碱性洗涤剂浸泡，然后用压力水初洗和终洗。瓶子清洗水中含有残余碱性洗涤剂、纸浆、染料、浆糊、残酒和泥沙等。碱性洗涤剂要定期更换，更换时若直接排入下水道则可使啤酒废水呈碱性，因此，废碱性洗涤剂应先进入调节、沉淀装置进行单独处理。若将洗瓶废水的排出液经处理后储存起来用以调节废水的 pH（啤酒废水平时呈弱酸性），则可以节省污水处理的药剂用量。

3.抗菌素类生物制药工业废水

在众多的部分发酵工程制药产品中，抗菌素是目前国内外研究较多的生物制药，其生产废水也占医药废水的大部分。抗菌素主要用于化学治疗剂，但在生产工程、生产技术和原料、设备等方面都与化学合成制药有很大不同。抗菌素生产要耗用大量粮食，分离过程（特别是溶剂萃取法）要消耗大量有机溶剂。每生产 1 kg 抗菌素需耗粮 25～100 kg。

（1）抗菌素生产工艺。抗菌素的生产工艺主要包括制备及菌种保藏、培养基制备（培养基的种类与成分、培养基原材料的质量与控制）与灭菌及空气除菌、发酵工艺（温度与通气搅拌等）、发酵液的预处理和过滤、提取工艺（沉淀法、溶剂萃取法、离子交换法）与干燥工艺。以粮食和糖蜜为主要原料生产抗菌素生产工艺流程如图 1-3 所示。

由图 1-3 可见，抗菌素生产工艺流程与一般发酵产品工艺流程基本相同。生产工艺包括微生物发酵、过滤、萃取结晶、化学方法提取、精制等过程。因此，抗菌素生产工艺的主要废渣水来自以下 3 方面。

1）提取工艺的结晶废母液。抗菌素生产的提取可采用沉淀法、萃取法、离子交换法等工艺，这些工艺提取抗菌素后的废母液、废流出液等污染负荷高，属高浓度有机废水。

2）中浓度有机废水。主要是各种设备的洗涤水、冲洗水。

3）冷却水。

此外，为提高药效，还将发酵法制得的抗菌素用化学、生物或生化方法进行分子结构改造而制成各种衍生物，即半合成抗菌素，其生产过程的后加工工艺中包括有机合成的单元操作,可能排出其他废水。

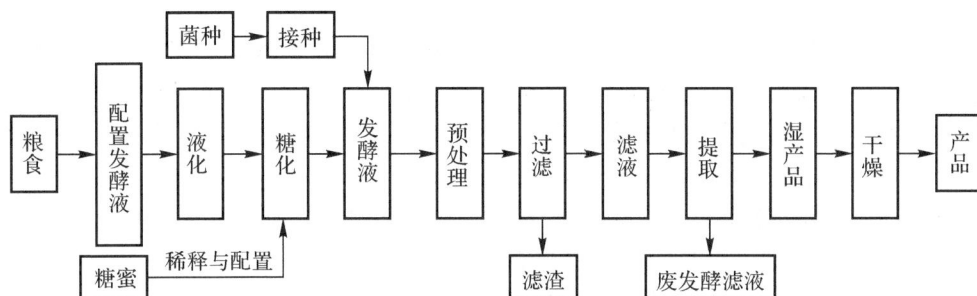

图 1-3　抗菌素生产工艺流程

(2)废水来源。抗菌素制药的废水可分为提取废水、洗涤废水和其他废水,其生产工艺流程与废水产生如图 1-4 所示。

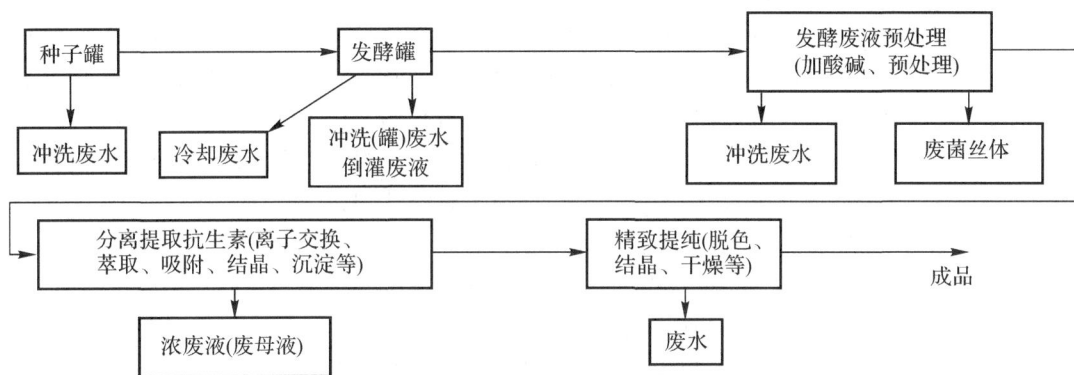

图 1-4　抗菌素生产工艺流程与废水产生示意图

抗生素生产废水的来源主要包括以下几个方面:

1)发酵废水。本类废水如果不含有最终成品,BOD_5 为 4 000~13 000 mg/L。若发酵过程异常,发酵罐出现染菌现象,导致整个发酵过程失败,必须将废发酵液排放到废水中,从而增大了废水中有机物及抗菌素类药物的浓度,使得废水中 COD、BOD_5 值出现波动高峰,此时废水的 BOD_5 可高达 $(2 \sim 3) \times 10^4$ mg/L。

2)酸、碱废水和有机溶剂废水。该类废水主要是在发酵产品的提取工程,需要采用一些提取工艺和特殊的化学药品造成的。

3)设备与地板等的洗涤废水。洗涤水的成分与发酵废水相似,BOD_5 为 500~1 500 mg/L。

4)冷却水。废水中污染物的主要成分是发酵时残余的营养物,如糖类、蛋白质、脂肪和无机盐类(Ca^{2+}、Mg^{2+}、K^+、Na^+、SO_4^{2-}、HPO_4^{2-}、Cl^-、$C_2O_4^{2-}$ 等),其中包括酸、碱、有机溶剂和化工原料等。

(3)水质特征。从抗菌素制药的生产原料及工艺特点中可以看出,该类废水成分复杂,有机物浓度高,溶解性和胶体性固体浓度高,pH 经常变化,温度较高,带有颜色和气味,悬浮物含量高,含有难降解物质和有抑菌作用的抗菌素,并且有生物毒性等。其具体特征如下。

1)COD 浓度高(5～80 g/L)。其中主要为发酵的残余培养基质及营养物、溶媒提取过程的萃余液,经溶媒回收后排出的蒸馏釜残液,离子交换过程排出的吸附废液,水中不溶性抗菌素的发酵滤液,以及染菌倒罐废液等。这些成分浓度较高,如青霉素 COD 为 15 000～80 000 mg/L,土霉素 COD 为 8 000～35 000 mg/L。

2)废水中 SS 浓度高(0.5～25 g/L)。其中主要为发酵的残余培养基质和发酵产生的微生物菌体。如庆大霉素 SS 为 8 g/L 左右,青霉素为 5～23 g/L。

3)存在难生物降解和有抑菌作用的抗菌素等毒性物质。由于抗菌素获得率降低,仅为0.1%～3%(质量分数),且分离提取率仅 60%～70%(质量分数),所以废水中残留抗菌素含量较高,一般条件下四环素残余浓度为 100～1 000 mg/L,土霉素为 500～1 000 mg/L。废水中青霉素、四环素、链霉素浓度低于 100 mg/L 时不会影响好氧生物处理,但当浓度大于 100 mg/L 时会抑制好氧污泥活性,降低处理效果。

4)硫酸盐浓度高。如链霉素废水中硫酸盐含量为 3 000 mg/L 左右,最高可达5 500 mg/L,土霉素为 2 000 mg/L 左右,庆大霉素为 4 000 mg/L。一般认为好氧条件下硫酸盐的存在对生物处理没有影响,但对厌氧生物处理有抑制。

5)水质成分复杂。中间代谢产物、表面活性剂(破乳剂、消沫剂等)和提取分离中残留的高浓度酸、碱、有机溶剂等原料成分复杂,易引起 pH 波动,影响生物反应活性。

6)水量大且间歇排放,冲击负荷较高。由于抗菌素分批发酵生产,废水间歇排放,所以其废水成分和水力负荷随时间也有很大变化,这种冲击给生物处理带来极大的困难。

部分抗菌素生产废水水质特征和主要污染因子见表 1-5。

表 1-5　部分抗菌素生产废水水质特征和主要污染因子　　单位:mg/L

抗菌素品种	废水生产工段	COD	$\rho(SS)$	$\rho(SO_4^{2-})$	残留抗菌素	$\rho(T_N)$	其他
青霉素	提取	15 000～80 000	5 000～23 000	5 000		500～1 000	
氨苄西林	回收溶媒后	5 000～70 000		<50 000	开环物:54%	NH_3-N:0.34%	
链霉素	提取	10 000～16 000	1 000～2 000	2 000～5 500		<800	甲醛:100
卡那霉素	提取	25 000～30 000	<250 000		80	<600	
庆大霉素	提取	25 000～40 000	10 000～25 000	4 000	50～70	1 100	
四环素	结晶母液	20 000			1 500	2 500	草酸:7 000
土霉素	结晶母液	10 000～35 000	2 000	2 000	500～1 000	500～900	草酸:10 000

续表

抗菌素品种	废水生产工段	COD	$\rho(SS)$	$\rho(SO_4^{2-})$	残留抗菌素	$\rho(T_N)$	其他
麦迪霉素	结晶母液	15 000～40 000	1 000	4 000	760	750	乙酸乙酯：6 450
林可霉素	丁醇提取回收后	15 000～20 000	1 000	<1 000	50～100	600～2 000	
金霉素	结晶母液	25 000～30 000	1 000～50 000		80	600	

4.乳品工业废水

乳品工业包括乳场、乳品接收站和乳制品加工厂。乳品接收站主要任务是从乳场接收乳品,然后装罐运输到装瓶站或加工厂。乳场除做好运输准备工作外,有时还要在分离器中将乳品脱脂,把奶油运出或加工成黄油,而脱脂乳可用作饲料或加工成酪朊。乳品加工厂主要生产奶粉、炼乳、酸奶、酪朊、冰激凌等产品。我国乳制品产量中,奶粉产量占75%左右,婴儿乳制品产量占10%左右,奶油、干酪、炼乳等其他乳制品占15%左右。

液体乳品的主要加工工艺为消毒、均质、调配维生素和装瓶,图1-5所示为液体乳品典型的加工工艺和各种水的流向。奶粉的主要加工工艺为净化、配料、灭菌与浓缩、干燥(见图1-6)。酸奶生产工艺流程如图1-7所示。

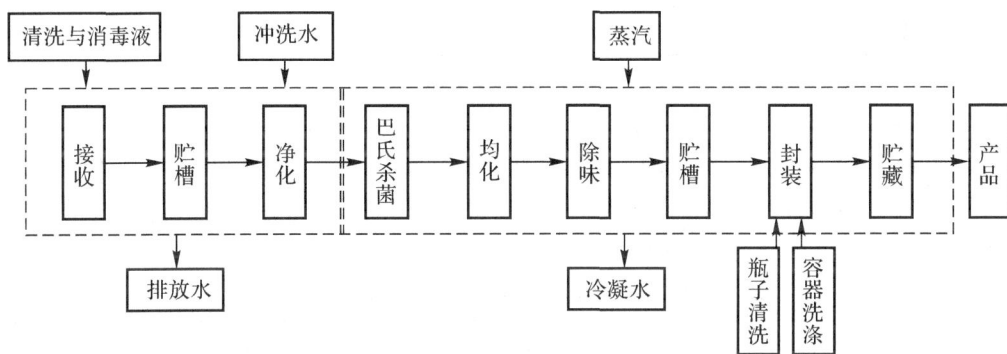

图 1-5　液体乳品加工工艺流程

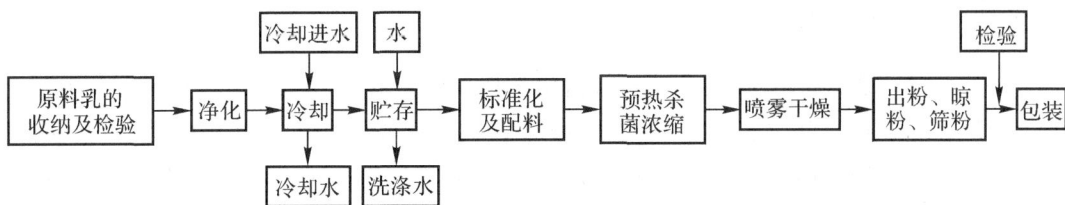

图 1-6　奶粉生产工艺流程

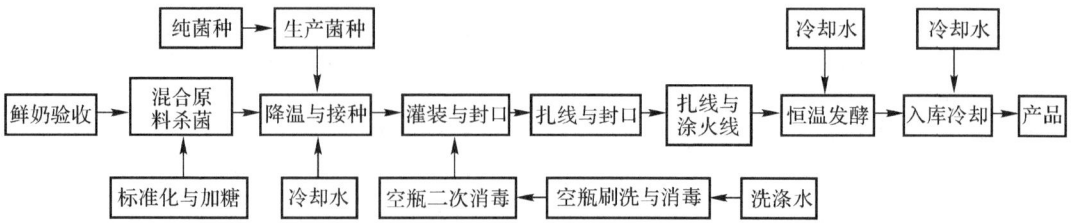

图 1-7 酸奶(凝固型)生产工艺流程

乳场废水主要来自洗涤水、冲洗水;乳品加工废水主要是生产工艺废水和大量的冷却水(见图 1-5~图 1-7),冷却水占总废水量的 60%~90%。乳品接收站废水主要是为运送乳品所用设备的洗涤水。

乳品加工厂废水包括各种设备的洗涤水、地面冲洗水、洗涤与搅拌黄油的废水以及生产各种乳制品的废水(如奶粉厂的废水主要来自设备洗涤水和大量的冷却水,酪朊厂的废水主要来自真空过滤机的滤液、产品的洗涤水、蒸发器的冷凝水)。

各乳品加工厂日处理不同原料奶量的用水量和废水排放量有较大差别,见表 1-6。

表 1-6 不同规模乳品加工厂耗水量及废水排放量

处理能力	吨产品用水量/m³	吨产品废水排放量/m³	备 注
10~20 t/d	6.8	6.5	废水排放量包括蒸汽冷凝水
5~10 t/d	7.1	6.99	
5 t/d 以下	9.4		

由表 1-6 可见,乳品加工厂与其他食品发酵企业一样,生产规模大的,其单位产品耗水量和废水排放量反而比生产规模小的少。同时,乳品加工厂废水排放量还与加工工艺和管理水平有很大关系,以消毒乳生产为例,在包装工艺上如采用软包装,则废水排放量只有瓶装工艺的 30%~43%(见表 1-7)。

表 1-7 不同包装工艺的吨产品废水排放量

加工工艺	原料接收/m³	消毒均质/m³	洗瓶/m³	灌装/m³	合计/m³
瓶装	4.6	0.18	6.4	0.17	11.35
软装	4.7	0.17	0	0.05	4.92

乳品加工厂废水含有大量的有机物质,主要是含乳固形物(乳脂肪、酪蛋白及其他乳蛋白、乳糖、无机盐类),其含量视乳品的品种和加工方法不同而不同,并在水中呈可溶性或胶体悬浮状态。不同乳品加工耗水量、废水排放量、污染负荷见表 1-8。由该表可见,乳品加工厂的 pH 接近中性,有的略带碱性,但在不同时间所排放废水的 pH 变化很大,它主要受清洗消毒时所使用的清洗剂和消毒剂的影响。

表 1-8　不同乳品的加工耗水量、废水量、污染负荷

品　种	吨产品用水量/m³	吨产品废水排放量/m³	pH	COD/(mg·L⁻¹)	BOD₅/(mg·L⁻¹)
消毒奶	11.3	10.6	5.7～11.6（正常生产—杀菌终洗瓶）	69.3	21.3
奶粉	5.4	5.6	5.2～10.3（灌装完成—浓缩完毕）	239.7	73.8
酸奶	2.1	2.0	6.4～9.4（正常生产—灌装完成）	988	304
冰激凌	4.7	4.2	7.3～8.6（正常生产—凝冻完毕）	544.8	167.6

乳制品废水浊度一般在 30～40 mm 范围内，表 1-9 列出了几种食品与发酵工业废水浊度的比较情况。由于乳品废水中胶体浓度高，所以废水的浊度相对较高。

表 1-9　几种食品与发酵工业废水浊度

食品与发酵行业	浊度范围/mm	食品与发酵行业	浊度范围/mm
乳制品	30～40	粮油加工	5～25
肉联	5～15	糖果	7～20
罐头	20～30	酒	0.8～2

1.2　发酵工业废水处理常见工艺及工程案例

发酵工业废水种类繁多，水量、水质各异，其处理方式各不相同。本节选择具有代表性的啤酒废水和乳品工业废水，对其处理技术加以阐述。尽管针对这两种废水阐述了一些处理工艺，但所提及的工艺也可供发酵工业所产生的其他废水处理参考。

1.2.1　啤酒废水处理工艺

目前常根据 BOD_5/COD 比值来判断废水的可生化性，即当 $BOD_5/COD>0.3$ 时易生化处理，当 $BOD_5/COD>0.25$ 时可生化处理，当 $BOD_5/COD<0.25$ 难生化处理，而啤酒废水的 BOD_5/COD 的比值>0.3。可见，啤酒废水具有良好的可生化降解性，处理啤酒废水的方法多是采用好氧生物处理，也可先采用厌氧处理，降低污染负荷，再用好氧生物处理。目前国内的啤酒厂工业废水的污水处理工艺，都是以生物化学方法为中心的处理系统。20世纪 80 年代中前期，多数处理系统以好氧生化处理为主。由于受场地、气温、初次投资限制，除少数采用塔式生物滤池，生物转盘靠自然充氧外，多数采用机械曝气充氧，其电耗高及运行费用高制约了污水处理工程的发展和限制了已有工程的正常使用或运行。处理方法主

要是生物氧化。

随着人们对于节能价值和意义的认识不断变化与提高,开发节能工艺与产品引起了国内环保界的重视。1988 年开封啤酒厂国内首次将厌氧酸化技术成功地引用到啤酒厂工业废水处理工程中,节能效果明显,约节能 30%～50%,而且使整个工艺达标排放更加容易和可靠。随着改革开放的发展,20 世纪 90 年代初完整的厌氧技术也在国内啤酒、饮料行业得到应用。这里所说完整的意义在于除厌氧生化技术外,沼气通过自动化系统得到燃烧,这是厌氧系统安全运行和不产生二次污染的重要保证,这也是国内外开发厌氧技术和设备应充分引起重视的问题。完整的意义在于除厌氧生化技术外,沼气通过自动化系统得到燃烧,这是厌氧系统安全运行和不产生二次污染的重要保证,这也是国内外开发厌氧技术和设备应充分引起重视的问题。

21 世纪以来,国内外较多采用生化处理法、物化与生化相结合处理法来解决啤酒厂废水的处理问题。具体有 UASB＋好氧接触氧化法、新型独立接触氧化法、生物接触氧化法、内循环 UASB 反应器＋氧化沟法、UASB＋SBR 法、水解酸化＋ SBR 等。以华润雪花啤酒为例,华润雪花啤酒中国有限公司下辖 70 家工厂,67 家工厂选择厌氧好氧处理工艺,厌氧工艺的选择率达到 95.7%。在选择好氧处理工艺的工厂中,选择 UASB 厌氧处理的有 35 家,占总工厂数的 50%;选择颗粒污泥膨胀床反应器(EGSB)厌氧处理的有 23 家,占总工厂数的 32.8%;选择新型颗粒污泥膨胀床反应器(AnaEG)厌氧处理的有 9 家,占总工厂数的 12.9%。好氧工艺主要选择 SRB(25 家)、接触氧化(37 家)、氧化沟(4 家)和 CASS 工艺(4 家)。厌氧接触氧化组合工艺处理啤酒废水得到了广泛的应用,且日益成熟。

1.二级接触氧化工艺处理啤酒废水

20 世纪 80 年代初,啤酒废水处理主要采用好氧处理技术,如活性污泥法、高负荷生物过滤法和接触氧化法等。当时接触氧化法比活性污泥法有一定的优势,因此在啤酒废水的处理上得到了广泛的应用(见表 1－10)。由于啤酒废水进水 COD 浓度高,所以一般采用二级接触氧化工艺。图 1－8 为北京市环境保护科学研究院为北京某啤酒厂设计的典型的二级接触氧化工艺流程图。

表 1－10　国内部分啤酒厂废水处理工艺

厂　名	核心工艺	处理水量/(m³·d⁻¹)
北京华都啤酒厂	两段活性污泥法	2 400
杭州啤酒厂	二级充氧型生物转盘	2 100
青岛啤酒厂	三段生物接触氧池	2 000
无锡啤酒厂	两段活性污泥法＋稳定法	1 200
广州啤酒厂	普通活性污泥法	4 000
珠江啤酒厂	两段活性污泥法	1 700
上海江南啤酒厂	塔滤＋射流曝气	3 000
上海华光啤酒厂	生物转盘＋曝气池	2 000
抚顺啤酒厂	曝气法＋生物接触氧化池	2 100

续表

厂　名	核心工艺	处理水量/(m³·d⁻¹)
长江啤酒厂	两段表面曝气池	3 600
上海益民啤酒厂	塔滤＋曝气池	2 200
昆明啤酒厂	生物滤池＋射流曝气	1 000

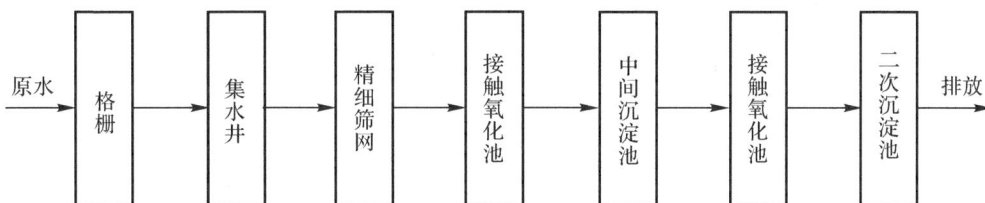

原水 → 格栅 → 集水井 → 精细筛网 → 接触氧化池 → 中间沉淀池 → 接触氧化池 → 二次沉淀池 → 排放

图 1-8　二级接触氧化工艺流程图

该二级接触氧化工艺日处理废水 2 000 t,高峰流量 200 m³/h。

进水水质:COD 为 1 000 mg/L,BOD$_5$ 为 600 mg/L,ρ(SS) 为 600 mg/L。

处理后的出水水质:COD≤60 mg/L,BOD$_5$≤10 mg/L,ρ(SS)≤30 mg/L。

采用接触氧化工艺代替传统活性污泥,可以防止高糖含量废水引起污泥膨胀的现象,并且不用投配 N、P 营养。用生物接触氧化法,可以选择的 BOD$_5$ 负荷范围是 1.0～1.5 kg/(m³·d⁻¹);用鼓风曝气,每去除 1 kg BOD$_5$ 污染物约需要氧气 80 m³。近年来,SBR 和氧化沟工艺也得到了很大程度的应用。

2. SBR 工艺处理啤酒废水

近年来,序批式活性污泥法(SBR)工艺在啤酒废水的处理中也得到了很大程度的应用。

安徽某啤酒厂采用 SBR 的变形工艺(CASS 工艺)处理啤酒废水,处理水量为 3 500 m³/d,采用的工艺流程如图 1-9 所示。废水通过机械格栅能有效地分离出 3 mm 以上的固体颗粒,然后进入调节池。通过提升泵将废水再从调节池泵入 CASS 池,CASS 法反应池的容积一般包括选择区、预反应区和主反应区。废水由提升泵直接提升到 CASS 的选择区与回流污泥混合,选择区不曝气,相当于活性污泥工艺中的厌氧选择器。在该区内,回流污泥中的微生物胶团大量吸附废水中的有机物,能迅速降低废水中有机物浓度,并防止污泥膨胀。预反应区采用限制曝气,控制溶解氧浓度为 0.5 mg/L,使反硝化过程得以可能进行。主反应区的作用是完成有机物的降解或氨氮的硝化过程。选择区、预反应区和主反应区的体积比为 1∶5∶20,反应池污泥回流比一般为 30%～50%。曝气方式采用鼓风曝气,曝气器选用微孔曝气器。

CASS 池中的撇水装置采用旋转式滗水器,主要由浮箱、堰口、支撑架、集水支管、集水总管(出水管)、轴承、电动推杆、减速机和电机等部件组成。滗水器和整个工艺采用可编程序控制器(PLC)进行控制,主要根据时间、液位和滗水器位置等因素来综合控制各部件运行。主要控制参数包括废水流量、提升时间,污泥回流时间,曝气时间,气流量,沉淀时间,撇水时间、流量,滗水器的速度及原点,高低位,剩余污泥排放时间、流量,主反应池高、低液位,污泥池高、低液位,等等。工艺控制系统预先设置控制程序发出指令,控制部件能够按照设定的程序自动操作,既降低劳动强度,又简化操作。

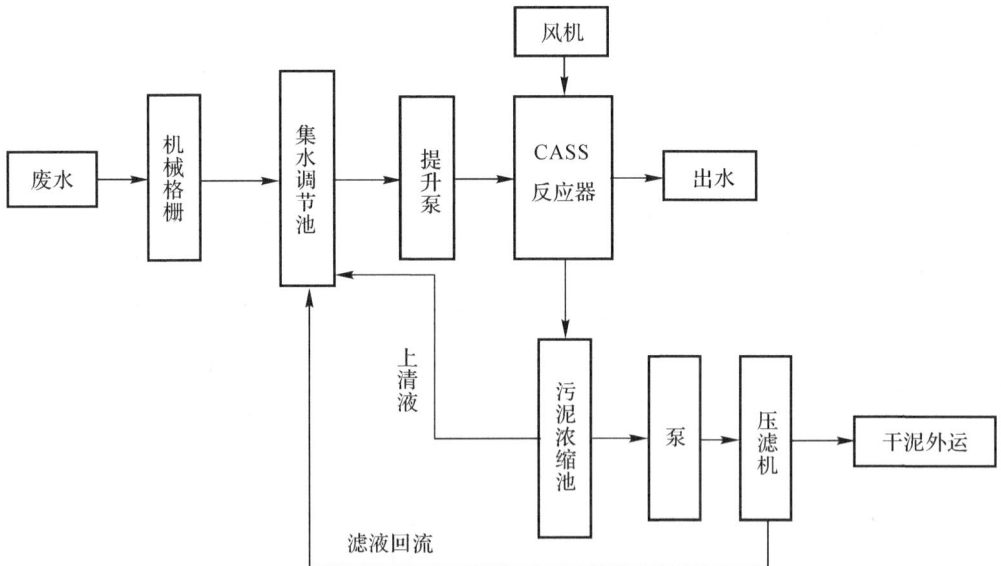

图 1-9 啤酒废水 CASS 工艺流程图

废水处理详细的设计参数如下:

(1)设计水量:Q=3 500 m³/d。

(2)设计进水水质:COD 浓度为 800～1 500 mg/L,BOD$_5$ 浓度为 800 mg/L,SS 浓度为 300～600 mg/L。

(3)设计出水水质按当地污水排放标准为二级标准:COD 浓度不大于 150 mg/L,BOD$_5$ 浓度不大于 60 mg/L,SS 浓度不大于 200 mg/L。

由于该啤酒厂酵母回收装置尚不十分完善,废水排放水质及水量呈不稳定性。实际进水水质 COD 达 2 000 mg/L(超出设计指标),pH 为 6～11。出水水质 COD 均保持在 100 mg/L 以下,SS、BOD$_5$ 及其他指标均低于设计排放标准。CASS 工艺的污泥负荷为 0.4 kg BOD$_5$(kgMLSS·d),(假设 MLSS 浓度为 3 g/L),停留时间 HRT=16 h,然而实际运行负荷为 0.675 kg BOD$_5$(kg MLSS·d),已经达到较高的负荷,却仍能达标排放,这充分体现了 SBR 及其变形工艺的优势。

3.水解-好氧联合工艺处理啤酒废水

随着厌氧技术的发展,厌氧处理从开始只能处理高浓度的废水发展到可以处理中、低浓度的废水,如啤酒废水、屠宰废水甚至生活污水。北京环境保护科学研究所针对低浓度污水开发了水解-好氧生物处理技术,利用厌氧反应器进行水解酸化,而不是甲烷发酵。水解反应器对有机物的去除率,特别是对悬浮物的去除率显著高于具有相同停留时间的初沉池。由于啤酒废水中大分子、难降解有机物被转变为易降解的小分子有机物,出水的可生化性能得到改善,使得好氧处理单元的停留时间低于传统工艺。与此同时,悬浮固体物质(包括进水悬浮物和后续好氧处理中的剩余污泥)被水解为可溶性物质,使污泥得到处理。事实上,水解池是一种以水解产酸菌为主的厌氧上流式污泥床,水解反应工艺是一种预处理工艺,其后可以采用各种好氧工艺,如采用活性污泥法、接触氧化法、氧化沟和序批活性污泥法(SBR)。因此,水解-好氧生物处理工艺是具有自身特点的一种新型处理工艺。

20 世纪 80 年代末,轻工部北京设计规划研究院与北京环境保护科学研究院一起采用北京市环境保护科学研究院开发的厌氧(水解-酸化)好氧技术处理啤酒废水(见表 1-11)。啤酒废水中大量的污染物是溶解性的糖类、乙醇等,它们容易生物降解,一般不需要水解酸化。然而,从实验结果分析来看,水解池 COD 去除率最高可以达到 50%,当废水中包含制麦废水(浓度较低)时去除率也在 30%～40%。这主要是因为啤酒废水的悬浮性有机物成分较高,水解池截留悬浮性颗粒物质,所以水解池去除了相当一部分的有机物;水解和好氧处理相结合,确实比完全好氧处理要经济一些,这也采用厌氧(水解-酸化)好氧工艺的原因。水解-酸化好氧工艺的典型工艺流程如图 1-10 所示。

表 1-11　厌氧(水解-酸化)好氧处理啤酒废水

厂　　名	流量/(m³·d⁻¹)	水解停留时间/h	进水 COD/(mg·L⁻¹)	厌氧去除率/%
开封啤酒厂	2 000	2.5	1 800	35～40
厦门冷冻厂啤酒间	850	4.0	1 900～2 000	35～40
青岛湖岛制麦厂	2 000	5.0	1 000	30
莆田啤酒厂	2 500	4.0	1 200	30

格栅 → 均质调节 → 酸化 → 接触氧化 → 气浮 → 达标排放

图 1-10　水解-好氧工艺流程

该工艺的主要特点是由于水解池有较高的去除率(30%～50%),所以将好氧工艺中二级的接触氧化工艺简化为一级接触氧化,并且能耗大幅度降低,从实际运行结果来看,出水的 COD 也有所改善。

由于单独采用水解酸化工艺处理啤酒废水时的出水水质一般不能满足排放标准,故可以采用不同的后处理工艺,如活性污泥法、接触氧化和 SBR 工艺等。有关水解池的设计参数如下。

以细格栅和沉砂池作为啤酒废水的预处理设施,平均水力停留时间 HRT=2.5～3.0 h;V_{max}=2.5 m/h(持续时间不小于 3.0 h);反应器深度 H=4.0～6.0 m;布水管密度为 1～2 m²/孔;出水三角堰负荷为 1.5～3.0 L/(s·m);污泥床的高度在水面之下 1.0～1.5 m;污泥排放口在污泥层的中上部,即在水面下 2.0～2.5 m 处;在污泥龄大于 15 d 时,污泥水解率为所去除 SS 的 25%～50%。设计污泥系统需按冬季最不利情况考虑。

4. UASB 工艺处理啤酒废水

近年来,随着高效厌氧反应器的发展,厌氧处理工艺已经可以应用于常温低浓度啤酒废水的处理。国外许多啤酒厂采用厌氧处理工艺,其反应器规模由数百立方米到数千立方米不等。荷兰的 Paques、美国的 Biothane 和比利时的 Biotim 公司是世界主要 3 个升流式厌氧污泥床(UASB)技术运用的厂家。据不完全统计,仅这 3 家公司就已建成了 100 余座啤酒废水的厌氧处理装置。表 1-12 为我国啤酒废水 UASB 处理装置的不完全统计。

图 1-11 为 Biotim 公司在越南胡志明市的 Heineken 啤酒厂设计的 UASB 处理系统的工艺流程图。

表 1-12 我国部分啤酒废水厌氧处理装置

单位(企业)名称	容积/m³	工 艺	COD 容积负荷/(kg·m⁻³·d⁻¹)	COD 去除率/%	BOD 去除率/%
生力啤酒顺德有限公司	1 200	UASB	5	90	90
保定生力啤酒厂	2 400	UASB	5	93	90
海南啤酒厂有限公司	670	UASB	5	90	90
南宁万泰啤酒有限公司	2 200	UASB	5	90	90
深圳啤酒厂三期工程	1 500	UASB	5	90	90
苏州狮王啤酒厂	2 200	UASB	5	95	90
武汉百威啤酒有限公司	1 450	UASB	5	95	90
惠州啤酒有限公司	880	UASB	5	90	90
深圳青岛啤酒有限公司	910	UASB	5	90	90
天津富仕达酿酒有限公司	2 100	UASB	7	90	90

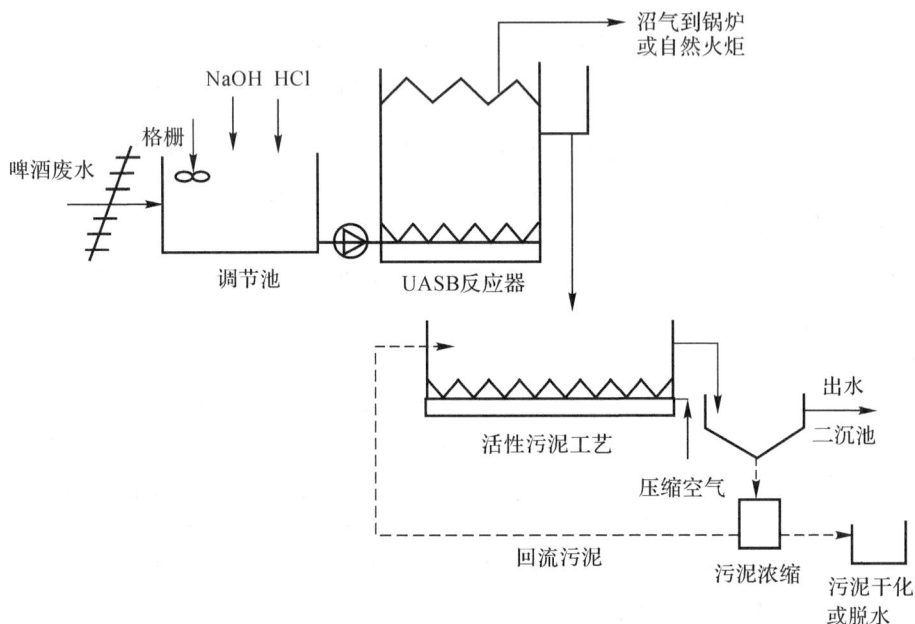

图 1-11 厌氧(UASB 反应器)-好氧联合处理工艺流程图

清华大学环境工程系从 20 世纪开展利用 UASB 反应器处理啤酒废水的研究工作,在北京啤酒厂建成日处理 4 500 m^3 的 UASB 反应器。废水通过厌氧处理可以达到 85% ～ 90% 以上的有机污染物去除率。

该厂废水水质如下:COD 浓度为 2 300 mg/L;水温为 18～32 ℃;BOD_5 浓度为 1 500 mg/L;TN 浓度为 43 mg/L;TSS 浓度为 700 mg/L;碱度浓度为 450 mg/L。

由于北京啤酒厂地处市区,并且下游有高碑店城市污水处理厂,所以,啤酒厂仅仅进行一级厌氧处理,处理后的废水需达到排入城市污水管道的水质标准(COD 浓度小于 500 mg/L)。工艺流程如图 1-12 所示,其中 UASB 反应器总池容为 2 000 m^3,为了便于运行管理,在设计上将 UASB 分成 8 个单元,每个单元的有效容积为 250 m^3。

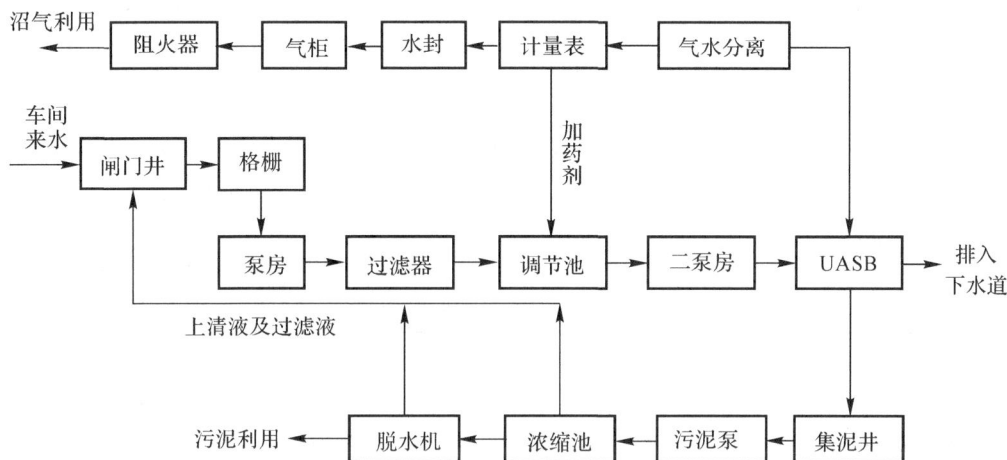

图 1-12 啤酒废水处理工艺流程图

为了实验目的,8 个单元分别投入不同来源和数量的接种污泥。表 1-13 是选择 3 个典型反应器(分别记为 1 号、2 号和 3 号)投入不同接种污泥的性质和运行情况。

废水在低于 25 ℃、反应器 COD 负荷为 7～12 kg/($m^3 \cdot d^{-1}$)、水力停留时间为 5～6 h 条件下,进行处理时,COD 去除率为 75% ～ 93%,出水 COD 浓度小于 500 mg/L;去除单位质量 COD 的沼气产率为 0.42 m^3/kg,剩余污泥 VSS 产率为 0.109 kg/kg。

基于 UASB 的原理,荷兰 Paques 公司于 1986 年开发了厌氧内循环(IC)反应器,如图 1-10 所示。IC 反应器是以 UASB 反应器内污泥已颗粒化为基础构造的新型厌氧反应器,由两个 UASB 反应器的单元相互叠加而成,一个极端高负荷,一个是低负荷。因此,其反应器高度较大,一般在 20 m 以上。由于可采用的负荷较高,所以实际水流的上升流速很高,一般为 10 m/h 以上。它的另一个特点是在一个高的反应器内将沼气的分离分为两个阶段。

表 1-13 北京啤酒厂污泥接种、启动和稳定运行状态

反应器编号	1 号反应器	2 号反应器	3 号反应器
污泥种类	厌氧污泥	厌氧污泥	好氧污泥

续表

反应器编号	1号反应器	2号反应器	3号反应器
接种污泥(VSS)量/(kg·m⁻³)	6.5	14.5	1.0
有机组分(VSS/SS)质量比	0.4	0.4	0.35
最大比COD去除率/ $[gCOD/(gVSS)^{-1} \cdot d^{-1}]$	0.435	0.5	0.07
启动后期	COD负荷为3~4 kg/(m³·d),HRT< 12 h,出水COD<300 mg/L,SS=600~900 mg/L,流失污泥结构松散	COD负荷为3~4 kg/(m³·d),HRT< 12 h,出现大量跑泥,流失污泥结构松散	COD负荷为3~4 kg/(m³·d),HRT< 12 h,SS=2 00~400 mg/L,COD去除率为83%
运行状态	COD负荷为7~12 kg/(m³·d),出水COD<500 mg/L,去除率为75%~88%,运行稳定	COD负荷为4~7 kg/(m³·d),出水COD<500 mg/L,去除率为70%~93%,运行稳定	COD负荷为3~5 kg/(m³·d),出水COD<500 mg/L,去除率为70%~93%,运行稳定

　　IC反应器的工作原理是,废水直接进入反应器的底部,通过布水系统与颗粒污泥混合。在第一级高负荷的反应区内有一个污泥膨胀床,在这里,COD的大部分被转化为沼气,沼气被第一级三相分离器收集。由于采用的负荷高,产生的沼气量很大,其在上升的过程中会产生很强的提升能力,迫使废水和部分污泥通过提升管上升到反应器顶部的气液分离器中。在这个分离器中产生的气体离开反应器,而污泥与水的混合液通过下降管回到反应器的底部,从而完成了内循环的过程。从底部第一个反应室内的出水进到上部的第二个室内进行后处理,在此产生的沼气被第二层三相分离器收集。因为COD浓度已经降低很多,所以产生的沼气量降低,所以,扰动和提升作用不大,从而使出水可以保持较低的悬浮物含量。

　　由图1-13可见,IC反应器从功能上讲由4个不同的工艺单元组合而成,即混合区、膨胀床部分、精处理区和回流系统。混合区在反应器的底部,进入的废水和颗粒污泥与内部气体循环所带回的出水有效地混合,有利于进水的稀释和均化。膨胀床部分是由包含高浓度颗粒污泥的膨胀床所构成。床的膨胀或流化是由于进水的上升流速、回流和产生的沼气所造成的,废水和污泥之间有效的接触使污泥具有更高的活性,可以获得高的有机负荷和转化效率。在精处理区,由于低的污泥负荷率、相对长的水力停留时间和推流的流态特性,产生了有效的后处理。另外,由于沼气产生的扰动在精处理区较低,使得生物可降解COD几乎全部被去除。IC反应器与UASB反应器相比,反应器总的负荷率较高,但因为内部循环流体不经过精处理区域,在精处理区的上升流速也较低,这两点提供了固体的最佳停留条件。内部的回流系统是利用气提原理,因为在上层和下层的气室间存在着压力差。回流的比例由产气量(进水COD浓度)确定,因此,是自调节的。IC反应器也可配置附加的回流系统,产生的沼气可以由空压机在反应器的底部注入系统内,从而在膨胀床部分产生附加扰动;气体的供应也会增加内部水淤泥的循环。内部的循环也同时造成了污泥回流,这使得系统的启动过程加快,并且可在进水有毒性的情况下采用 IC 反应器。

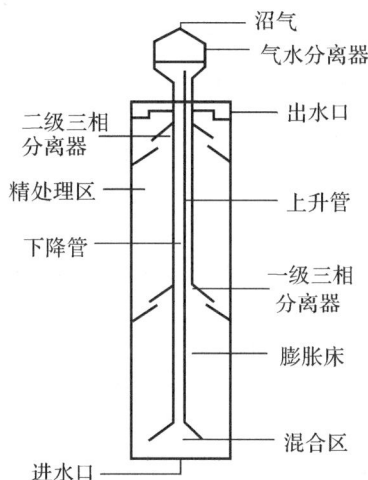

图 1-13　IC 反应器示意图

　　IC 反应器与以往厌氧处理工艺相比,具有以下特点:占地面积小,一般高为 16～25 m,平面面积相对很小;有机负荷高,水力停留时间短(见表 1-14);剩余污泥少,约为进水 COD 的 1%,且容易脱水;靠沼气的提升产生循环,不需用外部动力进行搅拌混合和使污泥回流,节省动力的消耗。但是对于间歇运行的 IC 反应器,为使其能快速启动,需要设置附加的气体循环系统,因为生物降解后的出水为碱性,当进水酸度较高时,可以通过出水的回流使进水得到中和,减少药剂用量;耐冲击性强,处理效率高,COD 去除率为 75%～80%,BOD_5 去除率为 80%～85%。

　　1995 年,上海富仕达酿酒公司采用 Paques 公司的 IC 反应器与好氧气提反应器(CIR-COX)技术处理啤酒生产废水,处理能力为 4 800 m^3/d,处理流程如图 1-14 所示。IC 反应器应用于高浓度有机废水,CIRCOX 反应器适用于低浓度的废水,两者串联起来是较优化的工艺组合,具有占地面积小、无臭气排放、污泥量少和处理效率高等优点。其中 IC 反应器和 CIRCOX 反应器的关键部件是从荷兰引进的,废水处理站采用全自动控制。

表 1-14　各种厌氧处理工艺的有机负荷与水力停留时间

处理工艺	有机 COD 负荷/(kg·m^3·d^{-1})	水力停留时间/h
普通消化池	0.5～2.0	>3～5 d
接触消化池	2～4	>24
厌氧过滤器	3～10	>10
UASB	5～15	4～8
厌氧内循环反应器(IC)	15～40	1～5

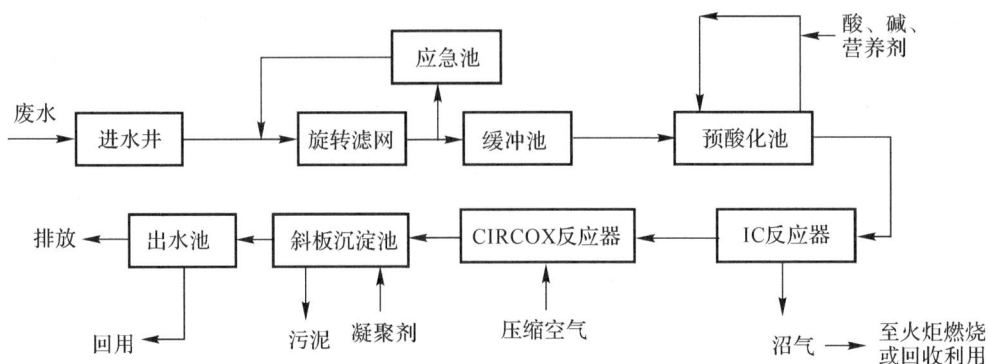

图 1-14　上海富仕达酿酒公司啤酒废水处理工艺流程

具体的流程是,啤酒生产废水汇集全进水井,由泵提升至旋转滤网。其出水管上设温度和 pH 在线测定仪,当温度和 pH 的测定值满足控制要求时,废水就进入缓冲池,否则排至应急池。缓冲池内设有淹没式搅拌机,使废水均质并防止污泥沉淀。废水再由泵提升至预酸化池,在其中使有机物部分降解为挥发性脂肪酸,并可在其中调节营养比例和 pH。然后,废水由泵送入 IC 反应器,经过厌氧反应后,流入 CIRCOX 反应器,出水流至斜板沉淀池,加入高分子絮凝剂以提高沉淀效果。污泥用泵送至污泥脱水系统,出水部分回用,其余排放。各个反应器的废气由离心风机送至涤气塔,用处理后的废水或稀碱液吸收。废水进水、出水数据见表 1-15,从中可见,出水的各项指标均达到排放标准。

主要处理构筑物的设计参数如下。预酸化池:直径为 6 m,高为 21 m,水力停留时间为 3 h;IC 反应器:直径为 5 m,高为 20.5 m,水力停留时间为 2 h,COD 负荷为 15 kg/$(m^3 \cdot d)$;CIRCOX 反应器:下部直径为 5 m,上部直径为 8 m,高为 18.5 m,水力停留时间为 1.5 h,COD 负荷为 6 kg/$(m^3 \cdot d)$,微生物 VSS 浓度为 15~25 g/L。

表 1-15　上海富仕达酿酒公司啤酒废水处理站处理效果

项　目	进水水质		出水水质	
	平均	范围	平均	范围
COD/(mg · L^{-1})	2 000	1 000~3 000	75	50~100
BOD_5/(mg · L^{-1})	1 250	600~1 875	≤30	
SS/(mg · L^{-1})	500	100~600	50	10~100
NH_4^+-N/(mg · L^{-1})	30	12~45	10	5~15
磷酸盐/(mg · L^{-1})		10~30		
pH	7.5	4~10	7.5	6~9
温度/℃	37	30~50	<40	

1.2.2　山东某啤酒厂处理案例

1.工艺概况

山东某啤酒厂废水主要来源于糖化车间、发酵车间和灌装车间,其中灌装车间的废水浓度较低,与灌装车间不同,糖化车间和发酵车间废水浓度较高且 COD 含量高,占总废水的30 % 左右。啤酒废水的有机组成主要是糖、可溶性淀粉、挥发性脂肪酸等物质,这些物质易于生物降解,BOD_5/COD 比值一般为 0.6~0.7。啤酒加工原料及酵母的含量直接决定了废水中氮和磷的含量,CIP(Clean In Place) 清洗单元上所使用的化学物质的数量和类型则是决定了 pH。某啤酒厂废水水质和排放标准见表 1 - 16,酸化- UASB -好氧接触氧化组合工艺流程图如图 1 - 15 所示。

表 1 - 16　某啤酒厂废水水质和排放标准

项　　目	COD/(mg·L^{-1})	SS/(mg·L^{-1})	NH$_3$-N/(mg·L^{-1})	TP/(mg·L^{-1})	pH
进水	1 800~2 700	800~1 200	25~40	5~12	5~12
出水	55~75	60~70	5~15	0.5~3	6~9
去除率/%	90.8	98.3	83.3	96.6	—
污水排放综合指标	≤100	≤70	≤15	≤3	6~9
啤酒工业排放标准	≤80	≤70	≤15	≤3	6~9

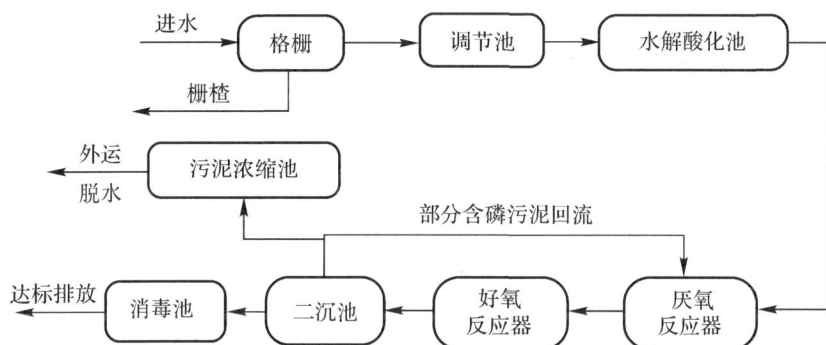

图 1 - 15　酸化- UASB -好氧接触氧化组合工艺流程图

该工艺中主要的处理设备是上流式污泥床和好氧接触氧化池,主要的处理过程为:各啤酒生产环节产生的污水经过集水管网聚集到污水处理站的格栅间;经过提升泵房提升并经过水力筛的拦截,去除废水中的悬浮物质;去除杂质后的污水进入调节池后进行搅拌,以此来进行水质水量的调节。调节池中的污水经过均质、均量后由调节泵提升至水解酸化池。酸化池中的污水进入 UASB 厌氧反应器进行厌氧分解;厌氧分解出水靠重力自流入好氧反应器二沉池。沉淀池污泥和悬浮物质一起由污泥泵提升至污泥浓缩池后再进行脱水处理,脱水后的污泥进行外运。而二沉池的上清液则进入消毒池进行消毒,达标则排放。

2.各单元处理效果

该污水处理工程经过三个月的调试至稳定运行,各主要单元进出水水质监测数据见表1-17。

表1-17 各处理单元处理效果

监测指标	原水	酸化池	UASB反应器	好氧接触氧化池	去除率/%
COD/(mg·L^{-1})	1 800~2 600	1 500~2 300	450	50	90.8
SS/(mg·L^{-1})	800~1 600	600~1 000	150	40	98.3
NH$_3$-N/(mg·L^{-1})	20~50	20~50	30	5	83.3
TP/(mg·L^{-1})	8~15	8~13	12	0.6	96.6
pH	6~12	6~10	6~9	6~9	—

在稳定运行过程中,啤酒废水经酸化池的水解酸化到UASB反应器的厌氧处理再到好氧接触氧化池的好氧处理,废水中COD的质量浓度由原来的高浓度降解转化为现在的低浓度达标排放,去除率较高且稳定。

1.2.3 乳制品工业废水处理工艺

乳制品厂排放的废水不能含有蛋白质、脂肪、碳水化合物等营养物质。从表1-8可知,消毒奶、奶粉、酸奶、冰激凌生产排放废水的COD和BOD$_5$基本上都超过国家规定的排放标准。因此,乳制品厂必须对废水进行处理后再行排放。目前国内对于乳品厂废水的处理方法,主要有活性污泥法、生物滤池法、生物接触氧化法、化学凝聚沉淀法、气浮法等。这类工艺由于污水的浓度低,无回收产品可言,所以投资费用大,运行费用高。乳制品厂废水污染负荷低,最好处理方法是灌溉农田,如无此条件,应采取投资少、运行费用低的处理工艺。

1.人工食物链-凝聚沉淀法

(1)原理。乳制品厂废水的特点是,其废水主要为乳制品生产过程中流失的原料,为无毒无害的可生物降解的有机物。可通过细菌、浮游绿藻、微型动物、鱼类等生物构成一个人工的食物链,在人工食物链中有意识地加入乳制品厂废水,通过人工食物链的各个链节的作用,将废水中有机物质转化为鱼产品,从而使废水的COD、BOD$_5$大幅度降低,达到国家规定的废水排放标准。人工食物链中各种生物之间的相互关系和水质净化机理如图1-16所示。

人工食物链-凝聚沉淀法工艺的流程图如图1-17所示。该工艺流程中人工食物链处理装置是关键装置,它是一个强化的氧化塘,因此该工艺属于自然生物降解工艺。该装置除了能处理废水外,还能养殖鱼副产品。

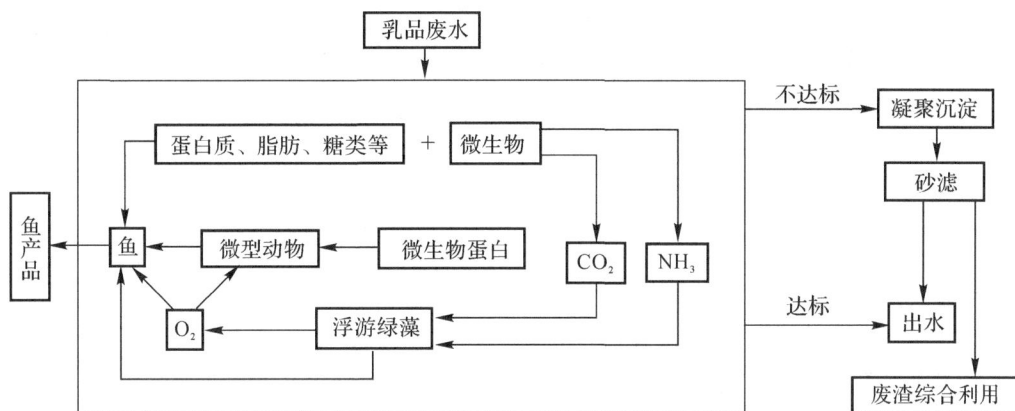

图 1-16　人工食物链中生物间关系和水质净化机理图

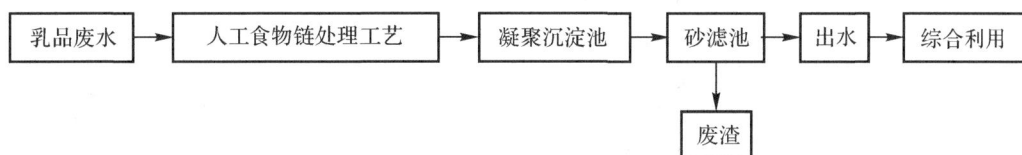

图 1-17　人工食物链-凝聚沉淀法工艺流程

(2)人工食物链-凝聚沉淀法的应用。浙江嘉兴乳品厂乳制品车间主要生产全脂加糖乳粉和瓶装杀菌牛乳,处理鲜乳 15 t/d 左右,排放废水 200~240 m³/d,废水中 COD 为 400~500 mg/L,BOD$_5$ 为 200~300 mg/L。该厂采用"人工食物链-凝聚沉淀法"工艺处理乳品废水多年,处理效果达到设计要求。嘉兴乳品厂的人工食物链-凝聚沉淀法的主要设备、装置和人员见表 1-18。

氨化细菌、浮游绿藻、鱼类是组成"人工食物链"的必需条件,三者缺一不可。因此,用"人工食物链"处理乳品厂废水的关键是必须使"人工食物链"保持生态平衡,即食物链中各种生物均能在各种气候条件下正常生长,只是具备了一年四季始终如一的生态平衡,才能利用"人工食物链"的各种生物有效地处理废水。"人工食物链"处理乳品厂废水最显著的特点是利用各种生物链节"吞食"废水有机物来降低废水的 COD 值,并使废水转为鱼副产品(鲤鱼、鲫鱼、鳊鱼等)。

表 1-18　嘉兴乳品厂的人工食物链-凝聚沉淀法的主要设备、装置和人员

名　　称	规格/m³	数量	配用功率/kW	备注
人工食物链氧化塘	640	1个		块石砌塘边、底
凝聚沉淀池	19	2个		钢板制作
砂滤池	35	1个		分成三个部分
水泵		2台	11	
增氧泵		1台	7.5	

续表

名　称	规格/m³	数量	配用功率/kW	备注
化验设备仪器		1套		
换工		1名		
管理工		1名		

2.两级生化工艺

20世纪80年代初,乳品废水处理主要采用好氧处理技术,如活性污泥法、高负荷生物过滤法和接触氧化法等。当时接触氧化法比活性污泥法有一定优势,因此在乳品废水的处理上得到了广泛的应用。由于乳品废水进水COD浓度较高,所以一般采用二级接触氧化工艺。图1-18为北京市环境科学研究院为北京某乳品厂设计的典型两级接触氧化工艺流程图,处理废水1 400 t/d,其处理水质如下。

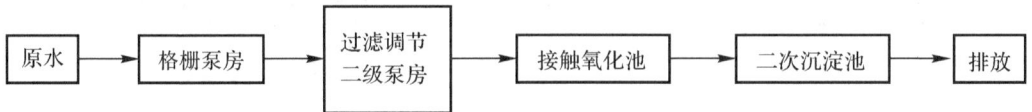

原水 → 格栅泵房 → 过滤调节二级泵房 → 接触氧化池 → 二次沉淀池 → 排放

图1-18　乳品废水处理工艺流程

进水水质:COD为1 000 mg/L;BOD$_5$为500 mg/L;ρ(SS)为200 mg/L;pH为6~9;水温<35 ℃。

处理后的出水水质:COD≤150 mg/L;BOD$_5$≤40 mg/L;ρ(SS)≤30 mg/L;pH为6.5~9.0。

(1)冷饮污水治理的两级生化工艺实例。苏州罐头厂冷饮车间在生产季节(3~10月份)生产冷饮2~3 t/d,排放废水60 m³/d(COD为800~2 000 mg/L),废水主要来源于生产设备的洗涤水,含有大量淀粉、糖、油脂、奶类蛋白质,可生化性好。

根据水质可生化性好且COD变化幅度大,要求工艺有一定的耐冲击负荷,采用二级生化处理工艺(生物转盘—接触氧化),其流程如图1-19所示,各类洗涤水流入集水井,定期除油后,废水流入调节池,调节池用污水泵以2.5 m³/h,泵入φ3 000 mm充气型生物转盘,转盘采用气动式,由于气动使氧化槽增强了搅动,提高了水中溶解氧,增加了微生物的活性,从而提高有机物去除率。由于COD变化幅度大,为了保证COD负荷高时排放废水能达标,在转盘后增设一级生物接触氧化,生物转盘出水靠重力进入接触氧化池(底部有0.5 mm孔隙进行曝气),池出水也靠重力流入斜板沉淀池后溢流排放。

为了节约能耗、减少噪声,气源采用DLB型层叠泵,它可取代罗茨风机,最大压力为0.049 MPa,最大气量为55 m³/h,并可节电60%。

(2)主要设备及设计工艺参数。

1)主要设备及规格。两级生化工艺处理冷饮厂废水的主要设备及规格见表1-19。主要设备为调节池、生物转盘、接触氧化池、斜板沉淀池等。

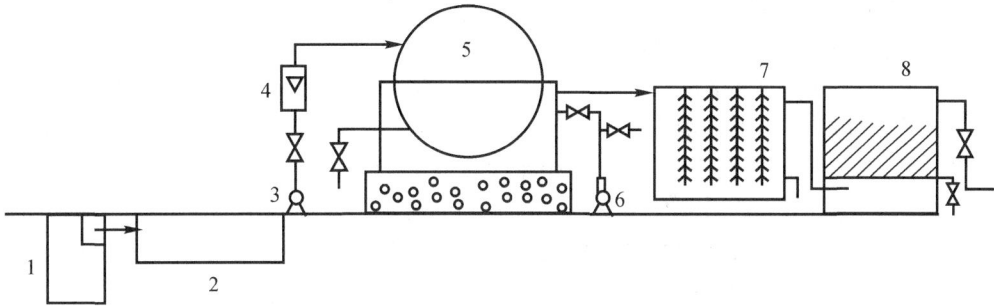

图 1-19　两级生化工艺处理冷饮厂污水

1—集水井；　2—调节池；　3—水泵；　4—流量计；

5—生物转盘；　6—气泵；　7—接触氧化池；　8—斜板沉淀池

表 1-19　主要设备及规格

设备名称	规　　格
调节池	1.5 m×2.3 m×1.7 m,有效容积 50 m³,停留 20 h
生物转盘	ϕ3 000 mm,表面积 3 600 m²,停留 2.8 h
接触氧化池	填料充满有效容积,停留 4 h
斜板沉淀池	停留 1 h
污水泵	50WL 型,1.5 kW,流量 12.5 m³/h
合计	装机容量 2.6 kW,日耗电 70 kW·h

2)设计工艺参数。两级生化工艺的主要设计工艺参数见表 1-20。

表 1-20　设计工艺参数

处理工艺	$COD/(mg \cdot L^{-1})$			$BOD_5/(mg \cdot L^{-1})$		
调节池	进水	出水	去除率/%	进水	出水	去除率/%
生物转盘		2 000			1 000	
接触氧化	2 000	700	65	1 000	300	70
斜板沉淀	175	140	20	60	54	10

3.厌氧(水解)-好氧生物处理工艺

(1)厌氧处理的问题。在荷兰,含脂肪废水的污染物排放量相当于全国 14% 的人口排放的生活废水的污染物总量。以含动植物油脂为原料的工业废水含有的脂肪类物质主要有长链脂肪酸(LCFA)和直链的多元醇(甘油三酸酯、磷脂等)和它们的降解产物。这些脂类物质是可以生物降解的,但它们的存在会使好氧和厌氧生物处理产生许多问题。除污泥上浮流失和毒性外,反应器的负荷也受到限制。

乳制品加工工业废水中的部分脂类物质可以比较容易地以物理方法除去,例如重力分离或气浮、过滤等。然而,物理方法不能除去废水中乳化了的脂类物质,因此在应用物理方法之后,仍会有大量脂类存在于废水中。

这些相对花费少的方法应当尽可能用于生物处理的预处理。因为,这些可以用上述简单方法去除的脂类在厌氧处理中降解很慢,需要相对长的停留时间。因为它们易于上浮,所以在厌氧反应器(或其他生物处理系统)很难停留很长时间,上浮问题成为它们破坏厌氧或好氧处理的严重问题。乳制品加工废水中含有的脂肪类物质在高速厌氧反应器中常因以下两个原因而破坏厌氧废水处理的稳定性:①颗粒污泥常上浮,从而引起污泥流失;②长链脂肪酸的毒性较强,常引起严重的抑制。

可以皂化的脂类能完全转化为甲烷和 CO_2,早期采用的完全混合反应器反应效率虽然很低,但是采用的絮状污泥没有严重的污泥上浮问题。脂类在厌氧处理过程可分为三个阶段:①脂的分解,即长链脂肪酸和醇直径的酯键断裂,从而将脂类分解为长链脂肪酸(LCFA)和多元醇;②LCFA 和醇的降解,其结果产生乙酸、CO_2 和氢气;③将乙酸、CO_2 和氢气转化为甲烷的甲烷化。

脂的分解通常不是厌氧处理中限速的一步。整个厌氧过程主要受 LCFA 降解或者这些脂肪酸的溶解与传质的制约。LCFA 并不总能完全溶解,在较低 pH 或含 Ca 环境中很容易沉淀。它也易于被吸附到污泥的表面。多数研究者认为 LCFA 抑制微生物生长的机理是由于:①LCFA 改变细胞膜的通透性;②LCFA 影响细胞壁的表面张力,从而影响细胞的分裂;③不确定的化学过程的影响。

Rinsema 发现过高的 LCFA 浓度会使污泥活力严重降低,反应器中的污泥必须全部更换,否则需要几个月恢复其原有活力。克服 LCFA 的抑制作用及解决污泥上浮和洗出问题是厌氧处理含脂类废水的关键所在。目前对于采用颗粒污泥的厌氧反应器,处理含脂类(例如含脂奶粉)废水还没有很好的办法解决污泥上浮的问题。因此,在实际应用厌氧处理乳制品废水时,可能放弃高负荷系统(颗粒污泥),而采用中等负荷的絮状污泥系统是更好的选择。

(2)水解工艺在乳品废水上的应用优势。水解池除将污水中的固体状态大分子和不易生物降解的有机物降解为易于生物降解的小分子有机物的这一特点外,其还有悬浮物去除率高和去除的悬浮物可以在水解池中得到部分消化的特点。表 1-21 为处理这类废水的实验结果。

表 1-21　水解池处理乳品废水结果

成　分	奶制品废水 $T=20$ ℃,HRT=4.5 h,SRT=2 d,CODOLR=21.1 g/(L·d)		
	进水	出水	去除率/%
总 COD/(mg·L^{-1})	3 890	1 563	60
悬浮 COD/(mg·L^{-1})	320	115	64
胶体 COD/(mg·L^{-1})	2 303	235	90
脂类 COD/(mg·L^{-1})	290	7	98

其结果表明：

水解反应器作为预处理对于悬浮性 COD 和脂类有较高的去除率。对于奶制品废水，由于乳酸的预酸化造成 pH 降低至 4.0，可使蛋白质和脂类沉淀从而达到 98％ 的去除率。去除的悬浮 COD 或污泥在水解池内得到富集，奶制品废水可以达到 100 g/L。奶制品废水在水解池中得到了部分水解和酸化，需要进一步稳定。最后，由于水在水解池的预处理作用，使得出水主要为溶解性 COD。奶制品废水采用好氧反应器，可以在较短(2.0 h)的时间取得较好的处理效果。以上研究结果扩大了水解处理工艺的应用范围和效率。

(3)乳制品厂污水处理实例：

1)水质、水量和出水排放标准。北京某乳品厂日加工牛奶中现在的 45 t 扩大到 200 t，随着牛奶产量的扩大，污水排放量也由 370 m³/d 增加到 1 500 m³/d，根据环保法规的要求拟扩建废水处理设施。牛奶生产废水经处理后达到国家规定的排放标准后排入水体。

根据当地环境要求提出的水质水量，并参照国家排放标准及北京市污染物排放标准中的三级标准进行设计，见表 1-22。

表 1-22　需处理的水质水量和排放标准

类别	水量 /(m³·d⁻¹)	水　质			
		COD/(mg·L⁻¹)	BOD₅/(mg·L⁻¹)	ρ(SS)/(mg·L⁻¹)	ρ(动植物油)/(mg·L⁻¹)
污水站进水	1 500	1 100	300	200	
污水站出水	1 500	<100	60	30	20

2)工艺流程的确定。乳品加工类废水中含有一定量固态的或是溶解的蛋白质、脂肪和碳水化合物等。按给定的废水的 BOD₅/COD 的比值为 0.3，说明可生化性一般。这类废水含有足够的 N、P 等营养物可供微生物生长和繁殖，因此，拟采用水解-好氧为主的生物处理工艺。

根据乳制品生产的特点，在确定废水处理工艺时，应充分考虑生产流程中事故排放的超高浓度废液，设置事故池。乳品加工废水中含有一定的非溶解性的蛋白质、脂肪、碳水化合物等，且水质和水量随时间变化大，为了防止设备和管道的堵塞，降低生物处理设施的负荷和提高生物处理工艺的处理效果，采用了物理和生化处理方法相结合的工艺，从而保证污水治理达标排放，稳定运行。水解-好氧工艺可以较经济地处理该废水，实现达标排放。根据以上分析及近年来治理各类污水的经验，确定工艺流程如图 1-20 所示。

来自厂区生产车间的污水首先经过预处理进行固液分离(格栅和气浮设备)，去除大部分的大颗粒的杂物(60％～80％)、油脂(60％～80％)和少量的有机物(20％)，出水自流进入调节池，调节池中的废水由污水泵提升到水解池。水解池出水自流入曝气、沉淀于一体的好氧池，好氧曝气池中无需设置沉淀池。好氧曝气池采用鼓风机曝气，中微孔布气头布气。经过上述两级处理后，主要的有机污染物已基本去除，出水达标后排入下水道。

3)各工段处理效果。各工段处理效果详见表 1-23。

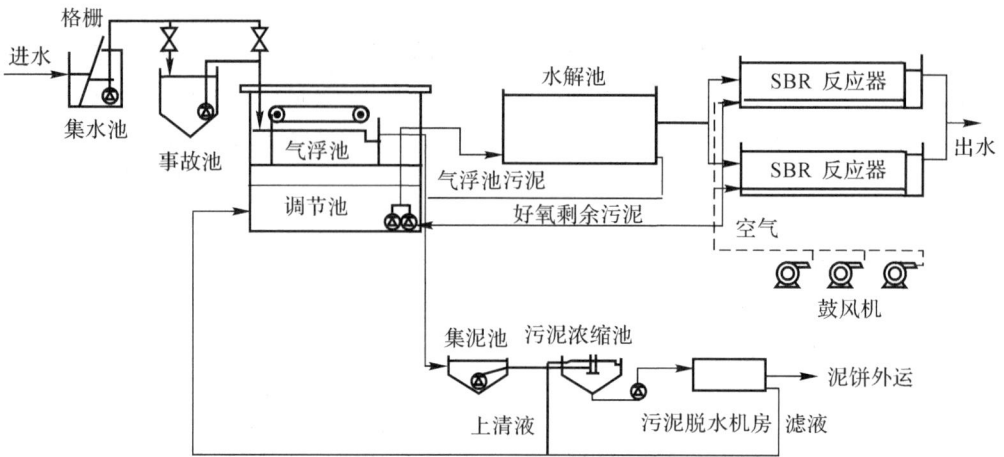

图 1-20 某乳品厂废水处理工艺流程图

表 1-23 各工段处理效果

工艺段	项 目	COD/(mg·L⁻¹)	BOD₅/(mg·L⁻¹)	ρ(SS)/(mg·L⁻¹)
气浮池	进水	1 100	300	
	出水	800	240	
	去除率	25%	20	
水解池	进水	82	240	
	出水	640	200	
	去除率	25%	20	
好氧池	进水	620		
	出水	<100	200	<30
	去除率	≥85%		

(3)主要处理构筑物、设备的设计和选择:

1)进水渠道及格栅。进水渠道前端设置不锈钢旋转格栅,进水渠道为固定格栅而设置。格栅拦截乳品加工废水中较粗的分散性悬浮固体物,其主要作用在于保护泵的叶轮及防止水解池布水器的堵塞。

2)集水池。其功能是汇集厂区废水,并将废水提升至后续处理构筑物。设计水力停留时间 $T=30$ min。

3)事故池。牛奶生产过程中会有牛奶酸奶的事故发生,这时产品将不能进入市场而被直接排放至污水厂。奶液的有机污染物 COD 值高达 150 000 mg/L。该厂生产线中贮奶罐从 10 m³ 到 60 m³,按最不利条件考虑,每次最高事故排放 COD 为 9 000 kg,相当于污水厂 6 d 的有机物处理量的总和,这样高的冲击负荷,将破坏污水厂系统的正常运行。因此设计中要考虑设置事故池(100 m³),以贮存事故排放废液,经处理后均匀提升至调节池而进入污水处理系统。

4)气浮设备。该设备功能为去除水中油脂及事故排放的高浓度水中的固体蛋白和油脂。处理能力为 80 m³/h。钢结构定型产品,气浮车间与脱水机房合建于调节池上。

气浮池:COD 去除率为 25%,出水 COD 为 825 mg/L;BOD_5 去除率为 20%,出水 BOD 为 240 mg/L。

5)调节池。由于生产废水水质水量变化幅度较大,设置调节池可对水质水量进行调节,以使后续处理单元负荷均衡,运行稳定。水力停留时间 6.0 h。考虑到调节池悬浮物的沉积会影响调节内容,同时一年一度的沉积物的清除劳动强度大,劳动环境差等问题,设计中在调节池设置水下搅拌器,避免悬浮物沉降。悬浮物随污水进入后续处理单元,随污泥排出系统。搅拌器为水下淹没式叶轮搅拌器。

6)水解-酸化池。水解酸化为生化处理部分第一单元,池内维持 2~3 m 厚的厌氧污泥层,对有机物进行截留水解氧化。同时该反应器对好氧剩余污泥进行截留、消化处理,实现了污水、污泥同步处理,污水厂内不需设置污泥消化处理装置。设计水力停留时间 $T = 6.0$ h。水解-酸化池在不耗费能源的情况下对 COD 的去除率为 25%,出水 COD 为 620 mg/L,BOD_5 去除率为 20%,出水 BOD_5 为 192 mg/L。

7)SBR 反应器。SBR 为序批式好氧活性污泥的简称。该反应器为传统活性污泥法的一种变型。它克服了传统活性污泥中的一些缺点,集其他几种好氧生物法的优点于一体,同时集曝气、沉淀于一体,为一综合性好氧处理单元。设计的污泥 COD 负荷:0.3 kg/(kgMLSS·d)。设计活性污泥浓度 $\rho = 3.0$ g/L。采用中微孔曝气头布气:数量 $n = 600$ 只,选用 D10-5000 风机 3 台(2 备 1 用)。

SBR 进水由进水分配井自流进曝气池,其进水自控阀门宜采用进口或合资企业生产的电控阀门,其进出水均由简便易行的自控系统进行控制。

依据 SBR 反应器的运行规律和设计要求,确定设计运行周期方案为 12 h(5 h 进水,4 h 曝气,2 h 沉淀,1 h 排水)。

目前常用的排水方式是滗水器排水,依据时间控制其升降,实现排水。

8)污泥浓缩及脱水。产泥量计算如下。

①水解酸化产泥。水解池对 SS 去除率 70%,并进行水解 30%,得
$$W_1 = Q \times 180 \text{ mg/L} \times 70\% \times 70\% = 132 \text{ kg}$$

②好氧处理产泥量。COD 的污泥 SS 产率为 0.3 kg/kg。

污泥量:
$$W_2 = Q \times 0.60 \times 0.3 = 270 \text{ kg}$$

好氧剩余污泥送至水解池稳定处理后由水解池最终排出。水解池对好氧活性污泥的水解为 30%。

则好氧剩余污泥最终干物质量为 $270 \times 70\% = 189$ kg。
$$W_1 + W_2 = 132 + 189 = 321 \text{ kg}$$

折合 96% 含水率的湿污泥 8.0 m³。

湿污泥排入集泥池进行浓缩后,有污泥泵打入脱水机房脱水。选带宽 0.5 m 带式压滤机进行污泥脱水。脱水后污泥含水率 75%,污泥体积 $V = 1.3$ m³,外运做农业用肥。

9)综合处理车间。综合处理车间内设气浮池、污泥脱水池、鼓风机,建于调节池上。平面尺寸 16 m×8.0 m,檐高 5.0 m,砖混结构。

10)平面和高程布置。污水处理站各处理构筑物尽量按照工艺流程进行布置,以保证工艺流程顺畅,缩短管线。高程布置上,污水在一次提升后进入预处理单元,然后进入调节池。从调节池二次提升至水解及好氧处理单元,出水水面标高在 1.00 m 左右,可顺利排入市政管道。

11)配电及自控。全厂设备装机容量为 100.55 kW,其中运转功率 45.0 kW。污水厂内不需设置变电系统,电源由乳品厂内引入,污水厂内只设置配电系统,配电系统同时考虑厂区照明用配电。污水处理工艺中,SBR 反应器进出水需由自动控制执行。自控设计原则上要考虑简便易行,关键部件及设备应采用进口或合资企业的产品。为保证系统运行的可靠性,设计要同时考虑人工操作的可能性,并设置异常状态报警装置。

(4)技术经济分析。工程总投资为 254.66 万 t,吨水建设投资为 1 700 元。运行成本分析如下。

1)动力费。使用量:45 kW;电费:0.5 元/(kW·h)。

$$E_1 = 0.5 \text{ 元/(kW·h)} \times 45 \text{ kW} \times 24 = 540 \text{ 元/d}$$

2)药剂费。每吨水药剂费 0.26 元(包括 pH 调节、混凝药剂)。

$$E_2 = 1\ 500 \times 0.26 = 390 \text{ 元/d}$$

3)折旧费。固定资产形成率占建设投资直接费的 90%。

则固定资产总值为 238×90%=215 万元。

综合折旧年限为 20 年。

$$E_3 = 折旧费 = 295 \text{ 元/d}$$

4)设备检修费。设备检修费占固定资产的 1%。

$$E_4 = 65 \text{ 元/d}$$

5)其他费用(包括行政管理,辅助材料等)。

$$E_5 = (E_1 + E_2 + E_3 + E_4) \times 10\% = 129 \text{ 元/d}$$

6)合计:

$$E_6 = (E_1 + E_2 + E_3 + E_4 + E_5) = 1\ 419 \text{ 元/d}$$

折合处理废水运行费为 0.95 元/m³(含折旧费),0.75 元/m³(不含折旧费)。污水处理厂主要技术经济指标,基建投资 245.66 万元。污水处理厂运行成本为 0.95 元/m³,直接处理费用 0.75 元/m³,电耗为 0.72 kW·h/m³。

1.2.4 哈尔滨某食品厂处理案例

哈尔滨某食品厂主要生产冰淇淋,其废水中不仅包括生产废水中的污染物,还包括产品包装纸、雪糕棍等。部分污染物在废水的排放过程中悬浮或漂浮状态随废水排放,因此在本工程污水处理系统(包括水泵)前设置格栅,去除污水中大体积悬浮物,防止对管道、泵体造成堵塞,而对于水中的胶体及溶解性污染物必须利用特殊的方法进行去除,常利用生物膜法将其分解或分离。具体出水水质见表 1-24。工艺流程图如图 1-21 所示。

表 1－24 污水处理厂设计处理程度

项 目	$\dfrac{COD}{mg \cdot L^{-1}}$	$\dfrac{BOD_5}{mg \cdot L^{-1}}$	$\dfrac{SS}{mg \cdot L^{-1}}$	动植物油脂 $mg \cdot L^{-1}$	pH
进水	2 500	1 500	500	100	6～9
出水	500	300	400	50	6～9
去除率/%	80	80	20	已达标准	已达标准

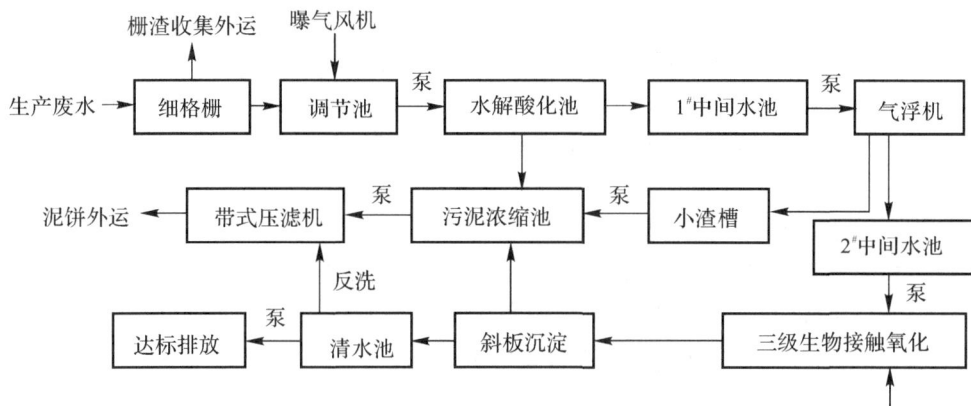

图 1－21 污水处理方案流程图

工程实践表明厌氧好氧组合工艺中厌氧段采用水解酸化取得了良好的处理效果,该技术采用气浮处理技术,与将气浮设置于水解酸化后端处理技术去除污水中的细小颗粒。一级采用厌氧生物处理技术,二级和三级采用好氧生物处理技术,采用的带式压滤机,此种脱水机集浓缩、脱水于一体,浓缩、脱水连续完成,脱水后污泥根据该食品厂情况,作为高效生物肥原料。污水处理厂建设项目运行稳定,出水水质指标 COD、BOD_5 及 SS 依次为 469.1 $mg \cdot L^{-1}$、281 $mg \cdot L^{-1}$ 和 26.1 $mg \cdot L^{-1}$。去除率分别为 81.2%、81.3% 和 26.1%。污水厂各污染物去除效果良好,出水水质达到设计标准并且该系统具有较强的抗冲击负荷能力,出水水质达到《污水综合排放标准》(GB8978—2002)三级标准要求。

第 2 章 制 药 废 水

我国已成为全球化学原料药生产大国,可以生产化学原料药近 1 500 种,产能达 200 多万 t,约占全球产量的 1/5 以上。化学制剂加工能力位居世界第一,能生产化学药品制剂 4 000 余种。其中,青霉素年产 2.8 万 t,占世界市场份额的 60%;维生素 C 年产 9.8 万 t,出口 5.4 万 t,占世界市场份额的 50% 以上;土霉素年产 1 万 t,占世界市场份额的 65%;盐酸强力霉素和头孢菌素类产品的产量也位居全球第一。据统计,制药工业占全国工业总产值的 1.7%,而污水排放量占 2%。制药工业的生产特点是生产品种多,生产工序多,使用原料种类多、数量大,原材料利用率低。由于制药废水组成复杂,有机污染物种类多、可生化性差,所以制药废水是一种难降解的有毒有害废水。

2.1 制药废水来源及特点

2.1.1 制药废水来源

制药废水可分为提取废水、洗涤废水和其他废水。废水中污染物的主要成分是发酵残余的营养物,如糖类、蛋白质、脂类和无机盐类(Ca^{2+},Mg^{2+},K^+,Na^+,SO_4^{2-},HPO_4^{2-},Cl^- 等),其中包括酸、碱、有机溶剂和化工原料等。

1. 提取废水

提取废水是经提取有用物质后的发酵液,因此有时也叫发酵废水。含大量未被利用的有机组分及其分解产物,为该类废水的主要污染源。另外,在发酵过程中由于工艺需要采用一些化工原料,废水中也含有一定的酸、碱和有机溶剂等。

2. 洗涤废水

洗涤废水来源于发酵罐的清洗、分离机的清洗及其他清洗工段和洗地面等,水质一般与提取废水(发酵残液)相似,但浓度较低。

3. 其他废水

制药厂大多有冷却水排放。一般污染段浓度不大,可直接排放,但最好回用。有些药厂还有酸、碱废水,经简单中和可达标排放。制药废水中,维生素 C 生产废水有机污染也十分严重,综合废水的 COD 含量可达 8 000～10 000 mg/L,含甲醇、乙醇、甲酸、蛋白质、古龙酸、磷酸盐等物质,废水偏酸性。

2.1.2　制药废水特点

制药废水一般成分复杂,污染物浓度高,含有大量有毒有害物质、生物抑制物(包括一定浓度的抗生素)、难降解物质等,带有颜色和气味,悬浮物含量高,易产生泡沫等。

1. 有机污染物浓度高

生产过程中残留的反应不完全的原料,包括发酵残余基质及营养物,溶剂萃取余液及染菌倒罐废液等,以及大量副产品,小部分成品都会随水流出,导致水 COD 浓度一般都在 5 000 mg/L 以上。

2. 难生物降解物质、有毒有害物质多

制药废水中残留的药物(如抗生素、卤素化合物、醚类化合物、硝基化合物、硫醚及矾类化合物、某些杂环化合物和有机溶剂等),大多属于生物难以降解的物质,如在达到一定浓度后会对微生物产生抑制作用。此外,卤素化合物、硝基化合物、有机氮化合物、具有杀菌作用的分散剂或表面活性剂等对微生物是有较大的毒害作用的,给制药废水的生化处理带来了很大困难。

3. 冲击负荷大

由于生产工艺的需要,制药生产废水通常是间歇排放,温度、污染物浓度和酸碱度随时间变化较大。此外,发酵罐染菌的倒罐废液等大量高浓度短时间集中排放的废水会造成极大的负荷冲击。

4. 色度高,异味重

制药废水由于生产需要使用了大量的化学药剂和动植物组织等作为原材料,这些材料流入废水中会产生较大的异味和较深的色度。并且经一般污水处理流程后难以彻底去除,对环境影响较大。

5. 悬浮物浓度高

抗生素、中药等制药废水中往往夹带大量的微生物菌丝体或中草药残渣,废水中 SS 较高。

6. 含盐量高

由于成分复杂,制药废水中往往含盐量极高,对微生物产生明显的抑制作用,使生化处理中 COD 的去除率明显下降,造成污泥膨胀,水面泛出大量泡沫,微生物相继死亡等。

2.2　制药废水处理技术

制药废水的处理技术可归纳为以下几种:物化处理、化学处理、生化处理以及多种方法的组合处理等,各种处理方法具有各自的优势及不足。

2.2.1　物化处理

根据制药废水的水质特点,在其处理过程中需要采用物化处理作为生化处理的预处理或后处理工序。目前应用的物化处理方法主要包括混凝、气浮、吸附、氨吹脱、电解、离子交换和膜分离法等。

1. 混凝法

该技术是目前国内外普遍采用的一种水质处理方法,它被广泛用于制药废水预处理及后处理过程中,如硫酸铝和聚合硫酸铁等用于中药废水的处理等。高效混凝处理的关键在于恰当地选择和投加性能优良的混凝剂。近年来混凝剂的发展方向是由低分子向聚合高分子发展,由成分功能单一型向复合型发展。

2. 气浮法

气浮法通常包括充气气浮、溶气气浮、化学气浮和电解气浮等多种形式。新昌制药厂采用 CAF 涡凹气浮装置对制药废水进行预处理,在适当药剂配合下,COD 的平均去除率在25%左右。

3. 吸附法

常用的吸附剂有活性炭、活性煤、腐殖酸类、吸附树脂等。武汉健民制药厂采用煤灰吸附-两级好氧生物处理工艺处理其废水。结果显示,吸附预处理对废水的 COD 去除率达41.1%,并提高了 BOD_5/COD 值。

4. 膜分离法

膜技术包括反渗透、纳滤膜和纤维膜,可回收有用物质,减少有机物的排放总量。该技术的主要特点是设备简单、操作方便、无相变及化学变化、处理效率高和节约能源。朱安娜等采用纳滤膜对洁霉素废水进行分离实验,发现既减少了废水中洁霉素对微生物的抑制作用,又可回收洁霉素。

5. 电解法

该法处理废水具有高效、易操作等优点而得到人们的重视,同时电解法又有很好的脱色效果。采用电解法预处理核黄素上清液,COD、SS 和色度的去除率分别达到 71%、83% 和 67%。

2.2.2 化学处理

应用化学方法时,某些试剂的过量使用容易导致水体的二次污染,因此在设计前应做好相关的实验研究工作。化学法包括铁炭法、化学氧化还原法(Fenton 试剂、H_2O_2、O_3)、深度氧化技术等。

1. 铁炭法

工业运行表明,以 Fe-C 作为制药废水的预处理步骤,其出水的可生化性可大大提高。楼茂兴等采用铁炭—微电解—厌氧—好氧—气浮联合处理工艺处理甲红霉素、盐酸环丙沙星等医药中间体生产废水,铁炭法处理后 COD 去除率达 20%,最终出水达到国家《废水综合排放标准》(GB8978—1996)一级标准。

2. Fenton 试剂处理法

亚铁盐和 H_2O_2 的组合称为 Fenton 试剂,它能有效去除传统废水处理技术无法去除的难降解有机物。随着研究的深入,又把紫外光(UV)、草酸盐($C_2O_4^{2-}$)等引入 Fenton 试剂中,使其氧化能力大大加强。

3. 氧化技术

氧化技术又称高级氧化技术,它汇集了现代光、电、声、磁、材料等各相近学科的最新研究成果,主要包括电化学氧化法、湿式氧化法、超临界水氧化法、光催化氧化法和超声降解法等。其中紫外光催化氧化技术具有新颖、高效、对废水无选择性等优点,尤其适合于不饱和烃的降解,且反应条件也比较温和,无二次污染,具有很好的应用前景。与紫外线、热、压力等处理方法相比,超声波对有机物的处理更直接,对设备的要求更低,作为一种新型的处理方法,正受到越来越多的关注。

2.2.3　生化处理

生化处理技术是目前制药废水广泛采用的处理技术,包括好氧生物法、厌氧生物法、好氧-厌氧等组合方法。

1. 好氧生物处理

由于制药废水大多是高浓度有机废水,进行好氧生物处理时一般需对原液进行稀释,所以动力消耗大,且废水可生化性较差,很难直接生化处理后达标排放,可见单独使用好氧处理的不多,一般需进行预处理。常用的好氧生物处理方法包括活性污泥法、深井曝气法、吸附生物降解法(AB 法)、生物接触氧化法、序批式间歇活性污泥法(SBR 法)、循环式活性污泥法(CASS 法)等,部分方法叙述如下。

(1)深井曝气法。深井曝气是一种高速活性污泥系统,该法具有氧利用率高、占地面积小、处理效果佳、投资少、运行费用低、不存在污泥膨胀、产泥量低等优点。此外,其保温效果好,处理不受气候条件影响,可保证北方地区冬天废水处理的效果。东北制药总厂的高浓度有机废水经深井曝气池生化处理后,COD 去除率达 92.7%,可见用其处理效率是很高的,而且对下一步的治理极其有利,对工艺治理的出水达标起着决定性作用。

(2)AB 法。AB 法属超高负荷活性污泥法。AB 工艺对 BOD_5、COD、SS、磷和氨氮的去除率一般均高于常规活性污泥法。其突出的优点是 A 段负荷高,抗冲击负荷能力强,对 pH和有毒物质具有较大的缓冲作用,特别适用于处理浓度较高、水质水量变化较大的废水。杨俊仕等采用水解酸化-AB 生物法工艺处理抗生素废水,工艺流程短,节能,处理费用也低于同种废水的化学絮凝-生物法处理方法。

(3)生物接触氧化法。该技术集活性污泥和生物膜法的优势于一体,具有容积负荷高、污泥产量少、抗冲击能力强、工艺运行稳定、管理方便等优点。很多工程采用两段法,目的在于驯化不同阶段的优势菌种,充分发挥不同微生物种群间的协同作用,提高生化效果和抗冲击能力。在工程中常以厌氧消化、酸化作为预处理工序,采用接触氧化法处理制药废水。哈尔滨北方制药厂采用水解酸化-两段生物接触氧化工艺处理制药废水,运行结果表明,该工艺处理效果稳定、工艺组合合理。随着该工艺技术的逐渐成熟,应用领域也更加广泛。

(4)SBR 法。SBR 法具有耐冲击负荷强、污泥活性高、结构简单、无需回流、操作灵活、占地少、投资省、运行稳定、基质去除率高、脱氮除磷效果好等优点,适合处理水量水质波动大的废水。

2. 厌氧生物处理

目前国内外处理高浓度有机废水主要是以厌氧法为主,但经单独的厌氧方法处理后出水 COD 仍较高,一般需要进行后处理(如好氧生物处理)。目前仍需加强高效厌氧反应器的开发设计及进行深入的运行条件研究。在处理制药废水中应用较成功的有上流式厌氧污泥床(UASB)、厌氧复合床(UBF)、厌氧折流板反应器(ABR)、水解酸化法等。

(1)UASB法。UASB反应器具有厌氧消化效率高、结构简单、水力停留时间短、无需另设污泥回流装置等优点。采用UASB法处理卡那霉素、氯霉素、VC、SD和葡萄糖等制药生产废水时,通常要求SS含量不能过高,以保证COD去除率在90%以上。二级串联UASB的COD去除率可达90%以上。

(2)UBF法。UBF具有反应液传质和分离效果好、生物量大和生物种类多、处理效率高、运行稳定性强的特征,是实用高效的厌氧生物反应器。

(3)水解酸化法。水解池全称为水解升流式污泥床(HUSB),它是改进的UASB。水解池较之全过程厌氧池有以下优点:不需密闭、搅拌,不设三相分离器,降低了造价并利于维护;可将废水中的大分子、不易生物降解的有机物降解为小分子、易生物降解的有机物,改善原水的可生化性;反应迅速、池子体积小,基建投资少,并能减少污泥量。近年来,水解-好氧工艺在制药废水处理中得到了广泛的应用,如某生物制药厂采用水解酸化-二段式生物接触氧化工艺处理制药废水,运行稳定,有机物去除效果显著,COD、BOD$_5$和SS的去除率分别为90.7%、92.4%和87.6%。

3.厌氧-好氧及其他组合处理技术

由于单独的好氧处理或厌氧处理往往不能满足要求,而厌氧-好氧、水解酸化-好氧等组合工艺在改善废水的可生化性、耐冲击性、投资成本、处理效果等方面表现出了明显优于单一处理方法的性能,因而在工程实践中得到了广泛应用。此外,随着膜技术的不断发展,膜生物反应器(MBR)在制药废水处理中的应用研究也逐渐深入。MBR综合了膜分离技术和生物处理的特点,具有容积负荷高、抗冲击能力强、占地面积小、剩余污泥量少等优点。

2.3 制药废水处理工程案例

2.3.1 江西某医药原材料有限公司制药废水处理工程案例

1.工程概况

江西某医药原材料有限公司年产500 t DL-氨基丙醇、1 000 t L-氨基丙醇、50 t 盐酸莫西沙星、300 t 丝氨醇。该企业生产废水主要为各生产反应器的清洗水,包括未反应的原材料、溶剂,并伴随大量的化合物,还有少量地面冲洗水及生活污水。该公司废水成分复杂,污染物浓度高,虽然废水中COD含量并不是很高,但废水可生化性很差,B/C值仅为0.25,处理较困难。特别是盐酸莫西沙星的原材料中含有一些诸如甲苯、(S,S)-2,8-二氮杂双环-[4.3.0]壬烷等有杂环类多链化合物和螯合物等难降解污染物,以及乙腈等有毒物质,微生物不仅难以将它们直接降解,而且这些有机物对厌氧微生物和好氧微生物的生长都有抑制作用。废水处理站设计处理水量为150 m³/d,出水水质执行《化学合成类制药工业水污染物排放标准》(GB 21904—2008)。设计进、出水水质见表2-1。

表 2-1　设计进、出水水质

项　目	pH 值	COD/(mg·L^{-1})	BOD$_5$/(mg·L^{-1})	NH$_4^+$-N/(mg·L^{-1})	SS/(mg·L^{-1})
进水水质	5～6	1 000～3 000	250～750	20～60	400～1 200
排放标准	6～9	≤100	≤20	≤20	≤50

2. 工艺流程

该工程采用微电解—芬顿—水解酸化接触氧化—絮凝沉淀组合处理工艺,具体工艺流程如图 2-1 所示。

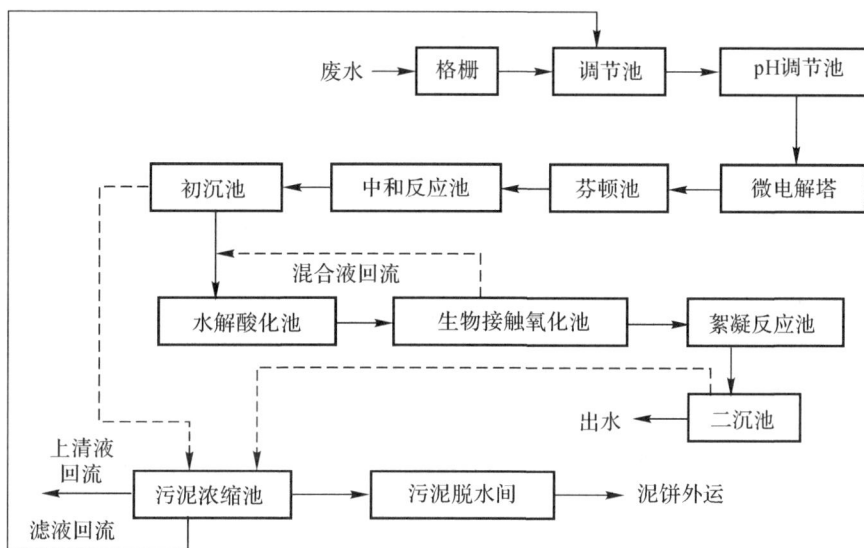

图 2-1　制药废水处理工程工艺流程图

车间废水先通过格栅进入调节池,经泵提升进入调节池,在 pH 调节池中加入硫酸使 pH 调至 3 左右后进入微电解塔。预处理阶段采用微电解和 Fenton 氧化联合处理,可以去除废水中大部分 COD,并提高废水的可生化性,以保证后续生化处理的正常运行。

通过水解酸化与生物接触氧化工艺,且生物接触氧化出水部分回流到水解酸化池,可以实现脱氮。在絮凝反应池采用计量泵同时投加混凝剂聚合氯化铝(PAC)和助凝剂聚丙烯酰(PAM),经沉淀池后尾水达标排放。该系统产生的污泥通过污泥浓缩池浓缩脱水后,泥饼外运,上清液回流到调节池。

采用微电解与 Fenton 法联合预处理,在 Fenton 处理阶段不需要另加铁离子试剂,微电解反应使大分子有机物发生开环断链,减轻了 Fenton 反应的处理负荷,有利于芬顿反应的进行,以 Fenton 处理微电解出水,提高了系统对污染物处理的范围与能力。针对废水沉降性能差的特征,在废水经过生化处理单元后,加入絮凝剂增加其沉降性,并进行沉淀,保证了出水水质的达标。

3. 运行效果

系统调试完毕后投入运行,处理效果趋于稳定,结果表明废水经过微电解芬顿氧化—水解酸化—接触氧化-絮凝沉淀处理后,对 COD、BOD、NH_4^+-N、SS 的去除率分别为97.9%、98%、79%、96.9%。出水各项指标均达到《化学合成类制药工业水污染物排放标准》(GB 21904—2008)。具体进出水水质监测数据见表2-2。

表 2-2　各单元进、出水水质

项　目		COD/(mg·L⁻¹)	BOD₅/(mg·L⁻¹)	NH_4^+-N/(mg·L⁻¹)	SS/(mg·L⁻¹)	pH
进水		3 000	750	60	1 200	5~6
出水	格栅至 pH 调节池	3 000	750	60	1 200	2~3
	微电解-Fenton池	900	300	48	1 080	4~8
	中和沉淀池	720	240	42	540	6~7
	水解酸化池	540	192	42	378	7~8
	生物接触氧化池	81	19.2	12.6	75.6	7~8
	絮凝反应池＋沉淀池	64.8	15.36	12.6	37.8	7~8

2.3.2　江苏某制药厂制药废水处理工程案例

1. 工程概况

制药综合废水来自为江苏某制药厂调节池,其中高含量废水首先经微电解预处理后再与低含量废水混合,其中高含量废水为车间生产废水,低含量废水包括生活污水和车间冲洗废水,具体水质见表2-3。

表 2-3　制药废水水量水质

废　水	水量/(t·d⁻¹)	pH	COD/(g·L⁻¹)	$\rho(NH_3-N)$/(mg·L⁻¹)
高含量	100~120	5~7	20~50	80~300
低含量	400~480	6~8	0.3~1.5	50~150
调节池		7~8	1.5~5.0	60~160

2. 工艺流程

高含量制药废水先经过脱泥,除去原水中的悬浮物后,调节 pH 进入微电解预处理系统进行氧化预处理。预处理出水自流入调节池与低含量废水混合后泵入水解酸化池,酸化池出水则依次自流入高负荷和低负荷生物增浓池,最后沉淀出水需满足 GB 8978—1996 的三级标准方可排入污水管网。具体工艺流程如图2-2所示。

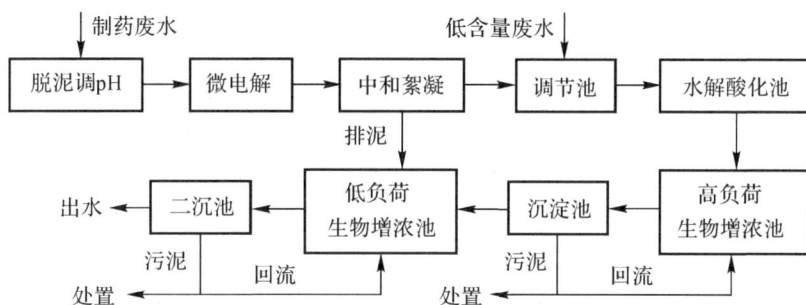

图 2-2　制药废水处理工程工艺流程

3.运行效果

采用微电解对高含量制药废水进行预处理,目的是去除废水中部分 COD,同时利用电化学氧化分解其中大分子、难降解物质,使得其可生化性得到大幅提升。生化系统中,污泥来源于污水处理厂压滤污泥,水解酸化池初始污泥投加量为 10 g/L,生物增浓池内投加污泥质量浓度为 2~5 g/L,并加入专用菌种 MKNC-001(硝化菌种)、MKNC-002(复合菌种),MKNC-001 主要用于 NH$_3$—N 的去除,MKNC-002 用于增强系统 COD 去除能力。同时为固定生物增浓池内的微生物,需向池内添加少量活性炭粉末。污泥和菌种投加后,进水量从 10 m^3/h 逐步调至 28 m^3/h,并投加少量葡萄糖进行生物驯化和填料挂膜,水温保持在 25~30 ℃。当驯化至出水 COD 稳定在 500 mg/L 以内,维持 1 周即为驯化成功。驯化完成后开始正常进水,水量为 28 m^3/h。4 周后填料完成挂膜,内部微生物生长丰富,高负荷和低负荷生物增浓池内悬浮污泥质量浓度分别达 4.8 g/L 和 3.2 g/L。

微电解预处理对高含量制药废水的 COD 去除率接近 40%,并有利于中段的水解酸化。生物增浓工艺可提升污泥总质量浓度至 8~10 g/L 以上,且对制药废水具有良好的处理效果,平均 COD 去除率达 90% 以上,出水 COD 稳定在 300 mg/L 以下,NH$_3$—N 的质量浓度稳定在 35 mg/L 以下,完全满足 GB 8978—1996 的三级排放标准。

2.3.3　山东寿光某制药有限公司制药废水处理工程案例

1.工程概况

工程总投资金额约为 660 万元,该制药废水前处理段为 A2O 生物处理工艺,后处理段为物化工艺(絮凝沉淀)。该组合工艺包括水解酸化池、缺氧池、三级好氧池、一沉池、絮凝沉淀池、二沉池、污泥浓缩池,占地面积为 10 927 m^2。进出水水质见表 2-4。

表 2-4　实际进水及设计出水标准

项　　目	COD / mg·L^{-1}	BOD$_5$ / mg·L^{-1}	NH$_3$-N / mg·L^{-1}	TN / mg·L^{-1}	TP / mg·L^{-1}	pH
实际进水	4 831	1 113.3	403.3	617.8	27	8.4
设计出水	500	300	35	70	8	6~9

2.工艺流程

如图2-3所示,废水经过格栅截留进入调节池1,经提升泵送入水解酸化池使大分子有机物转化成小分子,含氮化合物水解,释放出小分子的氨。废水再经过缺氧池进行反硝化过程,继续进入好氧池,进一步分解废水中的有机物,并进行硝化过程。之后通过沉淀池1进入调节池2,稳定水量和水质,再进入絮凝池,投加PAC和PAM使废水中的悬浮物形成絮体,进入沉淀池2进行泥水分离,最后上清液进入清水池排放至市政污水处理厂。沉淀池1和2的污泥流入污泥浓缩池进行脱水处理。

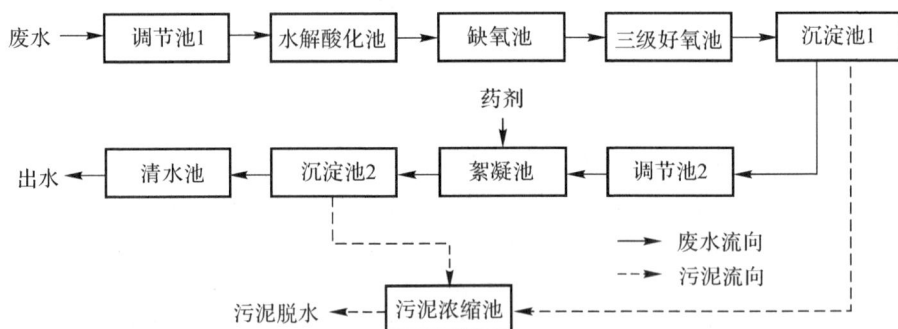

图2-3 A2O+絮凝沉淀工艺流程

3.运行效果

跟踪系统运行情况,某年8—12月进水和出水水质变化见表2-5。

表2-5 A2O+絮凝沉淀组合工艺运行月平均数据

月份/月	分类	COD/(mg·L^{-1})	NH$_3$-N/(mg·L^{-1})	TN/(mg·L^{-1})	TP/(mg·L^{-1})	pH
8	进水	4 530.8	249.2	500	13	8.3
	出水	117	2.4	18.2	2.3	7.8
9	进水	6 345.4	361.1	703.2	38.7	8.5
	出水	130.8	5.6	27.6	1.2	7.7
10	进水	4 590	466.3	502.3	18.8	8.6
	出水	197	2.3	16.7	1.5	8.0
11	进水	4 460.3	480.3	612.5	33.3	8.4
	出水	196	0.4	15.3	2.2	8.3
12	进水	4 301.2	460.5	532.5	29.5	8.4
	出水	216	3.9	7.7	1.7	7.7

根据有机物(COD)的分析结果表明,9月份的进水平均COD浓度最高(6 345.5 mg/L),其他月份的进水COD平均浓度相差不大(4 301.2~4 590 mg/L)。出水COD平均浓度在8月份最低,12月份最高,COD平均去除率超过95%以上,在9月份显示最高去除率(97.9%)。根据氨氮的分析结果,11月份的进水氨氮浓度最高,8月份的进水浓

度最低,出水平均浓度为 0.4～5.6 mg/L,去除率为 98.4%～99.9%。根据总氮的分析结果,进水浓度在 700～703.3 mg/L,出水浓度在 7.7～27.6 mg/L,去除率为 96.1%～98.5%。根据总磷的分析结果,进水浓度在 13～38.7 mg/L,出水浓度在 1.2～2.3 mg/L,去除率为 82.3%～96.9%。根据 pH 的分析结果,进水 pH 为 8.3～8.6,出水 pH 为 7.7～8.3。以上五个指标结果表明,出水浓度全部满足设计出水要求。

第3章　煤化工废水

3.1　煤化工废水特点及产物环节分析

煤化工，就是对煤进行化学加工从而使其产生气体、液体等相关体态的过程的一种工业。化学加工可分为多种形式，可以根据实际情况对其进行相应的加工，由于生产过程和最终产品之间存在不同，煤化工废水主要来源于对煤进行焦化、气化、液化和电石这四个方面。

煤化工废水的组分随加工工艺的不同而不同，主要有煤制气废水、煤制油废水、煤制焦废水和煤制甲醇、烯烃废水等几类。

1. 煤制气废水

煤气化废水来源于煤气发生炉的煤气洗涤、冷凝以及净化等过程，是含芳香族化合物和杂环化合物的典型废水。其中所含污染物种类繁多，主要有氨氮、酚类、石油类、氰化物、硫化物等，多数有毒有害，其处理难度主要体现在：废水成分复杂，污染物浓度高，对相应的处理负荷要求高；废水中酚、氰类有毒物质抑制微生物活性；废水可生化性差，不易生物降解等几个方面。

2. 煤制油废水

煤制油是用固态煤生产汽油、柴油、液化气等燃料以及化学品的过程。煤制油过程排放的废水 COD 浓度、色度、乳化度均较高，难以降解。煤制油高浓度废水主要特点是含硫、含酚、含油量及悬浮物浓度较低，COD 浓度较高，超出一般生物处理的范畴，含盐量少。该类废水排放量大、浓度高，处理难度大。

3. 煤制焦废水

煤制焦是指将烟煤隔绝空气加热制成焦炭的过程。我国在炼焦过程中排放的 COD、氨氮量相当可观。焦化废水污染成分复杂，污染物浓度变化范围大。研究表明，焦化废水中存在 15 类 558 种有机物，主要是含量高的酚类及氨氮，含量低但毒性大的有机污染物和无机污染物，是一种量大面广、成分复杂、有毒、难降解的典型工业有机废水。

4. 煤制甲醇、烯烃废水

煤制甲醇废水的来源主要为气化废水，其特点为高氨氮、COD。质量浓度适中，是一种氨氮含量偏高、低碳源，但可生化性良好的有机废水，直接排放会对生态环境造成无法逆转的破坏。煤制烯烃废水是煤制甲醇之后合成烯烃过程排放的废水，有害物质含量高，直接排放会导致严重污染，如用生化处理、直接燃烧等处理方式，又存在成本较高的问题。

综合以上可以看出,煤化工废水的突出特点是成分多种多样,含有大量的悬浮颗粒等大量有毒物质,且毒性大,浓度及色度都很高。虽然由于各种因素的影响,废水中的成分有所不同,但从整体上来讲,造成环境污染的程度都一样。由于该废水含量复杂,污染程度高,很难得到有效处理。

3.2　煤化工废水处理常见工艺

近年来我国煤化工发展速度较快,在煤化工产业发展过程中,废水处理问题是一直困扰其发展的难点问题。在煤化工企业生产过程中,对煤进行加工和提炼过程中会有废水产生,如洗煤、熄焦及加工等过程中都会产生废水,煤化工废水中含有难降解的有机化合物,这也增加了对其处理的难度,因此需要选择先进的煤化工废水处理工艺,提高煤化工废水的处理水平。

3.2.1　常见处理工艺

1. 预处理工艺

在煤化工废水中,有机物、颗粒、悬浮物及胶质等含量较多,这就需要在煤化工废水处理过程中经过预处理这一工序,以此来达到煤化工废水的处理效果和效率。在预处理工艺过程中,需要对煤化工废水进行去脂及分离的处理,通过沉淀及分离等方法,利用隔油池、气浮池及沉淀池等来分层和去除废水中的油脂及有机物,对煤化工废水油脂及有机物进行有效回收。同时还要对煤化工废水进行曝气处理,实现对煤化工废水中粗大固体颗粒含量的有效控制,全面提升煤化工废水的均质性。

2. 生化处理

经过预处理后的煤化工废水,一般采用缺氧生物法、好氧生物法相结合的处理工艺即A/O工艺,由于煤化工工艺废水中含有杂环、多环类化合物,用传统好氧生物法处理过后的废水中COD指标很难稳定达标。于是为解决以上问题,有人又提出了一些新的好氧生物处理方法,比如PACT法、厌氧生物法、流动床生物膜法、曝气生物滤池(BAF)法等。

(1)PACT法。PACT法是通过在活性污泥曝气池中加入一定量的活性炭粉末,利用活性炭对溶解氧、有机物等的吸附作用,为微生物生长提供食物,来加快对有机物的氧化分解。活性炭则可以用湿空气氧化的方法来再生。

(2)厌氧生物法。利用这种方法对煤化工废水进行处理时,主要采用的是上流式厌氧污泥床工艺,将其在煤化工废水处理中进行应用,具有较好的处理效果。

(3)流动床生物膜法。流动床生物膜法其实是一种基于特殊填料的生物流化床工艺,该工艺在同一个处理单元中将活性污泥法与生物膜法有机结合,将特殊载体填料加入活性污泥池中,微生物就可以附着在悬浮填料表面生长,从而形成微生物膜层。反应池中生物浓度是悬浮生长活性污泥处理工艺的2～4倍,可达到8～12 g/L,降解效率成倍提高。

(4)曝气生物滤池法。曝气生物滤池法(BAF法)是一种新型高负荷、浸没式、固定生物膜的反应池,该法集生物膜法和活性污泥法的优点于一身,还将物理过滤和生化反应两种处理过程集中到同一反应池中进行。采用BAF法联合处理煤化工废水,取得了相当满意的效果。

3.深度处理

煤化工废水经过生化处理后，水中的 COD 指标、氨氮浓度等得到极大的降低，但难降解有机物仍使废水的色度、COD 等指标无法达到排放标准。因此，经过生化处理后废水仍需进一步处理。深度处理方法主要包括固定化生物技术、混凝沉淀法、吸附法和超滤、反渗透等膜处理法。

(1)固定化生物技术。固定化生物技术作为一种新发展起来的新技术，通过选择固定优势菌种，而且对于煤化工废水中一些难降解的有机物采取具有针对性的处理方法，对处理一些难降解的有机物废水具有较好的效果。

(2)混凝沉淀法。这种方法是采用混凝剂来提高生产过程中沉淀的效果，而且在应用时还要对 pH 值进行调节，这样在混凝剂作用下，废水中的悬浮物能够实现快速聚集及下沉，实现固体与液体的有效分离，从而有效地去除废水中悬浮的有机物，降低废水的浊度。

(3)吸附法。由于固体表面具有吸附溶质、胶质的能力，所以当废水通过比表面积很大的吸附剂时，其中的污染物就可能会被吸附到固体颗粒上。这种方法可以获得较好的效果，同时也可能有吸附剂用量大、费用高的问题，容易产生二次污染。

(4)超滤、反渗透等膜处理法。由于水资源日益短缺，水价格也不断上涨，废水循环利用势在必行，将膜技术应用到水处理也越来越普遍。目前，双膜技术作为国际上研发、工程化应用的热点技术，是有效的工程预处理方法，通过超滤除去废水中的大多数浊度、有机物，减轻对反渗透膜的污染，可延长膜的寿命，降低运行成本。反渗透膜不但能去除废水中的有机物、降低 COD 含量，同时还有较好的脱盐效果。由于脱除 COD、脱盐、脱色能一步完成，使其出水品质高，可直接作为生产循环用水，可实现煤化工废水的零排放和煤化工清洁生产。

固定化生物技术对菌种的要求高，适合处理一些特定的难降解的废水；混凝沉淀法技术比较成熟，应用广泛，但是对废水的 pH 要求高；吸附法效果好，但是存在吸附剂用量大、费用高问题，适合处理含有固体颗粒较多的废水；超滤、反渗透等膜处理法是一种新方法，对膜的要求高，优点是处理后的水质好，适合对处理要求高的废水。

总的来说，传统的生物氧化法处理废水，其出水中含有少量的难降解有机化合物，使 COD 含量偏高，无法达到排放标准；而吸附法能有效降低 COD 含量，但存在吸附剂再生及二次污染问题；缺氧/好氧法与 BAF 法联合处理煤化工废水可取得理想的处理效果，使运行管理成本相对较低，因此该工艺是煤化工废水处理的主要工艺。混凝沉淀法与超滤、反渗透双膜处理技术相结合则可实现深度处理，达到回收利用的目的。

3.2.2 双膜法工艺

1.双膜法工艺简介

煤化工行业中水回用产生的 RO 浓水自流进系统原水调节池内，进行水质和水量调节后，用潜水提升泵送入高效沉淀池，在高效沉淀池内通过投加石灰和 Na_2CO_3 等药剂，使大部分钙、镁离子反应转化成碳酸钙和氢氧化镁沉淀去除，沉淀后的钙渣通过污泥提升泵送入厢式压滤机浓缩压渣处理，污泥泥饼外运，滤液回流至浓排水收集调节池。

高效沉淀池出水通过输送加压泵依次送入多介质过滤器、活性炭过滤器和精密过滤器，

RO 浓盐水中的绝大部分悬浮物、COD 及胶体物质被过滤器截留,达到纳滤装置进水的处理要求后,经纳滤原水箱送入纳滤装置,去除小部分一价离子和二价离子及分子量在 200~1 000 的离子物质(纳滤膜介于反渗透和超滤膜之间)后进入盐水分离器原水罐。

纳滤浓缩后的浓水中含有大量的二价离子和大分子的物质。为确保系统的产水率,需将浓水回送至沉淀池继续处理。纳滤对一价离子的去除率较差,进入盐水分离器原水罐的纳滤淡水需送入盐水分离器装置进行继续处理,利用盐水分离器特定的离子迁移方法去除水中的一价离子。

通过盐水分离器的迁移一价离子的机理,可以将纳滤产水中的一价离子物质迁移出来,使淡水电导率等指标达标,淡水净化后送入合格水罐回收利用。处理后的出水水质高于循环水补充水水质要求,从合格水罐送入循环冷却水系统。盐水分离器的浓水循环浓缩后的高浓度盐水进行无害化处理或进入 MVR 蒸发结晶装置,达到企业的零排放要求。双膜法 RO 浓盐水处理工艺流程如图 3-1 所示。

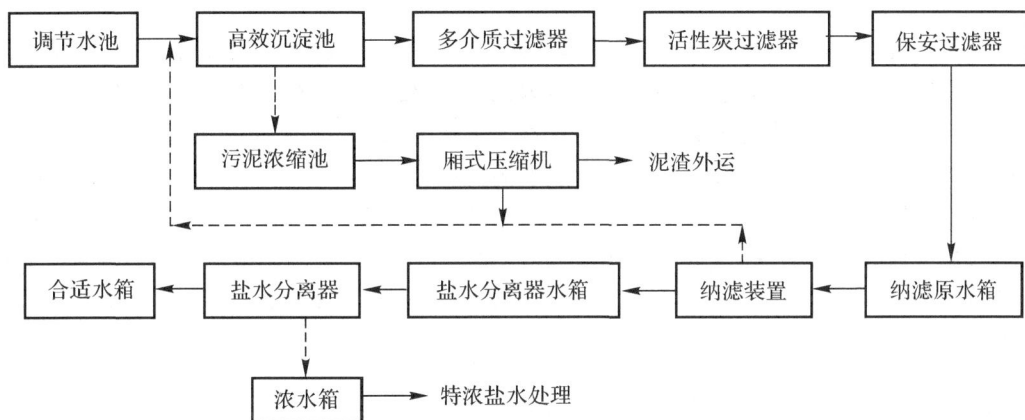

图 3-1　纳滤和盐水分离器技术在煤化工行业 RO 浓盐水处理工艺流程图

2.双膜法优化设计

(1)延长电极使用寿命:

1)电极材料改进。将氯铱酸、三氯化钌、钛酸丁酯、正丁醇和异丙醇配制成独特的钛丝涂层配方,形成一套独特的涂层烘烤工序。通过改进配方和加工工序,使涂层的金属含量和厚度都增加 1 倍,使用此钛丝作为极板的电极材料,在正常操作条件下可延长电极使用寿命。

2)极板改进。通过改进极板框架、大小马头和底板的焊接次序,包括将底板整体与框架焊接、底板与大马头的中间截断与重新焊接等工艺,使底板和大马头形成有效加固整体,防止因压力过大水进入底板与大马头之间的缝隙而引起底板变形,解决底板变形、渗漏等问题,延长极板的使用寿命。

3)独特的流道设计。通过设计嵌入式的水道,克服浓淡水的相互渗漏及减小膜堆内部短路与漏电问题,使极板本身更加简洁和方便维护。

通过改进进水与出水的极水引水口朝向与排列,促进极板中空气的有效排出,同时有利于极板里极水和固体沉淀物的排出,防止电极断路、堵塞等问题,提高电极与极板整体的使用寿命。

（2）优化隔板设计。在膜堆的阴、阳膜之间放置隔板，其作用一是作为膜的支撑体，使两层膜之间保持一段距离；二是作为水流通道，使两层膜之间的流体均匀分布，同时依靠水流的涡流作用，减少薄膜表面的滞流层，以达到提高脱盐效果和减小耗电量的目的。通过在隔板流道中粘贴或热压上一定形式的隔网，对隔板加工工艺进行改进，使液体产生紊流，起到支撑和强化搅拌的作用。

通过采用热熔粘贴技术保证隔网长期使用，使其不易变形、抗压能力强、使用寿命长，从而达到提高脱盐效果和减小耗电量的目的。

（3）降低运行功耗。开发新型电膜盐水分离装置，在线监测、系统状态诊断、过程自动控制等方面的关键参数得以改进，从而降低电膜盐水分离器的运行功耗。

3.3 煤化工工业废水处理工程案例

煤化工废水的组分复杂并且含有固体悬浮颗粒、氨氮及硫化物等有毒有害物质，若处理不当容易造成水污染并演变为水质型缺水，因此，废水处理是所有煤化工项目都需要考虑的问题，也在很大程度上决定了整个项目的效益。煤化工水资源消耗量和废水产生量都很大，因此，节水技术和污水处理技术成为行业发展的关键。

以下分别从项目介绍、项目规模、主要工艺、技术亮点等多个角度对神华包头煤制烯烃、神华鄂尔多斯煤直接液化、陕煤化集团蒲城清洁能源化工、兖矿集团陕西未来能源化工兖矿榆林项目等11个煤化工废水处理项目进行分析，看看国内大型环保企业是如何对这些煤化工废水进行处理的。

3.3.1 云天化集团煤化工工业废水处理工程案例

项目名称：云天化集团呼伦贝尔金新化工有限公司煤化工水系统整体解决方案。

关键词：煤化工领域水系统整体解决方案典范。

项目简介：呼伦贝尔金新化工有限公司是云天化集团下属分公司。该项目位于呼伦贝尔大草原深处，当地政府要求此类化工项目的环保设施均需达到"零排放"的水准。同时此项目是亚洲首个采用BGL炉（British Gas－Lurgi英国燃气-鲁奇炉）煤制气生产合成氨、尿素的项目，生产过程中产生的废水成分复杂、污染程度高、处理难度大。此项目也成为国内煤化工领域水系统整体解决方案的典范。

项目规模：

煤气水：80 m³/h。

污水：100 m³/h。

回用水：500 m³/h。

除盐水：540 m³/h。

冷凝液：100 m³/h。

主要工艺：

煤气水：除油＋水解酸化＋SBR＋混凝沉淀＋BAF＋机械搅拌澄清池＋砂滤。

污水:气浮＋A/O。

除盐水:原水换热＋UF＋RO＋混床。

冷凝水:换热＋除铁过滤器＋混床。

回用水:澄清器＋多介质过滤＋超滤＋一级反渗透＋浓水反渗透。

技术亮点:

(1)煤气化废水含大量油类,含量高达 500 mg/L,以重油、轻油、乳化油等形式存在,项目中设置隔油和气浮单元去除油类,其中气浮采用纳米气泡技术,纳米级微小气泡直径 30～500 nm,与传统溶气气浮相比,气泡数量更多,停留时间更长,气泡的利用率显著提升,因此大大提高了除油效果和处理效率。

(2)煤气化废水特性为高 COD、高酚、高盐类,B/C 比值低,含大量难降解物质,采用水解酸化工艺,不产甲烷,利用水解酸化池中水解和产酸微生物,将污水在后续的生化处理单元比较少的能耗,在较短的停留时间内得到处理。

(3)煤气废水高氨氮,设置 SBR 可同时实现脱氮除碳的目的。

(4)双膜法在除盐水和回用水处理工艺上的成熟应用,可有效降低吨水酸碱消耗量,且操作方便。运行三年以后,目前的系统脱盐率仍可达到 98%。

3.3.2　陕西煤业化工集团煤化工工业废水处理工程案例

项目名称:陕煤化集团蒲城清洁能源化工有限责任公司水处理装置 EPC 项目。

关键词:新型煤化工领域合同额最大水处理 EPC 项目。

项目简介:该项目位于陕西省渭南市蒲城县,采用的是德士古气化炉和大连化物所的 DMTO 二代烯烃制甲醇技术。因此废水主要以气化废水及 DMTO 装置排水为主,具有高氨氮、高硬度的特点。博天环境承接了该公司年产 180 万 t 甲醇、70 万 t 烯烃项目的污水装置、回用水装置和脱盐水装置,水处理 EPC 合同总额达到 5.09 亿元。

项目规模:

污水:1 300 m³/h。

回用水:2 400 m³/h。

浓水处理系统:600 m³/h。

脱盐水:一级脱盐水 16 00 m³/h。

工艺凝液:600 m³/h。

透平凝液:1 200 m³/h。

主要工艺:

污水:调节＋混凝＋沉淀＋SBR。

回用水:BAF＋澄清＋活性砂滤＋双膜系统＋浓水 RO。

脱盐水:UF＋两级 RO＋混床。

浓水处理系统:异相催化氧化。

工艺凝液:过滤＋阳床＋混床。

透平凝液:过滤＋混床。

技术亮点:

(1)污水系统将多级串联技术与 SBR 工艺相结合,将 SBR 反应工序以时间分隔为多次交替出现的缺氧、好氧转换阶段,这种环境下丝状菌导致的污泥膨胀会被限制,污泥沉降率就会提高;同时,分隔出的各个反应段时长与微生物活性相契合,充分利用快速反硝化阶段,创造良好的生物环境,促使硝化与反硝化反应彻底的进行,提高有机物去除效率,实现高氨氮污水污染物的达标处理。

(2)浓水采用异相催化氧化处理技术,所用高活性异相催化填料与反应生成的 Fe^{3+} 生成 FeOOH 异相结晶体,催化生成更多羟基自由基,具有极强的氧化能力,减少药剂投加量和污泥生成量。

3.3.3 神华集团煤化工工业废水处理工程案例

项目名称:神华鄂尔多斯煤直接液化污水深度处理项目。

关键词:世界首个煤直接液化商业性建设项目。

项目简介:神华鄂尔多斯煤制油项目是世界上第一个煤炭直接液化商业性建设项目。其中煤液化装置排放污水水量大、浓度高,其他污水来源复杂多样,国内外没有类似的污水处理经验可借鉴。本项目采用 MBR 工艺,历经 9 个月的中试,对各种来源废水进行试验,调试出一套最经济适用的工艺模型,实现了对不同水质水量污水的达标处理。

项目规模:

产品水精制系统:300 m^3/h。

深度处理系统:410 m^3/h。

主要工艺:

产品水精制系统:UF+RO。

深度处理系统:A/O+MBR+UF+RO。

技术亮点:

(1)深度处理段采用 A/O 工艺脱氮除碳。在 A 池中,反硝化菌以污水中的有机物作为碳源,将回流混合液和回流污泥中带入的大量 NO_3-N 和 NO_2-N 还原为 N_2 释放至空气,溶解性有机物被微生物吸收而使污水中 BOD_5 浓度下降,NO_3-N 浓度大幅下降;在 O 池中,有机物被微生物降解,BOD_5 浓度继续下降,有机氮被氨化继而被硝化,使 NH_3-N 浓度显著下降。

(2)深度处理 MBR 工艺对 COD 进行了强化处理,大幅降低了后续回用处理工艺中膜的有机物污染程度,同时出水浊度也优于传统深度处理工艺,保证了膜处理系统在保持较高回收率的前提下的长期稳定运行,大大减少了浓水的排放量,为厂区实现"零排放"创造了条件。

(3)针对项目场地小的特点,深度处理回用系统采用双膜法工艺,双膜法工艺流程简单、结构紧凑、占地面积小、自动化程度高、操作简便,无需投加大量化学药品、运行成本低。

(4)超滤装置截留微小的颗粒,降低悬浮物、细菌和浊度,部分去除有机污染物质,达到改善和稳定水质的目的。

(5)反渗透系统主要用于去除水中溶解盐类、小分子有机物以及二氧化硅等污染物,可脱除水中 98% 以上的电解质(盐分)。

3.3.4　久泰集团煤化工工业废水处理工程案例

项目名称:久泰能源(准格尔)有限公司甲醇深加工项目浓盐水回收装置及污水处理装置项目。

关键词:浓盐水回收。

项目简介:久泰能源(准格尔)有限公司甲醇深加工项目主要生产烯烃、聚乙烯、聚丙烯等。废水水量为 600 m^3/h,因来水各水源特性差异较大,所以此污水处理装置分别对氧化脱氢制丁二烯生产废水、MTO 生产废水、各装置生活化验污水、系统事故污水进行处理,处理后出水回用至 C4 装置和厂区中水回用装置。

项目规模:

浓盐水:600 m^3/h。

污水:600 m^3/h。

主要工艺:

浓盐水:高效澄清池＋V 型滤池＋UF＋钠床＋阳床＋RO。

污水:预处理＋A/O＋臭氧氧化＋BAF 池。

技术亮点:

1. 浓盐水回用

(1)针对原水中含有固体悬浮物、硬度、COD 等污染物,采用高效澄清池前端加入絮凝剂、助凝剂、石灰、纯碱等药剂的方式,达到污染物去除目的。

(2)离子交换系统做浓盐水工艺的前段工艺,主要作用是对预处理出水中的硬度和结构性离子进一步去除,以满足反渗透膜进水基本无结构性离子的要求。

(3)采用 UF 技术,有效截留微小颗粒、降低浊度、去除细菌和部分有机污染物,改善和稳定了出水水质。

(4)该工艺有效减缓了浓盐水中有机物对膜的污染,使系统长期稳定运行。

2. 污水处理

(1)针对 PP 和 PE 装置含油废水问题,设置气浮装置,以避免油类对后续生化单元造成影响。

(2)对于废水中含油的难降解、不易降解的 COD 物质,采取生化池停留时间取值较长及生化处理后难降解的大分子 COD 采用臭氧氧化工艺,再由 BAF 生化去除。

(3)为提高臭氧氧化效率,在氧化之前增设混凝沉淀单元减少臭氧消耗。

3.3.5　兖矿集团煤化工工业废水处理工程案例

项目名称:兖矿集团陕西未来能源化工兖矿榆林项目污水处理厂及回用水处理 EPC 项目。

关键词:国内第一套百万吨级煤间接液化项目。

项目简介:陕西未来能源化工有限公司兖矿榆林 100 万 t/a 煤间接液化示范项目是国内第一套百万吨级煤间接液化项目。该项目以煤为原料,主要生产柴油、石脑油、LPG 等化工产品。本次主要介绍该项目的污水处理厂及回用水处理工程。本工程污水包括气化污水、低温甲醇洗污水、合成高浓度污水、含油污水及生活污水等。

项目规模：

污水：820 m³/h。

回用水：1 300 m³/h。

主要工艺：

综合污水1：气浮＋A/B池＋沉淀。

综合污水2：气浮（初沉池＋UASB）＋OAAO＋MBR池。

综合回用水：高效澄清池＋V型滤池＋UF＋RO工艺。

综合回用浓水：高效澄清池＋石英砂过滤＋UF＋RO工艺。

技术亮点：

(1)根据进水条件和出水要求，人为地创造和控制生化处理系统时间比例和运转条件，只要碳源充足，便可根据需要达到比较高的脱氮率和有机物的去除，因此采用OAAO工艺作为生化段主工艺。

(2)曝气器采用高效旋流曝气器，该曝气器筒体属于大孔通道，再配合旋混结构，具有服务面积大、阻力小、运行稳定可靠、不易堵塞、使用寿命长等优点。

(3)MBR将分离工程中的膜分离技术与传统废水生物处理技术有机结合，大大提高了固液分离效率；曝气池中活性污泥浓度的增大和污泥中特效菌（特别是优势菌群）的出现，提高了生化反应速率；同时，通过降低F/M比减少剩余污泥产生量，从而基本解决了传统活性污泥法存在的许多突出问题。

(4)合成废水中有机物浓度达到15 000 mg/L以上，而且还含大量的有毒有害物质；采用两级厌氧，同时厌氧设置双循环系统，降低高浓度有机物对系统的冲击，同时保证反应器内的上升流速。

3.3.6 四川化工集团煤化工工业废水处理工程案例

项目名称：四川化工集团宁夏捷美丰友化工污水处理装置项目。

关键词：典型的煤化工废水处理项目。

项目介绍：本项目是以煤为原料生产化肥及甲醇等产品，采用西北热工院的水煤浆气化工艺，年产合成氨40万t、尿素70万t、甲醇20万t。污水来源主要为气化废水、合成氨废水、初期雨水及其他生产环节的污水，污水的COD、NH_3—N高，C/N比低，属典型的煤化工废水处理项目。

项目规模：

综合污水：3 600 m³/d。

主要工艺：

水解酸化＋A/O。

技术亮点：

(1)本污水处理站用于处理气化装置气化污水、合成氨（甲醇）、尿素装置区的生产污水、全厂生活污水及生产装置的事故排放水和污染消防水。

(2)本项目主工艺采用多段A/O工艺，去除COD和氨氮，实现本工程中污水COD去除率高达 95%,氨氮去除率达 92%。

3.3.7　神华集团煤化工业废水处理工程案例

项目名称:神华包头煤制烯烃污水处理项目。

关键词:世界首个生产性 MTO 装置。

项目简介:神华包头煤制烯烃项目,是世界上第一个生产性 MTO 装置。此项目的污水处理厂处理能力为 9 600t/d,废水包括气化、净化、甲醇制烯烃、烯烃分离、聚乙烯、硫回收、甲醇、回用水、火炬等装置生产废水及全厂地面冲洗水、污染雨水、生活污水等。废水中主要污染物为各种有机污染物和氨氮;污水的可生化性良好,但氨氮浓度较高,碳氮比较低,处理难度较大。

项目规模:

综合污水:9 600 m³/d。

主要工艺:A/O+BAF。

技术亮点:好氧池曝气采用博天环境专利高效旋流曝气器,该曝气器筒体属于大孔通道曝气器,再配合旋混结构,具有服务面积大、阻力小、运行稳定可靠、不易堵塞、使用寿命长等优点,解决了气化废水因硬度高造成的曝气器结垢堵塞问题。

3.3.8　中煤集团煤化工工业废水处理工程案例

项目名称:中煤蒙大新能源化工项目除盐水及冷凝液精制装置 EPC 项目。

关键词:除盐水。

项目简介:本项目为内蒙古中煤蒙大新能源化工有限公司年产 50 万 t 工程塑料项目设置的除盐水、凝结水站,建成后向工艺各装置、电站等提供合格除盐水,并处理回收清净凝结水和含油凝结水。

项目规模:

清净冷凝液:160 m³/h。

含油冷凝液:300 m³/h。

脱盐水:600 m³/h。

主要工艺:

清净冷凝液:换热+除铁过滤器+冷凝水混床。

含油冷凝液:换热+表面冷凝过滤器+活性炭过滤器+冷凝水混床。

脱盐水:UF|RO|阳离子浮动床|阴离子浮动床|混床。

技术亮点:

(1)凝液热冷的有效利用。利用回收凝液的热量用于加热生水及最终脱盐水,实现热能的有效利用。

(2)表面冷凝液过滤器的应用。可反洗式滤芯,保证有效除铁的前提下,滤芯无需频繁更换,运行成本低。

(3)双膜法的应用。除盐水处理工艺上的成熟应用可有效降低吨水酸碱消耗量,操作简单,维护方便。

(4)高效浮动床的应用。浮动床也具有出水水质好、再生剂耗量低、排放的废液少、设备体积小、出水量大、操作简单等优点。

3.3.9 阳煤集团煤化工工业废水处理工程案例

1.废水处理项目一

项目名称:阳煤集团太原化工新材料有限公司己二酸废水处理项目。

关键词:典型的化工污水特点。

项目简介:阳煤集团清徐化工新材料园区项目是太化集团整体搬迁的支撑性项目。本项目的污水来源主要是己二酸装置污水、煤气化装置污水、粗苯加氢装置污水、己内酰胺装置污水、装置冲洗水、初期污染雨水及生活污水等。本次主要介绍该项目中己二酸装置污水、粗苯加氢装置污水、环己酮/醇装置污水的处理工程。该项目部分污水水质水量波动较大,污染物成分复杂,具有典型的化工污水特点;污水中含有二元酸和多元酸,水质呈酸性,且含有少量 Cu^{2+}/V^{5+};污水 COD 含量高,可生化性好,但仍含有少量不易或难生物降解的有机物。目前项目正在实施。己二酸废水处理工艺流程如图 3-2 所示。

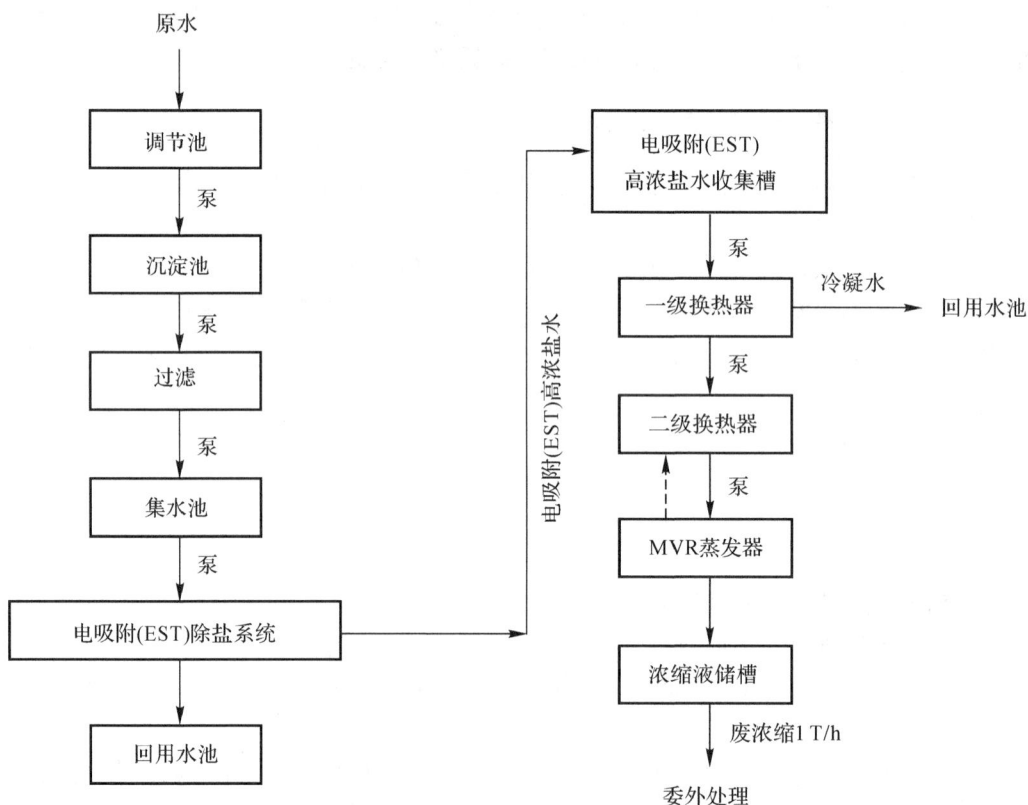

图 3-2 己二酸废水处理工艺流程

项目规模:

己二酸生产废水:260 m³/h。

环己醇/酮废水:196 m³/h。

粗苯加氢废水:17 m³/h。

主要工艺:UASB+A/O+臭氧氧化+BAF+砂滤。

技术亮点:

(1)针对原水 pH 值低等特点,采用中和混凝沉淀进行预处理调节。

(2)由于 COD 高,含苯、甲苯和二甲苯等成分,故采用 UASB+厌沉池+A/O+二沉池进行生化处理。

(3)臭氧进一步降解难生物降解大分子有机物,提高可生化性,BAF+砂滤进行深度处理。

2.废水处理项目二

项目名称:陕西延长石油(集团)有限责任公司炼化公司榆林炼油厂 150 m³/h 废水深度处理回用项目。

关键词:典型的化工污水特点。

项目简介:项目中水回用水站产生浓水量 75 m³/h,脱盐水站产生浓水量 75 m³/h,合计产生浓水量 150 m³/h,遵照榆林煤化区规划设计,醋酸项目清洁下水(浓水)经开发区排水管网进入污水处理厂处理后排放。在目前开发区未建设排水管网和污水处理厂的情况下,只能将中水回用水站产生的浓水和脱盐水站产生的浓水,送入本厂污水处理站处理后,暂存于事故消防水池和场地上开挖的清洁下水暂存池。由于试生产期间生产、生活废水量较小,污水处理站规模、事故消防水池和暂存池容量有限,浓盐水送厂污水处理站处理只能作为开发区未建排水管网的临时措施。

项目规模:150 m³/h 浓盐废水排水深度处理。

主要工艺:针对上述情况,拟采用"原水预处理(沉淀+过滤)、电吸附浓缩除盐、高浓盐水蒸发结晶"等综合技术方案,达到技术工艺适用、运行可靠、成本适中的目的,实现中水回用、结晶盐处置方便的目标。

技术亮点:

(1)采用"原水预处理(沉淀+过滤)、电吸附浓缩除盐、电吸附浓缩除盐高浓盐水蒸发结晶"等综合技术方案,达到技术工艺适用、运行可靠、成本适中的目的,实现中水回用、结晶盐处置方便的目标。核心部件使用寿命长(≥5 年),避免了因更换核心部件而带来的运行成本的提高。

(2)特殊离子去除效果显著、无二次污染。EST 技术对氟、氯、钙、镁离子去除率效果尤佳,且除盐率连续可调。EST 系统不添加任何药剂,排放浓水所含成分均系来自于原水,系统本身不产生新的排放物。浓水 COD 不浓缩,可直接达标排放,无需进一步处理。

(3)对颗粒污染物低。由于电吸附除盐装置采用通道式结构(通道宽度为毫米级),所以不易堵塞。对前处理要求相对较低,因此可降低投资及运行成本。同时,电吸附除盐设备具有很强的耐冲击性。

(4)抗油类污染。由于电吸附除盐装置采用特殊的惰性材料为电极,可抗油类污染。电吸附除盐技术已成功应用于炼油废水回用(齐鲁石化工程),实践证明了此点。

(5)操作及维护简便。由于 EST 系统不采用膜类元件,所以对原水的要求不高。在停机期间也无需对核心部件作特别保养。系统采用计算机控制,自动化程度高,对操作者的技术要求较低。

(6)运行成本低。该技术属于常压操作,能耗比较低,其主要的能量消耗在于使离子发生迁移。这与其他除盐技术相比可以大大地节约能源。其根本原因在于 EST 技术净化/淡化水的原理是有区别性地将水中作为溶质的离子提取分离出来,而不是把作为溶剂的水分子从待处理的原水中分离出来。

3.3.10 陕北某煤化工公司处理工程

该煤炭分质利用制化工新材料示范项目一期为 180 万 t/a 乙二醇工程,废水涉及污水处理场、回用水站、污水深度处理装置,共有 9 股来水,共分为低浓度生产废水、高浓度生产废水、煤热解废水、气化废水。经过预处理后混合进入调节池。进水水质和出水标准见表 3-1。

表 3-1 污水调节池混合进水水质指标及设计出水水质指标

项　目	pH	COD mg·L^{-1}	BOD$_5$ mg·L^{-1}	NH$_3$—N mg·L^{-1}	总硬度 mg·L^{-1}	石油类 mg·L^{-1}	悬浮物 mg·L^{-1}
混合进水	7~8	520~580	200~260	150~200	200~260	20~30	60~80
设计出水标准	6.5~8.5	≤50	≤10.0	≤5.0	≤250	≤1.0	≤20

1.废水处理工艺

根据上述水质指标分析和工艺筛选,采用“分质预处理工艺+联合生化处理工艺”的工艺流程。将三股主要来水进行预处理,再与第四股低浓度废水混合调节进入联合生化处理系统,联合生化处理系统采用 AO/AO 工艺、高密度沉淀池、反硝化滤池、曝气生物滤池(BAF 池)为主体工艺。污泥处理采用污泥浓缩池、脱水、干化工艺进行处理。煤化工废水分质预处理系统工艺流程如图 3-3 所示,联合生化处理系统工艺流程如图 3-4 所示。

工艺流程涉及主要系统包括以下部分:

(1)气化废水预处理系统。气化废水具有较高的硬度、碱度及氨氮,采用氢氧化钙、氢氧化钠、碳酸钠三种药剂联合除硬,加氢氧化钠的目的主要是防止氨氮对除硬的影响。除硬过程中产生的氨气进行收集到除臭系统处理。软化、混凝絮凝时间达到 50 min,满足反应时间的要求。非正常状态下气化废水来水温度过高,气化废水调节池池顶设置冷却塔作为降温的应急措施。

(2)高浓度生产废水预处理系统。高浓度生产废水主要是乙二醇废水,还含有部分甲醇、碳酸二甲酯等少量污染物,具有高含盐、高硝态氮、低 C/N 比的特点。针对高硝态氮采用厌氧反硝化,利用厌氧脱氮反应器去除硝态氮;考虑到高含盐量对厌氧脱氮反应器有一定的抑制作用,且当水量水质波动时,抗冲击能力弱,本方案采用厂区低浓度生产废水稀释将高浓度生产废水含盐量降低至 8 000 mg/L 以下,更好地实现厌氧反硝化的目的,降低硝基氮含量,减少含盐量对系统处理的影响,提高去除效率。

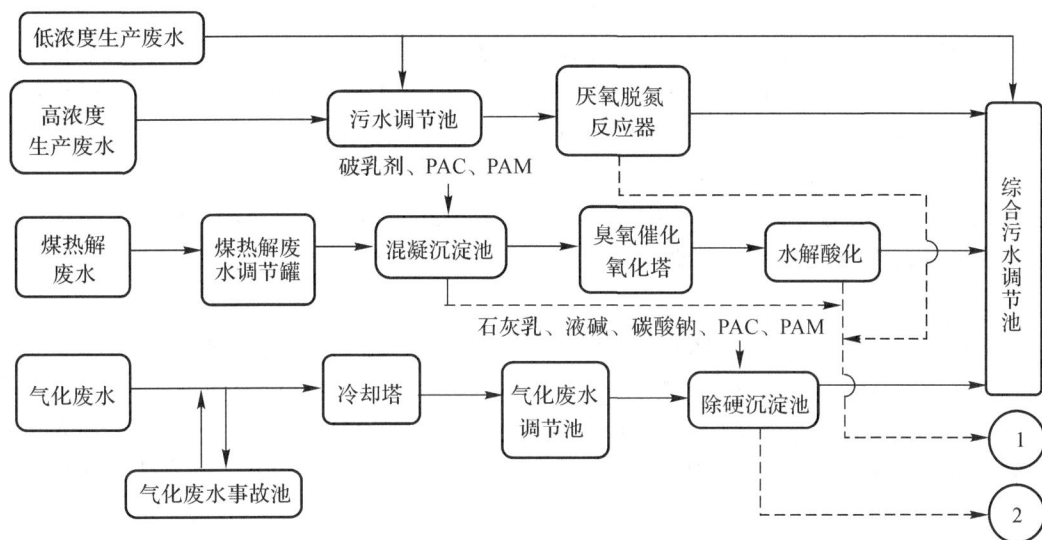

图 3-3　煤化工废水分质预处理系统工艺流程

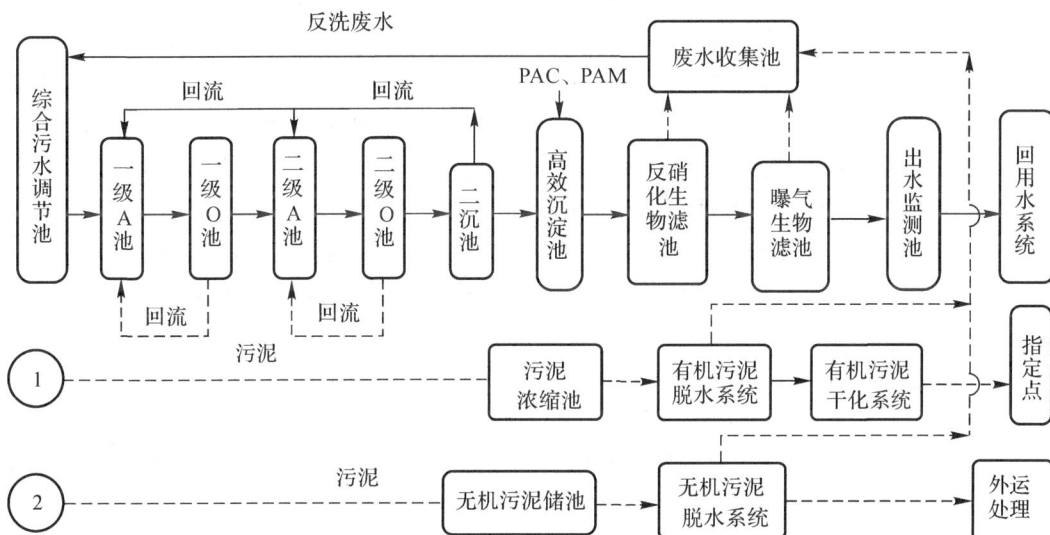

图 3-4　煤化工废水联合生化处理系统工艺流程

　　(3)煤热解废水预处理系统。煤热解废水生化性差,且含非常规性油类、高分子的有机物、挥发酚,属于有毒有害废水。采用"混凝沉淀＋高级氧化＋水解酸化"预处理工艺,提高废水中的 B/C 比,臭氧氧化后增加氧释放池,溶解氧含量达到标准后送入水解酸化池,产水送入综合调节池。混凝加药部分需添加 PAC、破乳剂、PAM 来去除废水中的油和悬浮物。臭氧催化氧化装置通过添加催化剂,使处理效果更好、效率更高,同时可以减少臭氧的投加量,分解一定含量的酚。

(4)低浓度生产废水处理系统。低浓度生产废水没有特殊难处理污染物,不需要单独处理,一方面可以稀释高浓度废水降低含盐量,另一方面可作为生化处理过程中的碳源使用,直接进入二级 AO,实现处理和资源再利用。

(5)综合污水调节池。综合调节池是工艺流程非常重要的一个处理环节,配备温度、COD、氨氮、总氮、碱度、SS、硬度、pH 计等在线检测仪,一方面可以检测三股来水和反洗废水水质指标,根据水质情况及时调节低浓度废水与三股来水混合比例,以满足后续生化系统进水要求。

(6)二级 AO 处理系统。该系统由两个序列组成,A 池为前置反硝化池,池中反硝化菌利用来水中的有机物作为碳源将混合液中的硝态氮还原为氮气。O 池为推流式曝气池,活性污泥中的微生物在有氧条件下,将有机物降解成 CO_2 和 H_2O,将 NH_3 — N 氧化成亚硝态氮和硝态氮,同时补充碱度和营养盐。利用微生物的降解作用进一步去除废水中的氮、酚、氰及其他有害物质。

(7)高效沉淀池。高效沉淀工艺主要充分利用了动态混凝、加速絮凝原理和浅池理论,把混凝、强化絮凝、斜管沉淀三个过程进行优化组合。通过投加不同的化学处理药剂,可以高效去除废水中部分悬浮物和污染物,大大减轻后续处理构筑物的负荷。

(8)反硝化生物滤池。反硝化滤池主要是针对高含氮废水进行处理,依托深度生物脱氮原理,采用有效的生物强化措施,通过有效的参数控制手段,实现高效脱氮效果,是集生物脱氮及过滤功能合二为一的处理单元。通过池内溶解氧的控制,确保在较低浓度下高效脱氮和 COD 去除效果;池内安装有级配的高精度生物填料,可以大大提高池内微生物量,提高污染物去除效果,还可以实现精密过滤功能,控制出水悬浮物浓度满足排放标准要求。

(9)BAF 池。BAF 池具有去除 SS、COD、BOD_5 和硝化、脱氮除磷以及去除 AOX(有害物质)的作用。生物膜中非常适合硝化菌的生长,其硝化效果可接近 100%,而且受水温影响较小,可去除二级处理出水中残余的氨氮;生物膜中含有大量微生物,且其种类丰富,食物链较长,对处理出水中残余的难降解有机物有较好的去除作用,可进一步降低出水 COD、BOD 浓度。

(10)污泥处理系统。污泥处理系统包括软化污泥处理设施和生化污泥处理设施两个子系统,软化污泥处理主要采用板框隔膜压滤机进行脱水,每台板框压滤机设有自动清洗装置。生化污泥包括浓缩、脱水、干化等处理单元,污泥浓缩采用机械式污泥浓缩池;污泥脱水采用离心脱水机,污泥干化采用低温余热干化技术,利用冷凝脱湿原理对污泥采用热风循环冷凝脱湿烘干;采用蒸汽作为热源,干化时空气在干燥室与余热干化机间进行闭式循环,不排放任何废热。干化后含水率$\leqslant 40\%$。处理后污泥按照要求进行外运或放入指定位置。

2.运行效果

为考察废水处理系统对污染物的去除效果,现场对各主要工艺单元出水口进行取样并进行指标检测,检测结果见表 3 - 2。

表 3 – 2 正式运行各阶段污染物浓度检测结果

项 目	pH	COD mg·L⁻¹	BOD₅ mg·L⁻¹	NH₃–N mg·L⁻¹	总硬度 mg·L⁻¹	石油类 mg·L⁻¹	悬浮物 mg·L⁻¹
综合废水调节池出水	7～8	520～580	200～260	150～200	200～260	20～30	60～80
二级 AO 出水	7～8	60～70	20～30	30～36	240～260	5～8	50～60
高效沉淀池出水	7～8	40～50	11～14	45～50	200～220	1～2	15～20
反硝化生物滤池出水	7～8	20～30	10～12	6～7	190～200	未检出	10～15
曝气生物滤池出水	7～8	10～15	3～6	2～3	180～194	未检出	2～6
出水要求	6.5～8.5	≤50	≤10.0	≤5.0	≤250	≤1.0	≤20

由表可知处理后水质都能达到出水水质标准,运行效果良好。

3.3.11 鄂尔多斯煤直接液化项目

该项目是我国也是世界上第一个煤炭直接液化商业性建设项目,废水特性为高 COD、高酚、高氨氮、可生化性差、回用难度大。本项目回用处理站接纳的废水分别为高浓度废水单元的出水、含油废水单元的出水和生活污水,设计水量分别为 150 m³/h、200 m³/h、60 m³/h,总设计水量为 410 m³/h。经过 AO＋MBR 工艺处理后,300 m³/h 进入超滤＋反渗透系统,剩余出水作为循环水系统补充水。经超滤＋反渗透处理后,产水全部回用,浓水进入含盐废水处理单元。设计进、出水水质见表 3 – 3。

表 3 – 3 设计进水和出水水质指标

项 目	COD mg·L⁻¹	TOC mg·L⁻¹	NH₃–N mg·L⁻¹	TDS mg·L⁻¹	石油类 mg·L⁻¹	SS mg·L⁻¹
设计进水	250	80	35	1 200	15	—
MBR 出水	50	35	5	—	3	5
RO 产水	10	4	—	100	1	—

1. 工艺流程

系统实际处理水量约 350～380 m³/h,高浓度废水单元的出水、低浓度含油废水单元的出水、生活污水三股废水占整个回用水进水水量的比例分别为 60％～70％、25％～30％、10％～15％。具体工艺流程如图 3-4 所示。

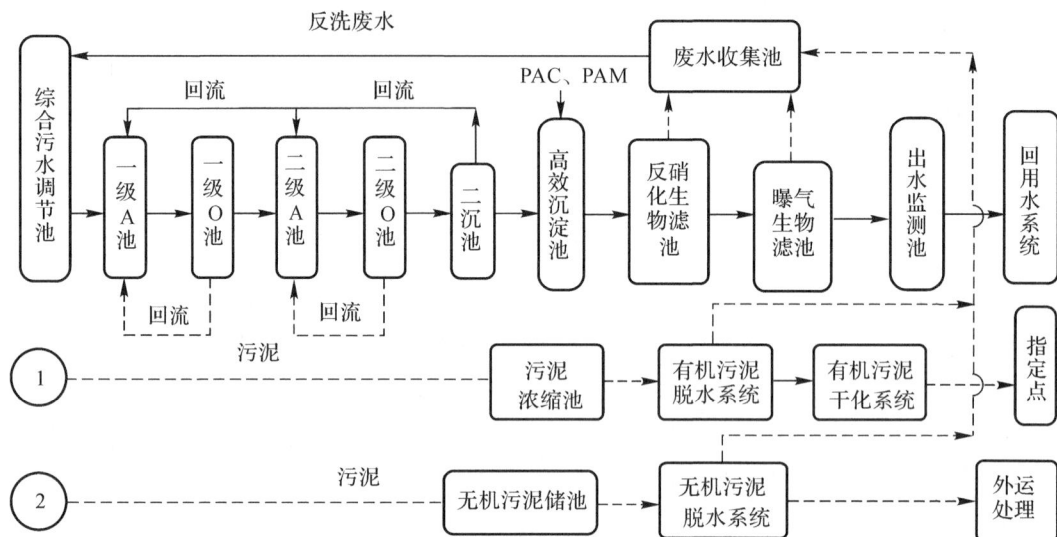

图 3-4 煤制油废水工艺流程图

2. 运行效果

经过 4 年的实际运行观察,平板膜 MBR 在抗污染性、运行稳定性等方面优势明显,能够有效保障后续超滤和反渗透的运行稳定。AO＋MBR＋UF＋RO 工艺用于煤制油废水深度处理及回用单元是可行的,出水水质满足回用要求,具体指标见表 3-4。

表 3-4 实际进水和出水水质

项 目	COD mg·L⁻¹	TOC mg·L⁻¹	NH₃—N mg·L⁻¹	TDS mg·L⁻¹	石油类 mg·L⁻¹	SS mg·L⁻¹
实际进水	150～300	30～70	30～60	800～2 000	≤10	—
MBR 出水	20～40	≤10	≤1	—	≤1	5
RO 产水	≤5	≤2	—	50～100	≤1	—

三股废水混合的 COD 和 NH₃—N 浓度在 150～300 mg/L 和 30～60 mg/L 波动时,AO＋MBR 单元出水 COD 浓度稳定在 30 mg/L 左右,NH₃—N 浓度<1 mg/L,MBR 运行跨膜压差<20 kPa。MBR 产水全部回用,其中 300 m³/h 进入超滤和反渗透系统,50～80 m³/h 作为循环补充水,反渗透产水一部分作为生产给水,一部分作为锅炉补给水水源。

第4章 医院废水

　　医院是指按照法律法规和行业规范,为病员开展必要的医学检查、治疗措施、护理技术、接诊服务、康复设备、救治运输等服务,以救死扶伤为主要目的的医疗机构。其门诊部、急诊部、住院部以及支持部门包括餐厅、洗衣房等都要排出大量的废水。这些废水中含有大量化学物质、放射性废水和多种细菌、病毒、寄生虫卵等病原体。这些细菌、病毒和寄生虫卵在环境中具有较强的抵抗力,在废水中存活时间较长。当人们食用或接触被细菌、病毒、寄生虫卵或有毒、有害物质污染的水和蔬菜时,就会使人致病,甚至引起传染病的爆发流行,例如2003年非典期间的香港淘大花园事件。同时,医院废水中还含有重金属、消毒剂、有机溶剂以及酸、碱、放射性物质等,是致癌、致畸、致突变物质,这些物质排入水体将对环境造成巨大的危害并长期危害人体健康。因此,医院废水必须经过处理后才能排放。为保证医院废水处理达标排放,2005年,国家环境保护局制定《医院污水排放标准医疗机构水污染物排放标准》(GB 18466—2005),于2006年1月1日开始实施。对医院废水的排放提出较为全面的治理要求。

4.1 医院废水特点

4.1.1 医院废水的来源及主要污染物

　　根据国家环保总局的有关规定[国家环保总局,医院污水处理技术指南,2003.12(环发(2003)197号)],我国医院及医疗机构按其性质可分为综合医院、中医院、中西医结合医院、民族医院、康复医院、疗养院和专科医院、传染病医院(包括结核病医院)、心血管病医院、肿瘤医院、口腔医院、妇产科医院和精神病医院等。

　　医院各部门的功能、设施和人员组成情况不同,产生废水的主要部门和设施有:诊疗室、化验室、病房、洗衣房、X光照相洗印、动物房、同位素治疗诊断、手术室等;以及医院行政管理和医务人员排放的生活废水,食堂等排水。不同部门科室产生的废水成分和水量各不相同,如含油废水、洗漂废水等。而且不同性质医院产生的废水也有很大不同。医院废水较一般生活废水排放情况复杂。

　　医院废水的主要污染物:其一是病原性微生物;其二是有毒、有害的物理化学污染物,包括常规的用 COD、BOD_5 表示的有机污染物;其三是放射性污染物。表4-1为医院各部门排水情况及主要污染物。

表 4－1　医院各部门排水情况及主要污染物

部　门	废水类别	主要污染物						
		SS	COD	BOD₅	病原体	放射体	重金属	化学品
普通病房	生活废水	△	△	△				
传染病房	含菌废水	△	△	△	△			△
动物实验室	含菌废水	△	△	△	△			△
放射科	洗印废水	△	△				△	△
口腔科	含汞废水	△					△	
门诊部	生活废水	△	△	△				
肠道门诊	含菌废水	△	△	△	△			△
手术室	含菌废水	△	△	△	△			
检验室	含菌废水	△	△	△	△		△	
洗衣房	洗衣废水	△	△	△				△
锅炉房	排污废水	△						△
汽车库	含油废水	△	△					
太平间	含菌废水	△	△	△	△			
同位素室	放射性废水	△	△	△		△		
宿舍	生活废水	△	△	△				
食堂	含油废水	△	△	△				
浴室	洗浴废水	△	△	△				
解剖室	含菌废水	△	△	△	△			△

注:SS 为悬浮固体;COD 为化学需氧量;BOD₅ 为生物化学需氧量;△表示有污染物。

4.1.2　医院废水的水量

医院每日排放废水量的大小取决于许多因素,它与医院的规模、性质、医院设施情况、医疗内容、住院与门诊人数、地域、季节、人的生活习惯及管理制度等因素密切相关。一般认为,医院排水量小于医院每天的用水量,约为用水量的 80%。如何正确估算医院的耗水量和废水量,对于医院废水处理系统构筑物的设计和设备选型都是很重要的。据全国各地医院调查统计资料表明,400 床及以上医院废水量平均为 800 L/(床·d)左右,200~400 床医院,废水量平均为 560 L/(床·d)左右;200 床以下医院,废水量平均为 200 L/(床·d)。一年中,夏季废水量大于其他季节,其他季节则要减少 20%~30%,在南方地区,冬季要减少40%~50%。医院废水的排放还有一个突出的特点,即不均衡性,调查资料表明,废水排放量通常在上午(7:00~9:00)、下午(18:00~20:00)出现两次高峰,其小时变化系数可达1.7~2.5。

根据《建筑给排水设计规范》(GB50015—2019)、《综合医院建筑设计规范》(GB51039—2014)的规定,医院等设施的生活用水量见表 4 - 2。

表 4 - 2 医院生活用水量定额

项 目	设施标准	最高用量	小时变化系数
每病床	公共卫生间、盥洗/[L·(床·d)^{-1}]	100～200	2.5～2.0
	公共浴室、卫生间、盥洗/[L·(床·d)^{-1}]	150～250	2.5～2.0
	公共浴室、病房设卫生间、盥洗/[L·(床·d)^{-1}]	200～250	2.5～2.0
	病房设浴室、卫生间、盥洗/[L·(床·d)^{-1}]	250～400	2.0
	贵宾病房/[L·(床·d)^{-1}]	400～600	2.0
	门、急诊患者/[L·(人·次)^{-1}]	10～15	2.5
	医务人员/[L·(人·班)^{-1}]	150～250	2.5～2.0
	医院后勤职工/[L·(人·班)^{-1}]	80～100	2.5～2.0
	食堂/[L·(人·次)^{-1}]	20～25	2.5～1.5
	洗衣/(L·kg^{-1})	60～80	1.5～1.0

《医院污水处理技术指南》提出的现有医院废水排水量参照数据为:

(1)设备齐全的大型医院或 500 床以上医院:平均日废水量为 400～600 L/(床·d),k_d=2.0～2.2,k_d 为废水日变化系数。

(2)一般设备的中型医院或 100～499 床医院:平均废水量为 300～400 L/(床·d),k_d=2.2～2.5,k_d 为废水日变化系数。

(3)小型医院(100 床以下):平均废水量为 250～300 L/(床·d),k_d=2.5,k_d 为废水日变化系数。

4.1.3 医院废水的水质及其特征

通过对医院废水的监测分析,医院废水的主要污染物有病原性微生物;有毒、有害的物理化学污染物以及放射性污染物。现将其污染来源及危害分述如下。

1.病原性微生物及控制指标

(1)粪大肠菌群数和大肠菌群数。通常把大肠菌群数和粪大肠菌群数作为衡量水质受到生活粪便污染的生物学指标。大肠杆菌在水环境的存活力和肠道致病菌的存活力相近似,在抗氯性方面要大于乙型副伤寒菌及痢疾志贺氏菌。近年有资料报道,大肠杆菌不适合作为衡量水质的生物学指标,建议用粪大肠菌作为衡量水质受到粪便污染的生物学指标。如果在水中有粪便大肠菌存在,说明水质在近期内受到粪便污染,因而有可能存在肠道致病菌,所以新修订的《医疗机构水污染物排放标准》把含菌废水的排放指标定为粪大肠菌群数。

粪大肠菌群数指标的含义是指能在 44.5 ℃、24 h 之内发酵乳糖产酸产气的、需氧及兼性厌氧的、革兰氏阴性的无芽孢杆菌,其反映的是存在于温血动物肠道内的大肠菌群细菌,采用的配套监测方法为多管发酵法。

(2)传染性细菌和病毒。我国 2013 年 6 月修订了《中华人民共和国传染病防治法》,法定传染病分为甲、乙、丙三类。甲类传染病原包括鼠疫、霍乱两种。乙类传染病 26 种,包括新型冠状病毒感染的肺炎、传染性非典型肺炎、艾滋病、病毒性肝炎、脊髓灰质炎、人感染高致病性禽流感、麻疹、流行性出血热、狂犬病、流行性乙型脑炎、登革热、炭疽、细菌性和阿米巴性痢疾、肺结核、伤寒和副伤寒、流行性脑脊髓膜炎、百日咳、白喉、新生儿破伤风、猩红热、布鲁氏菌病、淋病、梅毒、钩端螺旋体病、血吸虫病、疟疾。丙类传染病 10 种,包括流行性感冒、流行性腮腺炎、风疹、急性出血性结膜炎、麻风病、流行性和地方性斑疹伤寒、黑热病、包虫病、丝虫病、除霍乱、细菌性和阿米巴性痢疾、伤寒和副伤寒以外的感染性腹泻病。

对甲类传染病需强制管理:对传染病疫点、疫区的处理,对病人及病原携带者的隔离治疗和易感染人群的保护措施等均具有强制性;对乙类传染病需严格管理:在管理上采取了一套常规的严格的疫情报告办法;对丙类传染病实施监测管理;通过确定的疾病监测区和实验室对传染病进行监测。《传染病防治法》要求,对被传染病病原体污染的废水、污物、场所和物品,必须按照卫生疾病预防控制机构提出的卫生要求进行严格消毒处理。

医院废水和生活废水中经水传播的疾病主要是肠道传染病,如伤寒、痢疾、霍乱以及血吸虫病、钩端螺旋体病、肠炎等;由病毒传播的疾病有肝炎、新型冠状病毒肺炎等疾病。

医院废水的特点决定了对其无害化处理是非常严峻的问题,一些具有高度传染性的疾病在社会上蔓延,对现有的医院废水处理的工艺技术水平及其措施,将是一种严峻的考验。2019 年 12 月以来在世界范围内流行的呼吸系统传染疾病 COVID - 19(Corona Virus Disease 2019),即新型冠状病毒肺炎,是一种呼吸道传染病,这种疾病是由冠状病毒引起的,是现今仍在世界范围内蔓延的一种呼吸道传染病,感染人数超百万人。目前认为 COVID - 19 是通过呼吸飞沫和亲密接触传播的,此外,某些病人的粪便中也含有冠状病毒,而且这种病毒在粪便中的存活时间比附着在物件表面更为长久。因此,从当前医院废水处理的现状来看,我国医院废水大面积无害化处理势在必行。

2.有毒、有害的物理化学污染物

(1)pH。医院废水中的酸碱废水主要来源于化验室、检验室的消毒剂使用及洗衣房和放射科等。酸性废水排放对管道等造成腐蚀,排入水体对环境造成一定危害。pH 也影响某些消毒剂的消毒效果。pH 过低的废水,排放前应进行中和处理,或采用防腐蚀管。

(2)悬浮固体(SS)。悬浮固体是指水样通过孔径为 0.45 μm 的滤膜后,截留在滤膜上并于 103~105 ℃下烘干至恒重的固体物质。悬浮物不仅影响水体外观,还能影响氯化消毒灭活效果。悬浮物常成为水中微生物(包括致病微生物)隐蔽而免受消毒剂灭活的载体。悬浮物还可能淤塞排水管道,影响排水管的输水能力。医院废水中往往含有大量的悬浮物,很多纸类、布类、果皮核、剩饭菜等都有可能进入下水道而对废水的处理和消毒产生影响。悬浮物主要是通过格栅和沉淀池分离去除。

(3)BOD_5 和 COD。生活废水和医院综合废水大部分污染物来自生活系统排水,一般 COD 浓度为 100~500 mg/L,BOD_5 浓度为 60~300 mg/L,其 BOD_5/COD 值约为 0.6,属可生化性好的废水。但由于医院广泛使用消毒剂,其对生物处理是不利的,所以必须特别限制向下水道任意排放消毒剂及各种有机溶剂。BOD_5 和 COD 由于消耗消毒剂,所以 BOD_5 与 COD 浓度高的废水消毒需增加消毒剂的用量。

（4）动植物油。动植物油是动物性和植物性油脂,医院、疗养院食堂排水中含有较高的动植物油。一般动植物油对人体无害,但其在水体中存在时会形成油膜,阻碍空气中的氧向水中传递,使水体缺氧而危及鱼类及水生物。浓度较高的含油废水排入下水道时容易堵塞下水道。因此,厨房、食堂等含油废水必须经隔油处理后再排放。含油废水进入医院含菌废水系统将加大含菌废水的处理量,同时影响消毒处理效果,因此,应分开处理排放。

（5）总汞。总汞是指未过滤的水样经剧烈消解后测得的汞浓度,包括无机的和有机结合的可溶的和悬浮的全部汞。汞及其化合物对温血动物的毒性很大。由消化道将进入人体的汞迅速地吸收并随血液转移到全身各器官和组织,进而引起全身性的中毒。无机汞在自然界中可转化为甲基汞,其毒性更大,汞和甲基汞可通过食物链进入人体,并在脑中累积。世界八大公害事件之一的日本水俣病事件即是由人长期食用含汞超标的海产品,而在人体中积累所致。医院废水中的汞主要来自于口腔门诊治疗、含汞检测仪器破损,以及分析检查和诊断中使用氯化高汞、硝酸高汞以及硫氰酸高汞等剧毒物质而产生的少量含汞废水。

3. 放射性污染物

医疗单位在治疗和诊断中使用的放射性同位素有 ^{131}I、^{60}Co、^{32}P 等,放射性同位素在衰变过程产生 α、β 和 γ 放射性射线,在人体内积累会对人体健康造成损害。我国《污水综合排放标准》(GB8978—1996)规定了医疗放射性同位素放射性强度的排放标准。排放标准将放射性废水中的放射性强度总 α 放射性和总 β 放射性作为一类污染物,要求在排放时,放射性废水的最高允许浓度为:总 α 放射性为 1 Bq/L,总 β 放射性为 10 Bq/L。放射性活度Bq(贝克)是表示放射性同位素衰变强度的单位,1 Bq 也就是每秒有一个原子衰变,1 g 的镭放射性活度有 3.7×10^{10} Bq。医院放射性废水主要来自同位素,应单独设置衰变池处理,达标后再排入综合下水道。

总体来说,医院废水水质与医院的类别、收治病人的类型与人数等因素密切相关。环境统计资料表明,医院总排废水中,大肠菌群为 $96\times10^6\sim230\times10^6$ 个/L,细菌总数为 $1.3\times10^6\sim1.5\times10^6$ 个/mL,肠道致病菌检出率达 30%～100%,CODcr 为 140～650 mg/L,BOD_5 为 30～132 mg/L,SS 为 50～150 mg/L, pH 为 7.0～8.0。其中主要污染因子是致病病原体。一般来说,综合医院废水与生活废水生物性、理化污染指标相似;传染病医院废水则通常含有大量的传染性细菌和病毒,其危害较大。设施较好、规模较大的省市级医院,由于收治病人人数较多、病人类型繁杂,其排放废水水质通常比规模较小的县级和乡镇医院差。此外,医院废水除了含有传染病等病原体的废水以外,还有来自诊疗、化验、研究室等各种不同类别的废水,这些废水往往含有重金属、消毒剂、有机溶剂以及酸、碱等,有些重金属和难生物降解的有机污染物是致癌、致畸或致突变的物质,这些物质排入环境中将会对环境产生长远的影响,它们可以通过食物链富集浓缩,进入人体,而危害人体健康。医院在使用放射性同位素诊断、治疗和研究中,还产生放射性废水、污物,也必须通过处理,达到规定的排放标准后方可排放或运送至专门的机构处理。

医院废水特别是传染病房排出的废水如不经消毒处理而直接排入水体,可能会引起水源污染和传染病的爆发流行。通过流行病学调查和细菌学检验证明,国内外历次大的传染病暴发流行几乎都与饮用或接触被污染的水有关。1987 年上海发生甲肝流行,30 多万人发病,主要是食用了被粪便污染水里生长的毛蚶所致。

4.2 医院废水常见处理技术

4.2.1 医院废水处理技术概述

1. 医院废水处理的原则和特点

医院废水成分复杂,处理方法特殊。一方面要考虑废水中细菌、病毒、寄生虫卵的数量和种类,消毒后达到《医疗机构水污染物排放标准》(GB18466—2005)的要求;另一方面应考虑废水的排向及受纳水域环境功能区划对水质的要求,使处理后达到《污水综合排放标准》(GB 8978—1996)的要求。并结合医院的的规模、性质和处理废水排放去向,进行工艺选择。医院废水处理后排放去向分为排入自然水体和通过市政下水道排入城市污水处理厂两类。

医院废水处理所所用的工艺必须确保处理的出水达标,主要采用的三种工艺有加强处理效果的一级处理、二级处理和简易生化处理。其工艺选择原则为:

(1)传染病医院必须采用二级处理,必须进行预消毒处理。

(2)处理出水排入自然水体的县及县以上医院必须采用二级处理。

(3)处理出水排入城市下水道(下游设有二级污水处理厂)的综合医院推荐采用二级处理,对采用一级处理工艺的必须加强处理效果。

(4)对于经济不发达地区的小型综合医院,条件不具备时可采用简易生化处理作为过渡处理措施,之后逐步实现二级处理或加强处理效果的一级处理。

另外,医院废水在废水和污物发生源处应进行严格控制和分离,医院内生活废水与病区废水分别收集,即源头控制、清污分流。如:废水与雨水分流、居民区与医疗区废水分流、放射性废水与非放射性废水分流、传染病区废水与非传染病区废水分流。分流排放有利于集中处理某类危害性污染物,降低后续水处理污染物负荷,处理效果好。医院除生活废水和含菌废水外,还有化验室废水、同位素室排出的放射性废水、放射科洗相室的洗相废水、食堂排出的含油废水以及口腔科排出含汞废水,这些废水也需采取不同的预处理措施,处理后再排入综合废水系统。

医院废水处理总的流程是:传染病房和传染科的废水应单独进行消毒处理,普通病房和一般生活废水可经化粪池处理,洗相室废液应回收银和处理回收显影、定影废液,食堂应设置隔油池,口腔科排水应处理含汞废水,使用过的废药剂等应回收处置,放射科废水应经过衰变池处理。经过以上预处理的各种废水再进入综合废水系统。综合废水再根据水质水量、排放去向和排放要求,经相应处理后排入城市下水道或地面水域。医院废水处理总流程如图 4-1 所示。

2. 医院废水处理典型工艺流程

(1)一级处理。医院废水一级处理的典型工艺是一级沉淀加消毒,处理设施一般包括化粪池、沉淀池、双层沉淀池或调节池、混合接触池等处理设施。在一些简易医院废水处理中,有的不设沉淀池和调节池,而是利用化粪池作为一级处理设施。化粪池出水经过格栅、定量池(或集水井)直接进入氯化接触池。一级处理典型流程如图 4-2 所示。

污水来源	分别预处理	集中处理	消毒	排放去向

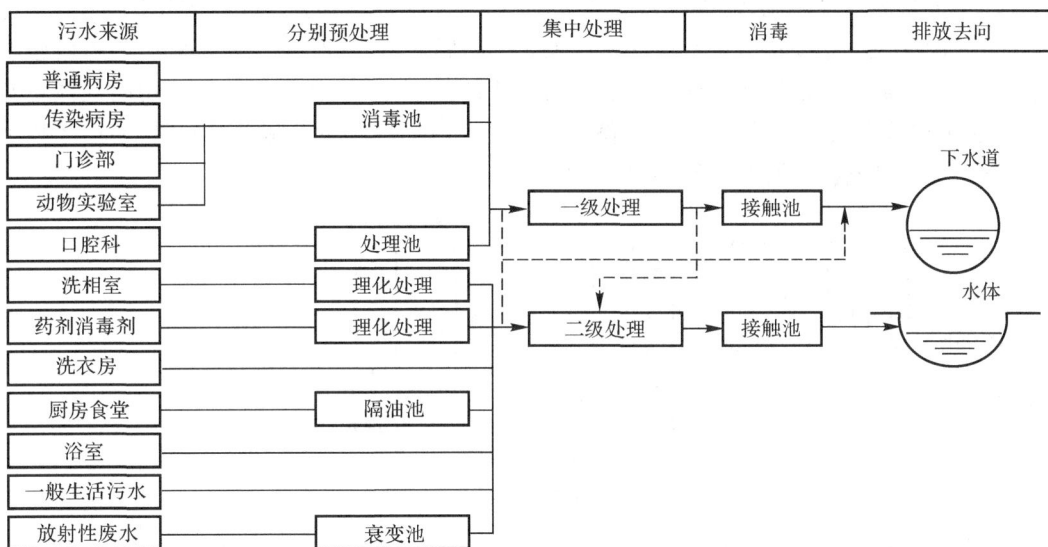

图 4-1　医院废水处理总流程

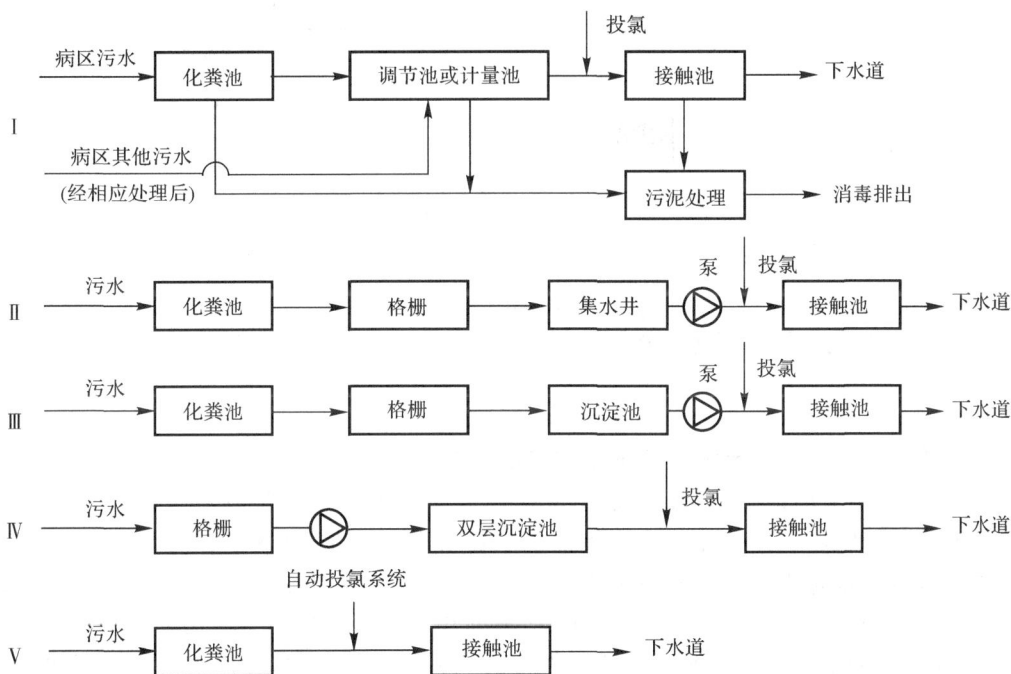

图 4-2　医院废水一级处理典型工艺流程

（2）二级处理。医院废水二级处理通常采用生物氧化处理工艺,也有的采用生物和物化联用处理工艺。传统的生物处理工艺主要有常规活性污泥法、生物接触氧化法、生物转盘法、氧化沟法、塔式生物滤池法、射流曝气法。工艺流程如图 4-3 所示。

活性污泥法是利用活性污泥的凝聚、吸附氧化、分解等去除废水中的污染物,该法的缺点是产生大量的活性污泥,需进行污泥处理,增加了处理费用;同时,废水停留时间长、工艺设施占地面积大。生物接触氧化法又称浸没式生物膜法,是将池中充满废水,而滤料浸没在废水中。该法综合了活性污泥法和普通生物膜法的优点,但滤料易结块且使用的载体是盘片,该法污泥量少,运转费用低,占地面积少,无堵塞现象。其缺点是盘材较贵,易产生挥发性物质污染,生物转盘的性能受外界环境影响较大。

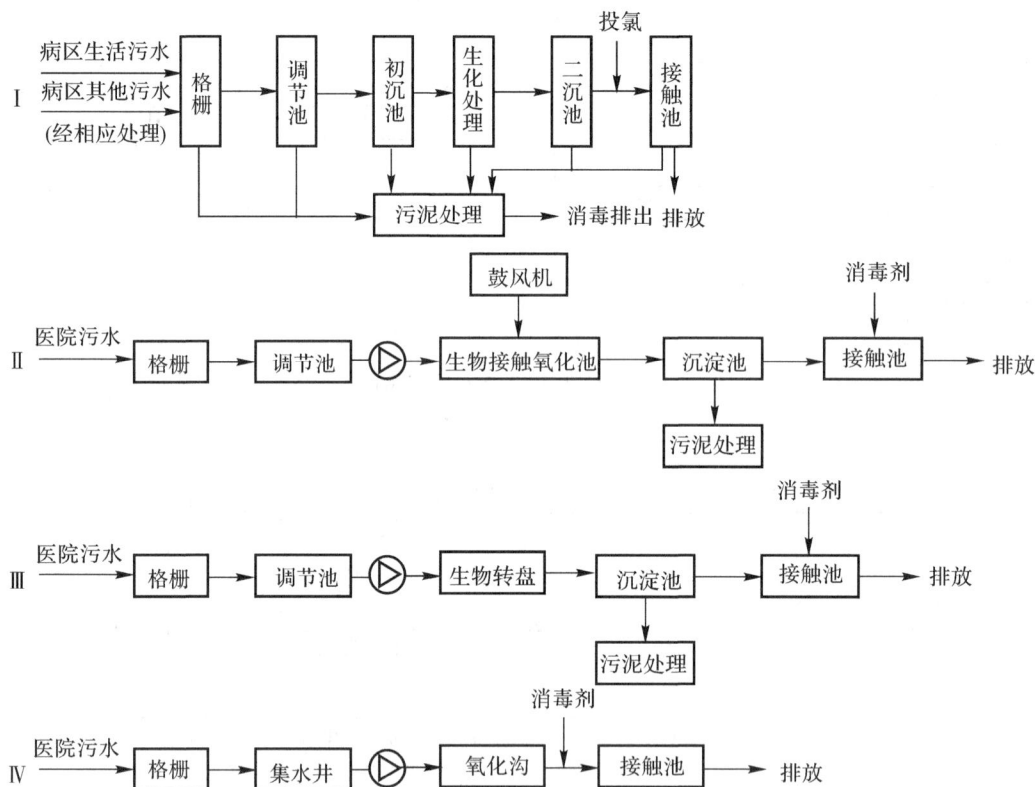

图 4-3 医院废水二级处理典型工艺流程

(3)消毒处理。医院废水处理中最重要的工艺就是以杀灭废水中各种致病菌的消毒。消毒主要包括臭氧消毒、液氯消毒、紫外线消毒、二氧化氯消毒等处理技术。

1)紫外线消毒。紫外线消毒并不是将微生物杀死而是通过去掉它的繁殖能力而进行消灭,是一种物理消毒方法。消毒使用的紫外线是波长范围为 $200\sim275$ nm 的 C 波紫外线,其中杀菌作用最强的波段是 $250\sim270$ nm。紫外线消毒技术是利用特殊设计的高功率、高强度和长寿命的 C 波段紫外光发生装置产生的强紫外光照射流水,使水中的各种细菌、病毒、寄生虫、水藻以及其他病原体受到一定剂量的紫外 C 光辐射后,其细胞组织中的 DNA 结构受到破坏而失去活性,从而杀灭水中的细菌、病毒以及其他致病体,达到消毒杀菌和净化的目的。紫外线杀菌具有速度快、效果好、不产生任何二次污染的优点,是国际上新一代的消毒技术。但要求水中悬浮物浓度较低,以保证良好的透光性。

紫外线消毒器的结构形式有两种:①敞开式结构,废水在重力作用下流经 UV 消毒器时微生物被杀灭;②封闭式结构,封闭式 UV 消毒器属承压型,用金属筒体和带石英套管的紫外线灯把被消毒的水封闭起来。

紫外线消毒工艺如果在未经过处理或者只是经过一级处理的废水(SS 高达 30 mg/L 的废水)中使用,不但会增加能耗而且还会造成消毒效果不好,即不适用于对紫外线穿透率较低的水质。

2)液氯消毒(Cl_2)。液氯消毒是医院污水消毒中最常用的一种,它的原理是向水中加入液氯(Cl_2)或者次氯酸盐(如 $NaClO$)。氯是一种强氧化剂和广谱杀菌剂,不但能有效杀死污水中的细菌和病毒,并且能够持续消毒。

液氯消毒系统主要是由贮氯钢瓶、加氯机、水射器、电磁阀、加氯管道及加氯间和液氯贮藏室等组成。消毒时,氯会和水中的氨氮、有机氮反应生成消毒效果较差的无机氯胺和有机氯胺,称作化合氯。氯的消毒效果受接触时间、投加量、水质(含氮化合物浓度、SS 浓度)、温度、pH 以及控制系统的影响。

该工艺简单,技术成熟,药剂易得,投量准确,有后续消毒作用并且原料价格便宜,杀菌力强,不需要庞大的设备是液氯消毒最大的优点。但是由于氯气有毒、腐蚀性强,所以在运行和管理中要尽量避免危险性。

液氯消毒的适用范围:①用于远离人口聚居区的规模较大($>$1 000 床)且管理水平较高的医院污水处理系统;②当医院污水排至地表水体或作为绿化浇灌用水时不应用氯消毒,因为氯消毒后水中余氯过高会造成地表水体内水生生物的死亡。

3)臭氧消毒(O_3)。臭氧(O_3)是氧(O_2)的同素异形体,纯净的 O_3 常温常压下具有特殊刺激性臭味,是国际公认的绿色环保型杀菌消毒剂。臭氧灭菌过程属物理、化学和生物反应。其有以下三种作用:①臭氧能氧化分解细菌内部氧化葡萄糖所必需的酶,使细菌灭活死亡;②直接与细菌、病毒作用,破坏它们的细胞壁、DNA 和 DNA,细菌的新陈代谢受到破坏,导致死亡;③能渗透胞膜组织,侵入细胞膜内作用于外膜的脂蛋白和内部的脂多糖,使细菌发生透性畸变,溶解死亡。

臭氧消毒具有以下优点:①反应快、投量少;②适应能力强,在 pH 为 5.6～9.8、水温为 0～37 ℃范围内消毒均无二次污染并且消毒性能稳定;③臭氧消毒不受污水中 NH_3 和 pH 的影响,既能氧化有机物,又能杀菌除色、嗅、味等,而且其最终产物只有二氧化碳和水,不产生致癌物质。但是臭氧消毒也有它的缺点,如无持续消毒功能、只能现场生产使用、臭氧消毒法设备费用较高、耗电较大等。

4)二氧化氯消毒(ClO_2)。国际上公认的含氯消毒中唯一高效的消毒剂就是二氧化氯。原因不外乎以下两种:①二氧化氯氧化性强(在水中溶解度是氯的 5 倍,氧化能力是氯气的 2.5 倍左右);②溶于水后非常安全。由于性质不稳定,所以实际中需要采用二氧化氯发生器现场制备,二氧化氯发生器主要有两种:①以氯酸钠、盐酸为原料的复合型二氧化氯发生器;②以亚氯酸钠、盐酸为原料的纯二氧化氯发生器。

复合型二氧化氯发生器以氯酸钠和盐酸制备二氧化氯为主、氯气为辅的混合气体,目前应用最为广泛。其适用范围是:①远离人口聚居区、规模较小的医院废水处理系统,不宜用于人口稠密区及大规模医院的废水消毒;②适用于管理水平较高的医院废水处理系统,因为二氧化氯在空气中和水中浓度达到一定程度会发生爆炸;③适用于规模较大的(不小于 500 床)医院废水处理消毒系统;④当医院废水要排放到地表或者作为灌溉水时,慎用二氧化氯消毒。

虽然二氧化氯有很多优点,但是制备含氯低的二氧化氯比较复杂并且 $NaClO_2$ 价格比其他消毒方法成本高,因此没有得到广泛应用。

综上所述,主要医疗废水消毒方法使用范围见表 4-3。

表 4-3　主要医疗废水消毒方法使用范围比较

项　目	臭　氧	液　氯	二氧化氯	次氯酸钠	紫外线
使用计量/$(g \cdot L^{-1})$	10	10.00	2~5	10~15	—
消毒时间/min	5~10	10~30	10~20	10~30	短
对细菌	有效	有效	有效	有效	有效
对病毒	有效	部分有效	部分有效	部分有效	部分有效
对蛔牙	有效	有效	有效	有效	无效
优点	除色、臭味效果好	便宜、成熟、有后续消毒作用	杀菌效果好、无气味	杀菌效果较好	快速、不使用化学药剂
缺点	比氯贵、无后续杀毒作用、费用较高	对某些病毒、芽孢无效、产生臭味	维修管理技术和费用较高	设备维修、管理费用较高	无后续消毒作用、实际应用较少
用途	应用日益广泛	常用消毒方法	中、小水量工程	中、小水量工程	实验室应用较多

(4)医院废水处理技术发展趋势。医院废水处理工艺应当向经济性、实用性、先进性和稳定性等方向发展,在综合比较排污费用、废水处理费用以及再生回用产生效益的基础上,采取成熟可靠的废水处理工艺。废水处理流程要简单、可靠、占地面积小、运转费用低、投资少,废水处理过程中操作方便、自动化程度高。

据报道,目前医院废水处理比较好的方法有序批式活性污泥法(即 SBR 法)和周期性循环活性污泥法(即 CASS 法)。CASS 法是 SBR 法的改进型,美国、加拿大和澳大利亚等发达国家已普遍应用于医院废水处理,我国北京航天城医院和徐州市第二人民医院也采用了CASS 法。

另外,沼气厌氧技术在医院废水处理中也逐步受到青睐。沼气厌氧处理就是利用厌氧氧化的甲烷发酵过程,使大分子有机物降解为小分子无机物以净化废水,同时回收沼气燃料。沼气技术在我国乡镇医院废水处理中逐步得到推广应用,如绵竹市、德阳市人民医院及天池煤矿医院等废水采用沼气厌氧技术处理。

4.2.2　特殊废水预处理技术

1. 酸性废水

医院大多数检验项目或制作化学清洗剂时,经常使用大量的硝酸、硫酸、盐酸、过氯酸、氯乙酸等,这些物质会腐蚀管渠和构筑物,同时会与金属反应产生氢气,浓度高的废水与水接触能发生放热反应,与氧化性的盐类接触可发生爆炸。此外,由于废水的 pH 发生变化,也可能引起或促成其他化学物质的变化。例如氮化钠在酸性条件下能生成叠氮化氢,容易引起爆炸,并具有很强的毒性,因此必须严加注意。

对酸性废水通常采用中和处理,如使用氢氧化钠、石灰作为中和剂,将其投入酸性废水中混合搅拌而达到中和目的。将 pH 调整为 6~9 方可排放。

2.含氰废水

在血液、血清、细菌和化学检查分析中常使用氰化钾、氰化钠、铁氰化钾亚铁氰化钾等氰化合物,由此而产生含氰废水和废液。氰化物有剧毒,例如氰化钠的平均致死剂量为 150 mg,氰化钾为 200 mg,氰化氢为 100 mg 左右。因此对于含氰废液、废水应单独收集处理。

含氰废水的处理方法有碱性氯化法、电解氧化法、加压水解法、生物化学法、生物铁法、硫酸亚铁法、空气吹脱法等。其中碱性氯化法应用较广,硫酸亚铁法处理不彻底亦不稳定,空气吹脱法既污染大气,出水又达不到排放标准,较少采用。

碱性氯化法是指在碱性条件下,用氯系氧化剂氧化废水中的氰化物,是处理电镀含氰废水常用的一种方法。它分为两个阶段进行:第一阶段是将氰氧化为氰酸盐,称为"不完全氧化",反应式如下:

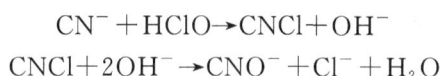

$$CN^- + HClO \rightarrow CNCl + OH^-$$
$$CNCl + 2OH^- \rightarrow CNO^- + Cl^- + H_2O$$

CN^- 与 ClO^- 反应首先生成 $CNCl$,$CNCl$ 水解成 CNO^- 的反应速度取决于 pH 值、温度和有效氯的浓度。pH 值、水温和有效氯的浓度越高则水解的速度越快,而且在酸性条件下 $CNCl$ 极易挥发,因此操作时必须严格控制 pH 值。

第二阶段是将氰酸盐进一步氧化为二氧化碳和氮,称为"完全氧化",反应式如下:

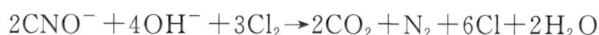

$$2CNO^- + 4OH^- + 3Cl_2 \rightarrow 2CO_2 + N_2 + 6Cl + 2H_2O$$

在破氰过程中,pH 对氧化反应的影响很大。当 pH>10 时,完成不完全氧化反应只需 5 min;当 pH<8.5 时,则有剧毒催泪的氯化氰气体产生。而完全氧化则相反,低 pH 的反应速度较快。pH=7.5~8 时,需要 10~15 min;pH=9.5 时,需要半个小时;pH=12 时,反应趋于停止。

综上所述,在处理含氰废水时,向其中加入碱液使废水的 pH 达到 10~12,然后再投加液氯或次氯酸钠,控制余氯量为 2~7 mg/L,处理后的含氰废水浓度可达到排放标准 0.5 mg/L。

3.含汞废水

含汞废水主要来自各种口腔门诊和计测仪器仪表中使用的汞,如血压计、温度计、血液气体测定装置、自动血球计算器等,当盛有汞的玻璃管、温度计被打破或操作不当时都会造成汞的流失。在分析检测和诊断中常使用氯化汞、硝酸高汞以及硫氰酸高汞等剧毒物质,口腔科为了制作汞合金,汞的用量也较多。这些都是医院废水中汞的来源。

汞对环境危害极大,汞进入水体以后可以转化为极毒的有机汞(烷基汞),并且通过食物链富集浓缩。人食用了受汞污染的水产品,甲基汞可以在脑中积累,引起水俣病,严重危害人体健康。汞对水生生物也有严重的危害作用,我国污水排放标准规定汞的最高允许浓度为 0.05 mg/L,饮用水的最高允许浓度为 0.001 mg/L。

含汞废水处理方法有铁屑还原法、化学沉淀法、活性炭吸附法和离子交换法。采用硫氢化钠或硫化钠沉淀法处理含汞废水是一种简单易行的方法。采用硫氢化钠法是将含汞废水先经静置沉淀后,加盐酸将 pH 调至 5,再加入硫氢化钠,调 pH 至 8~9,再加入硫酸铝溶液进行混凝沉淀,出水含汞浓度可降到 0.05 mg/L 以下。硫化钠沉淀法是向含汞废水加入硫化钠产生硫化汞沉淀,再经活性炭吸附处理,汞的去除率可达 99.9%,出水含汞浓度可达到 0.02 mg/L 以下。

4.含铬废水

重铬酸钾、三氧化铬、铬酸钾是医院在病理、血液检查和化验等工作中使用的化学品。这些废液应单独收集,尽量减少排放量。铬化合物中有三价铬和六价铬两种存在形式。铬的毒性与其存在的价态有关,六价铬比三价铬毒性高 100 倍,并易被人体吸收且在体内蓄积,三价铬和六价铬可以相互转化。六价铬的毒性大于三价铬,铬化合物对人畜机体有全身致毒作用能使人诱发肺癌、鼻中隔膜溃疡与穿孔、咽炎、支气管炎、黏膜损伤、皮炎、湿疹和皮肤溃疡等,是重点控制的水污染物之一。

含铬废水处理的方法很多,最简单实用的方法是化学还原沉淀法,其原理是在酸性条件下向废水中加入还原剂,将六价铬还原成三价铬,然后再加碱中和,调节 pH 为 8~9 使之形成氢氧化铬沉淀,出水中六价铬含量小于 0.5 mg/L。采用亚硫酸钠和亚硫酸氢钠还原处理含铬废水的反应如下:

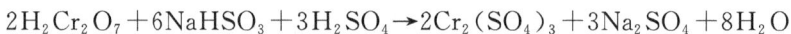

$$2H_2CrO_4 + 3Na_2SO_3 + 3H_2SO_4 \rightarrow Cr_2(SO_4)_3 + 3Na_2SO_4 + 5H_2O$$
$$2H_2Cr_2O_7 + 6NaHSO_3 + 3H_2SO_4 \rightarrow 2Cr_2(SO_4)_3 + 3Na_2SO_4 + 8H_2O$$

加氢氧化钠中和沉淀反应如下:

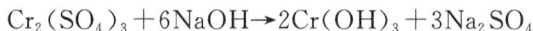

$$Cr_2(SO_4)_3 + 6NaOH \rightarrow 2Cr(OH)_3 + 3Na_2SO_4$$

5.洗相废水

医院放射科照片洗印废水是一个重要污染源,在胶片洗印加工过程中需要使用十余种化学药品,主要有显影剂、定影剂和漂白剂等。在洗照片的定影液中还含有银,银是一种贵重金属,对水生物和人体具有较大的毒性。含银废液可以出售给银回收部门处理,如量较大也可采用离子交换法和活性炭法处理。洗相废液不能随意排入下水道,而应严格地收集和处理。高浓度的洗印显影废液收集起来可采用焚烧处理或采用氧化处理法。一般浓度较低的显影废水通过氯化氧化处理,总量可以降至 6 mg/L 以下。

6.传染性病毒废水

医院废水中含有大量的病原微生物、病毒和化学药剂,具有空间污染、急性传染和潜伏性传染的特征。如果含有病原微生物污染的医院废水,不经过消毒处理就排放进城市下水道或环境水体,往往会造成水体的污染,并且引发各种疾病和传染病的暴发,严重危害人们的身体健康。2003 年,SARS 疫情在全世界的爆发,引起了广大学者对传染性病毒废水处理的研究。研究单位对目前所使用的几种消毒剂和手段的效果进行了研究评价,结果表明,含氯消毒剂和过氧乙酸,按照卫生部推荐的浓度,在几分钟内可以安全杀死粪便和尿液中的"非典"病毒;应用紫外线(UV)照射的方法,在距离为 80~90 cm、强度大于 90 $\mu W/cm^2$ 条件下,30 min 可杀死体外"非典"病毒。结合相关医院废水处理的实践,清华大学提出以"新型高效膜-生物反应器"技术为主体的处理技术,该技术对微生物及大分子物质的载流效率高,有效控制了出水中微生物的含量。在处理的过程中,污泥产生量少,这大大降低了系统外排病原体的数量,极大地降低了其扩散蔓延概率。膜生物反应器的出水采用高效 UV 消毒工艺,能够在数秒内杀死病毒和细菌。整个系统采用全封闭结构,并实现了完全自动化控制。运行安全可靠,操作简单、安全,避免了病原微生物的扩散。

7. 其他废液废水

医院还使用大量的有机溶剂、消毒剂、杀虫剂及其他药物,如氯仿、乙醚、醛类、乙醇、有机酸类、酮类等。这些物质应严格禁止向下水道倾倒。某医院在打扫卫生时将消毒剂倒入下水道,致使废水处理站生化处理的生物膜全部被杀死,使废水无法处理,只能超标排放,污染环境。所以,一定要做好有毒有害废液收集处理工作,按照相关规定处理,决不能任意排放。

4.2.3　放射性废水处理

我国自 1958 年以来,便开始把放射性同位素用于医疗诊断和治疗疾病上。应用放射性同位素诊断、治疗病人过程中产生的放射性废水,如不进行处理就直接排放,必然污染环境,污染水源,危害人们的身体健康。因此,对含有放射性废水的排放,在排放前必须由环境保护部门进行监测,符合排放标准后方可排放。

对于浓度高、半衰期较长的放射性废水,一般将其贮存于容器内,使其自然衰变。目前医院同位素室用过的注射器以及多余剂量的放射性同位素均按规定贮存于容器内。对于浓度低、监期较短的放射性废水,排入地下贮存衰变池,贮存一定时间(一般贮存到该种核素的 10 个半衰期)使其放射性同位素通过自然衰变,当放射性同位素浓度降低到国家排放管理限值时再行排放。贮存、衰变池一般分为两种形式:间歇式贮存衰变池和连续流动式衰变池。

1. 间歇式衰变池

间歇式贮存衰变池有分为 2 个格的,也有分 3 个、4 个、5 个格的,分格越多,其总设计容积就越小。以两格为例,其平面图如图 4-4 所示。

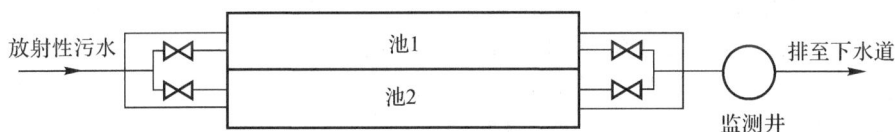

图 4-4　间歇式贮存衰变池平面图

如先用贮存池 1(简称池 1),出水口闸阀先关闭,待放射性同位素废水充满池 1 后关闭进水闸阀,使用池 2。同样,先关闭池 2 出水口的闸阀,待池 2 充满水时,正是池 1 中的放射性废水浓度已衰变到国家排放管理的限值,在时间上相当于贮存池内半衰期最长的一种放射性同位素放置了 10 个半衰期。这时,打开池 1 的出水闸阀,使废水排空后关闭出水闸阀。然后打开池 1 的进水闸阀,关闭池 2 的进水闸阀使放射性同位素废水在池内放置自然衰变。两个贮存池就这样交替使用。

含有放射性同位素的废水一般呈酸性,因此贮存池、管道、闸阀等均应进行防酸处理或采用耐酸腐蚀材料。贮存池应进行严格防水处理,保证不渗不漏。贮存衰变法设备管道简单、管理方便、安全可靠,但间歇式贮存池容积大、占地多,一般适合少量放射性废水的处理。

2. 连续流动式衰变池

间歇式衰变池占地面积较大,处理效率低,操作管理比较烦琐,因此逐步被连续流动式衰变池取代。连续流动式衰变池一般设计为推流式,池内设置导流墙,放射性废水从一端进入,经过缓慢流动至出水口排出,池内废水保持推流状态,尽量减少短路。连续式衰变池的总体积比间歇式小,操作也简单,基本不需要管理。推流衰变池的流程示意图如图 4-5 所示。

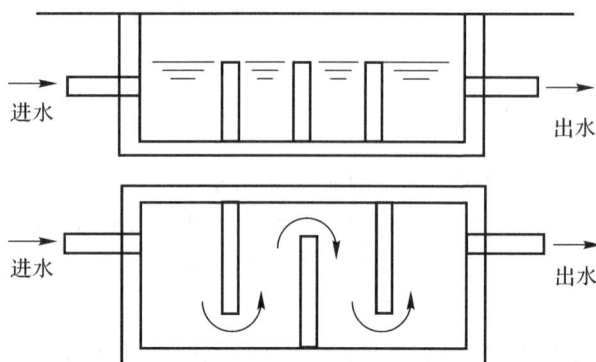

图 4-5　连续式衰变池示意图

4.3　医院废水处理工程案例

4.3.1　CASS 工艺处理医院废水

1. 工程概况

徐州医学院附属医院新建一栋临床教学综合楼,有病床 1 200 张,现实际使用 800 余张。废水主要来源于病房、门诊、注射室、化验室、制剂室、手术室及实验室等处,另外还有食堂、卫生间和浴室等生活废水,废水日排放量最高达到 1 000 t。废水的成分除生活废水中的粪便、纸屑等外,还夹杂棉球、药物残液及洗涤剂等,含有大量的病毒、细菌、寄生虫卵及其他有害物质。该医院混合后的主要废水指标见表 4-4。

表 4-4　废水主要污染物及浓度

项　　目	SS $mg \cdot L^{-1}$	COD $mg \cdot L^{-1}$	BOD $mg \cdot L^{-1}$	总磷 $mg \cdot L^{-1}$	氨氮 $mg \cdot L^{-1}$	粪大肠菌群数 个 $\cdot L^{-1}$
变化范围	80~260	150~300	90~150	3~5	8~16	≥24 000
平均值	126	260	123	2.27	14.2	≥24 000

2.工艺流程及运行效果

废水处理工艺流程如图 4-6 所示。

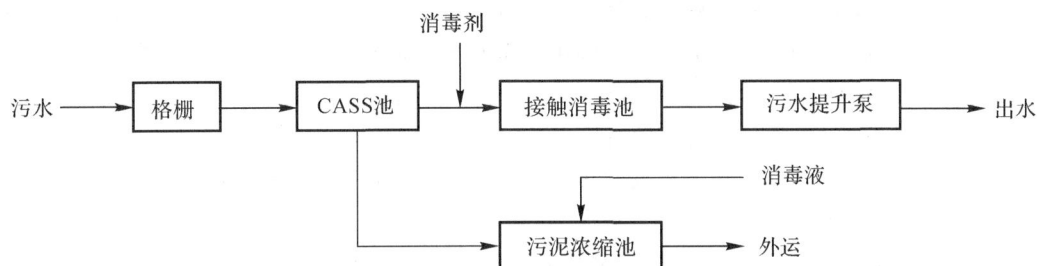

图 4-6　徐州医学院附属医院废水处理工艺流程

医院废水经机械格栅滤去废纱布、纸屑等较大杂物后连续不断地进入 CASS 反应器的预反应区,与反应器中数倍体积的活性污泥完全混合,废水中的可溶性有机物很快被该区域内的微生物所吸附。经初步吸附的废水和污泥通过隔墙底部的洞口进入主反应区进行曝气(采用射流曝气)、沉淀和滗水三个阶段的周期运行,工作周期 4 h,其中曝气 2 h、沉淀 1 h、滗水 1 h,经历了好氧-缺氧-厌氧的周期变化过程。在曝气阶段,系统中的可溶性有机物被氧化分解,同时进行硝化反应;在沉淀阶段,污泥沉降,废水澄清,剩余的有机物被污泥带到反应器底部,利用溶解在水中的溶解氧进一步进行低负荷的氧化分解,这样系统逐步由好氧转入缺氧,开始进行反硝化反应;在滗水阶段,系统基本处于厌氧状态,活性污泥进行内源呼吸,反硝化细菌利用内源碳进行反硝化脱氮,处理后的水由滗水器自动排出反应器。滗水结束后,继续进入一个新的处理周期。滗出的上清水再排入折板式接触消毒池,与次氯酸钠消毒系统产生的消毒液充分接触达标后排放。CASS 反应器内的污泥定期集中排入污泥浓缩池,池内设曝气搅拌装置,一方面进行好氧消化,进一步减少污泥量,另一方面防止污泥吸收的磷在厌氧条件下重新释放出来,也可防止臭味产生。污泥浓缩后上部清液排回 CASS 反应器,下部污泥经消毒后交由环卫部定期清掏外运。设施运行结果见表 4-5。

表 4-5　废水处理效果

项目	$\dfrac{SS}{mg \cdot L^{-1}}$	$\dfrac{COD}{mg \cdot L^{-1}}$	$\dfrac{BOD}{mg \cdot L^{-1}}$	$\dfrac{氨氮}{mg \cdot L^{-1}}$	$\dfrac{粪大肠菌群数}{个 \cdot L^{-1}}$
原水	126	260	123	14.2	≥24 000
出水	22	33	6.6	2.28	20
去除率/%	85	87	95	84	99.9

3.运行综合评价

该医院废水处理设施自 2002 年建成运行以来,整个系统运行稳定,出水水质良好,处理后的水完全可以回用于绿化、冲刷厕所、打扫卫生等。该系统具有如下优点:

(1)采用组合结构形式,水量及水质调节、生物降解、污泥沉淀和废水排放均在同一池中进行,不需调节池、二沉池及污泥回流设备,可大大节省投资并减少用地。

（2）进行周期性曝气,曝气时氧浓度梯度大,并且采用高效射流曝气,氧传递效率高,节能效果好,可明显降低运行费用。

（3）运行周期经历好氧、缺氧、厌氧、沉淀等阶段,微生物可通过多种途径进行代谢,利用不同形态的氧源及碳源,使有机质的降解更完全且节约能耗,有明显的脱氮效果。

（4）活性污泥同样经过厌氧、好氧环境,筛选了优势菌种,抑制了丝状菌的生长,大大降低污泥膨胀的发生,减轻了运行管理难度。

（5）反应池内滞留的处理水及高浓度污泥,对进水水质、水量及毒素有较大的稀释、缓冲作用,提高系统抗冲击能力。

（6）污泥的泥龄长,沉降性能和脱水性能良好,排放的剩余污泥浓度高,体积小,处理方便简捷。

（7）采用水下射流曝气机代替传统的鼓风机曝气可有效解决噪声污染。

4.3.2 生物接触氧化＋砂滤＋活性炭＋ClO_2消毒工艺处理医院废水

1. 工程概况

青岛某综合性医院废水站始建于 1988 年,随着医院规模的扩大和环境标准的提高,该处理站已无法满足现有水量和水质标准的要求。医院对原废水处理设施进行全面改造扩建,一方面扩大现有设施的处理规模,使增加的废水量能得到有效净化;另一方面从节约水源,提高处理水平的方向出发,对废水进行资源化利用。

废水设计规模为 2 000 m^3/d,设计流量为 80 m^3/h;回用水近期设计规模为 1 000 m^3/d,设计流量为 40 m^3/h。废水的二级排放处理规模确定为 2 000 m^3/d,废水及中水站土建设施一次性完成,当中水处理规模需要扩大时,只需要增加中水的过滤和消毒设备即可实现。

废水处理后者若不回用则水质应满足《医疗机构水污染物排放标准》(GB 18466—2005)的要求,而中水则应达到《城市杂用水水质标准》(GB/T 18920—2002)的要求。设计的进、出水主要水质指标见表 4 - 6。

表 4 - 6 设计进、出水主要水质指标

废水类别	$\dfrac{COD}{mg \cdot L^{-1}}$	$\dfrac{BOD}{mg \cdot L^{-1}}$	$\dfrac{NH_3-N}{mg \cdot L^{-1}}$	$\dfrac{SS}{mg \cdot L^{-1}}$	粪大肠菌群 个·L^{-1}
设计进水	600	400	30	400	20 000
排放废水	100	20	15	70	500
回用水		10	10		73

2. 工艺流程

根据综合性医院废水的特点,同时考虑到中水回用,该工程的废水处理工艺流程如图 4 - 7 所示,其中虚线表示污泥流程线。

（1）预处理系统。预处理系统主要构筑物包括化粪池、机械格栅、集水井、曝气调节池。废水首先进入化粪池,通过沉淀截留作用及微生物生化作用去除部分污染物;然后废水经过

格栅进入集水井,使用潜污泵将水提升进入曝气调节池以调节水量,均化水质。

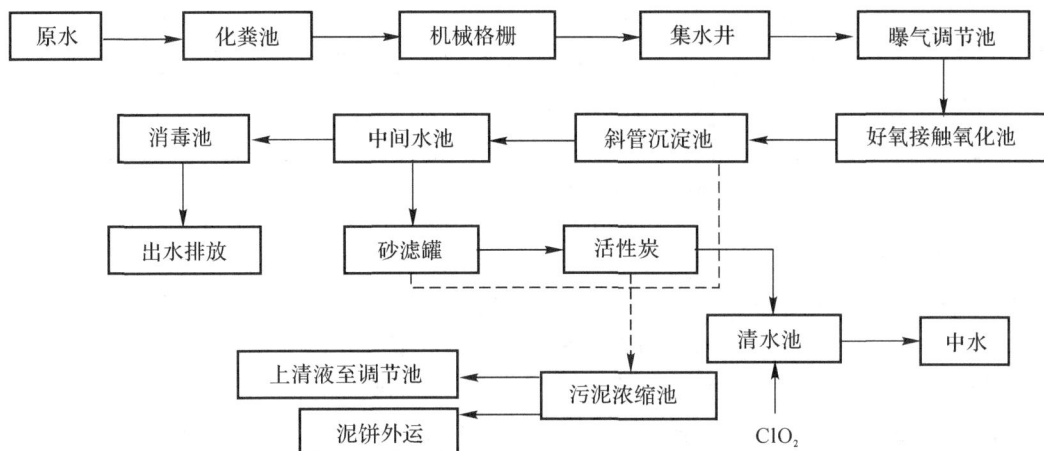

图 4-7　废水处理工艺流程图

该系统主要构筑物和设备包括好氧接触氧化池、斜管沉淀池、中间水池、消毒池、ClO_2 发生器及加药系统。废水通过潜污泵由曝气调节池输送至好氧接触氧化池,通过微生物的生化作用去除部分有机污染物和 NH_3-N。泥水混合液进入斜管沉淀池进行泥水分离,上清液进入中间沉淀池,污泥部分回流,部分则进入污泥处理系统。在消毒池内,通过投加 ClO_2 对废水消毒,消毒后污水达标排放。

(2)中水回用系统。在生化处理(二级处理)的基础上,串联两级过滤 ClO_2 消毒工艺组成中水回用系统,主要构筑物为砂滤罐、活性炭过滤罐、清水池。经该系统产生的中水将主要用于绿化、冲厕及滤罐反冲洗等。

(3)污泥处理系统。由沉淀池、滤罐反冲洗产生的泥水混合物进入污泥浓缩池进行泥水分离,上清液回流至调节池,浓缩后污泥定期外运。

3.运行效果

废水处理设施经过半年运行,设备运转正常,整个工艺系统一直处于稳定状态。处理前后的水质情况见表 4-7(2008 年 5 月至 11 月运行的平均结果)。表 4-7 的结果表明,除了 SS 略超标外,出水的其他各主要污染指标均小于《医疗机构水污染物排放标准》(GB 18466—2005)的限值,而采用中水处理工艺深度处理后的回用水均达到了《城市污水再生利用城市杂用水水质》的要求。SS 超标的原因是污泥沉降性能不理想,导致少量离散态微生物未沉淀而进入了中间水池,可通过在沉淀前加入少量絮凝剂解决此问题。

表 4-7　处理前后水质对照

废水类别	$\dfrac{COD}{mg \cdot L^{-1}}$	$\dfrac{BOD}{mg \cdot L^{-1}}$	$\dfrac{NH_3-N}{mg \cdot L^{-1}}$	$\dfrac{SS}{mg \cdot L^{-1}}$	$\dfrac{粪大肠菌群}{个 \cdot L^{-1}}$
设计进水	190~400	105~214	9~42	89~380	2 000~17 000
排放废水	54	14	12	37	95

续表

废水类别	$\dfrac{COD}{mg \cdot L^{-1}}$	$\dfrac{BOD}{mg \cdot L^{-1}}$	$\dfrac{NH_3-N}{mg \cdot L^{-1}}$	$\dfrac{SS}{mg \cdot L^{-1}}$	$\dfrac{粪大肠菌群}{个 \cdot L^{-1}}$
回用水 (二级过滤)	20	38	50		<3

注:处理后的水质指标为多次监测结果的平均值(半年平均)。

4. 工程小结

采用好氧生物接触氧化+ClO₂消毒工艺可使医院废水处理后达到《医疗机构水污染物排放标准》的要求,且出水水质稳定;采用好氧生物接触氧化+斜管沉淀+砂滤+活性炭过滤+ClO₂消毒工艺对医院废水进行处理,出水水质可达到《城市污水再生利用城市杂用水水质标准》的要求,且出水水质稳定;将生物接触氧化池置于地下,可充分利用空间,节约工程占地面积,同时具有较好的保温作用,可减轻冬季温度降低对生物处理效率的影响。

4.3.3　武汉火神山、雷神山医院污水处理工程

1. 工程概况

火神山、雷神山应急医院,分别位于武汉市蔡甸区武汉职工疗养院和第七届军人运动会运动员村3号停车场内。其中火神山应急医院占地面积 6.7×10^4 m²,建筑面积 3.39×10^4 m²,设计床位1 000张,日平均污水量约800 m³,峰值流量约67 m³/h;雷神山应急医院建设用地面积约 22×10^4 m²,建筑面积 7.99×10^4 m²,设计床位1 600张,日平均污水量约1 200 m³,峰值流量约100 m³/h。参考《医院污水处理工程技术规范》(HJ 2029—2013)中的设计水量计算方法,根据火神山应急医院设计床位数 $N=1 000$ 床,日均单位病床污水排放量 $q=500$ L/(床位·d),考虑日变化系数 $K_d=1.6$,该医院设计污水产生量 $Q=qNK_d=800$ m³/d。按照40 m³/h进行设计,同时考虑本系统的安全稳定运行,另外再准备一组同样规模的污水处理装置备用,峰值污水处理能力达1 920 m³/d。污水站进出水水质见表4-8。

表 4-8　污水站设计进水水质

项　目	pH	$\dfrac{COD}{mg \cdot L^{-1}}$	$\dfrac{BOD}{mg \cdot L^{-1}}$	$\dfrac{SS}{mg \cdot L^{-1}}$	$\dfrac{氨氮}{mg \cdot L^{-1}}$	$\dfrac{动植物油}{mg \cdot L^{-1}}$	$\dfrac{粪大肠菌群数}{MPN \cdot L^{-1}}$
进水	6~9	350	150	120	30	50	3.0×10^8
出水	6~9	60	20	20	15	5	100

2. 工艺流程

两座应急医院的污水处理站均主要采用"两级消毒+MBBR生化池"的处理工艺,污水站地基下方均按垃圾填埋场标准铺设防渗膜,采用"两布一膜"的地面防渗处理措施,污水处理池采用一体化撬装式设备以节省工期,经消毒处理后达标的污水由泵送至市政管网排入城市污水处理厂。以火神山为例,医院污水处理工艺的选择除了要考虑医院规模、医院污水产生量、污染负荷、进出水水质、出水标准等因素外,针对新冠病毒的强致病性和高传染

性,还应考虑建设工期、设备材料供应、占地面积、污泥和废气的处理等因素。武汉火神山应急医院属传染病医院,经综合考虑,污水处理工艺采用预消毒＋二级处理＋深度处理＋消毒处理,经消毒处理后的污水由泵送至市政管网排入城市污水处理厂。工艺流程如图 4-8 所示。

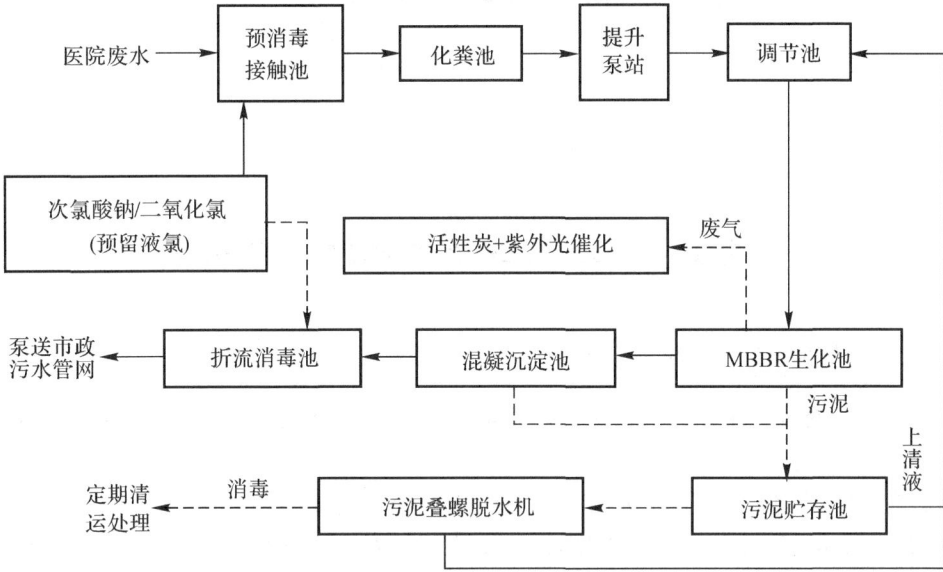

图 4-8　火神山医疗废水处理工艺流程图

3.运行效果

污水处理系统投入运行以来,累计总出水量平均值稳定在 800 m^3/d 以下。出水水质指标的检测数据见表 4-9。

表 4-9　废水处理后出水水质指标

项　　目	pH	$\dfrac{COD}{mg \cdot L^{-1}}$	$\dfrac{BOD}{mg \cdot L^{-1}}$	$\dfrac{SS}{mg \cdot L^{-1}}$	$\dfrac{氨氮}{mg \cdot L^{-1}}$	$\dfrac{动植物油}{mg \cdot L^{-1}}$	$\dfrac{粪大肠菌群数}{MPN \cdot L^{-1}}$
出水	7.9±0.7	40.66±5.23	15±3.23	≤20	1.53±0.38	≤5	≤100

火神山、雷神山医院污水厂目前运行稳定,相关出水指标均达到设计要求,其中 COD 稳定低于 50 mg/L,氨氮稳定在 2 mg/L 以下。主要水质指标总余氯量、氨氮、COD、大肠菌群数均达到《医疗机构水污染物排放标准》(GB 18466—2005)中传染病、结核病医疗机构水污染排放限值。

第5章 石油工业废水

5.1 炼油废水特点及产污分析

5.1.1 炼油厂废水特点

(1)废水中含油。炼油厂废水可以在水面形成一层薄油膜,阻止空气中的氧进入水体。使水体缺氧,引起水中生物的死亡。

(2)废水水温较高。高温废水会造成后续生化处理的微生物代谢速率缓慢,生长缓慢,过高的温度甚至对微生物有致死作用,影响生化系统对废水的处理效果。其次高温废水排入河中造成水中溶解氧量降低,严重威胁水生生物的生存。

(3)废水中污染物的成分复杂。污染物浓度高。除含油、氰化物、COD,还含有多种有机化学产品,如多环芳香化合物、芳香胺类化合物、杂环化合物。大多数能被微生物降解,也有小部分属于难降解物质。

(4)废水中含高危污染物。废水中某些污染物例如酚、氰等的毒性较大污水中含有大量的烃类、硫化物、挥发酚、氰化物、酸碱等各种高危污染物,若不加处理就排出厂外,那会使环境遭到严重污染,危害人类的身体健康、影响水体复氧等。

5.1.2 炼油废水来源

炼油废水是原油加工过程中产生的一类废水。形成此类废水的主要装置有常减压蒸馏装置、催化裂化装置、重整装置和脱蜡装置等。

1.常减压蒸馏装置

在常压和减压下,用蒸馏的方法,把原油分离为多个馏分油和残渣油,如汽油、煤油、柴油等,进行该过程的装置称为常减压蒸馏装置,这是原油加工的第一步。此装置排出含油废水、含硫废水和含碱废水。

2.催化裂化装置

为了提高轻质油收率,需将部分或全部常减压装置蒸馏后留下的重质残油和渣油进行加工,之后作为原料在催化剂的作用下加热,这一任务主要由催化裂化反应过程来完成。此装置排出含油废水、含硫废水和含碱废水。

3.重整装置

重整是指为了生产高辛烷值汽油、芳烃、苯和二甲苯等,在催化剂(含铂物质)的作用下并加热而使油品的分子结构重新调整的过程。该装置排出含油废水和含硫废水。

4.脱蜡装置

脱蜡过程是指以甲二基酮和甲苯为溶剂,分离重馏分油和脱掉沥青的重油中石蜡或地蜡的过程,这个过程主要是为了降低油品的凝固点,以使润滑油的性能得到改善。由于脱蜡采用的溶剂为甲二基酮和甲苯,所以这个过程又称为酮苯脱蜡。这个装置排出的废水是含油废水。

从以上分析可以看出,含油废水是炼油废水中水量最大的一类废水,直接影响到炼油废水处理工艺的选择及处理效果。

5.2　炼油废水处理工艺

随着国家对于石油类产品的需求不断增大,国家的石油化工行业取得很大的发展,然而炼油产生的大量废水排放却造成了严重的环境污染。所谓炼油废水即在对原油进行加工、炼制和水洗过程产生的一类含有各种无机、有机的污染物质的废水。而良好的炼油废水处理工艺可以有效地降低废水的污染程度,进而实现再利用,对于减少水资源的使用和环境污染有着重要的意义。

5.2.1　常见处理工艺

1.气浮工艺

气浮主要用以处理炼油废水中密度与水相近的悬浮物质。其原理为在炼油污水中冲入细微的气泡,气泡中可为空气也可为其他气体,在气泡上浮的过程中,将纤维、油类、活性污泥等物质从废水中带出。气浮法能够有效地提高处理效果同时缩短处理时间。

2.隔油工艺

隔油处理即在重力作用下,不同密度的物质发生分离。废水中大于 1 的物质向下沉淀,而小于 1 的油类、悬浮杂质则上浮,进而将废水中的浮油和粗粒物质分离,实现油品的回收。其隔油处理的初次沉淀池即隔油池,在初次处理后可减轻絮凝剂的使用量,去除底层粗颗粒等沉淀物质。成功的隔油处理,可以大量回收废水中的油类,进而增加炼油企业的效益,也减少了污水处理过程中的储运损失,同时还减少了对环境卫生的影响。

3.生化处理工艺

生化处理主要用以处理炼油污水中复杂有机污染物,其主要是利用微生物的生物化学特性,将炼油废水中的复杂有机物以及有毒物质转化和分解成无毒、结构简单的物质,进而达到去污效果。目前广泛运用的处理方式为 A/O 法、MBR、SBR、BAF 以及生物接触氧化法。

4.深度处理工艺

炼油废水处理的深度处理阶段主要是为了除去污水中的 BOD、SS、COD 以及高浓度的营养物质和部分盐类。其中吸附法、膜分离法和催化氧化法是使用比较广泛的方法;将常用的生化工艺 MBR 与深度处理的方法相结合处理,通常可以使炼油废水经处理后满足回用水的要求,而如果炼油企业回用水水质较好,且循环用水量较大,循环冷却水回用可以较好地提高企业的炼油废水回用水的使用量,进而节约水资源。

5.2.2 AO(Anoxic Oxic)水处理工艺

1.AO 水处理工艺简介

AO 是 Anoxic Oxic 的缩写,AO 工艺法也叫作厌氧好氧工艺法,A(Anaerobic)是厌氧段,用于脱氮除磷;O(Oxic)是好氧段,用于去除水中的有机物。它的优越性是除了使有机污染物得到降解之外,还具有一定的脱氮除磷功能,是将厌氧水解技术用于活性污泥的前处理,所以 AO 法是改进的活性污泥法。

AO 水处理工艺流程如图 5-1 所示。

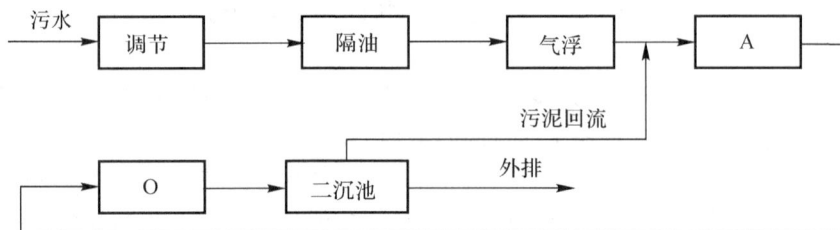

图 5-1 A/O 水处理工艺流程

2.AO 水处理工艺基本原理

AO 工艺将前段缺氧段和后段好氧段串联在一起,A 段 DO 不大于 0.2 mg/L,O 段 DO 为 2~4 mg/L。在缺氧段异养菌将污水中的淀粉、纤维、碳水化合物等悬浮污染物和可溶性有机物水解为有机酸,使大分子有机物分解为小分子有机物,不溶性的有机物转化成可溶性有机物,当这些经缺氧水解的产物进入好氧池进行好氧处理时,可提高污水的可生化性及氧化效率;在缺氧段,异养菌将蛋白质、脂肪等污染物进行氨化(有机链上的 N 或氨基酸中的氨基)游离出氨(NH_3、NH_4^+),在充足供氧条件下,自养菌的硝化作用将 $NH_3-N(NH_4^+)$ 氧化为 NO_3^-,通过回流控制返回至 A 池,在缺氧条件下,异氧菌的反硝化作用将 NO_3^- 还原为分子态氮(N_2)完成 C、N、O 在生态中的循环,实现污水无害化处理。

3.AO 水处理工艺特点

(1)效率高。该工艺对废水中的有机物,氨氮等均有较高的去除效果。当总停留时间大于 54 h,经生物脱氮后的出水再经过混凝沉淀,可将 COD 值降至 100 mg/L 以下,其他指标也达到排放标准,总氮去除率在 70%以上。

(2)流程简单,投资省,操作费用低。该工艺是以废水中的有机物作为反硝化的碳源,故不需要再另加甲醇等昂贵的碳源。尤其,在蒸氨塔设置有脱固定氨的装置后,碳氮比有所提高,在反硝化过程中产生的碱度相应地降低了硝化过程需要的碱耗。

(3)缺氧反硝化过程对污染物具有较高的降解效率。如 COD、BOD_5 和 SCN^- 在缺氧段中去除率在 67%、38%、59%,酚和有机物的去除率分别为 62%和 36%,故反硝化反应是最为经济的节能型降解过程。

(4)容积负荷高。由于硝化阶段采用了强化生化,反硝化阶段又采用了高浓度污泥的膜技术,有效地提高了硝化及反硝化的污泥浓度,与国外同类工艺相比,具有较高的容积负荷。

(5)缺氧/好氧工艺的耐负荷冲击能力强。当进水水质波动较大或污染物浓度较高时,本工艺均能维持正常运行,故操作管理也很简单。通过以上流程的比较,不难看出,生物脱氮工艺本身就是脱氮的同时,也降解酚、氰、COD 等有机物。结合水量、水质特点,我们推荐采用缺氧/好氧(A/O)的生物脱氮(内循环)工艺流程,使污水处理装置不但能达到脱氮的要求,而且其它指标也达到排放标准。

5.2.3 国内外技术现状及发展趋势

通过调研兰州石化、大港石化、哈尔滨石化、抚顺石化、新疆克拉玛依石化等炼化企业,了解炼化污水处理现状及存在问题;同时与国内高校和科研院所的交流及数据库检索,摸清国内外炼化污水处理技术现状和发展趋势。

由于炼化企业产品种类众多,生产工艺不同,用水系统对水质的要求不同,排出的污水水质也相差很大,处理工艺技术各不相同。所以,炼化污水的"零排放"不是依靠某项技术或技术组合来实现,而是一项庞杂的系统工程,是依赖由技术与管理构成的综合体系运行来实现"零排放"目标的。

1.国外炼油化工污水处理技术现状

目前污水"零排放"技术在国际上被广泛应用于火电、重油(油砂)开采、煤化工、石化、冶金等行业,也就是 FGD(烟气脱硫)废水、SAGD(蒸汽辅助重力采油)采出水、反渗透浓液、软化废液、循环水排污、锅炉排污等高矿化度(TDS)污水的处理,产生的高品质纯水回用,固体结晶一般填埋处理。国际上主要有 Aquatech、Enel、General Electric(GE)、HPD、Resources Conservation Company、Royal Dutch Shell 和 Siemens Water Technologies 等 7 家主要的"零排放"技术提供商。

目前杜邦、壳牌、BP 等国外炼化企业采用科学系统的方法和先进的污水理技术,实现水系统优化利用和排污最小化。目前的水系统优化技术主要有水量平衡测试、水夹点、数学规划法、中间水道等,普遍采用的节水减排管理软件主要有 Aspen - Plus、Pro - II 等。国际先进炼厂的机泵冷却水、锅炉汽包排污和伴热蒸汽凝结水一般做到 100% 回收利用。炼厂循环水系统技术发展趋势是"清洁处理",不引入化学药剂前提下实现杀菌、缓释、阻垢、除有机污染物等多种功能,此外循环水排污再生处理技术也逐渐成熟。对于炼化高浓度有机废水这类特种污水,国外炼厂主要是在"隔油-浮选-生化处理-沉淀"工艺的基础上,采用微生物强化技术、膜分离技术和高级氧化技术或工艺,使处理后的水质满足循环水补水、锅炉补水或生活杂用水等水质要求,实现直排污水、生活污水处理回用和高含盐类废水的零排放。在日本已有 27 家企业的百余座工厂实现了"零排放"。

调研发现,国外先进炼化企业吨油耗水约为 0.4 m³,吨油排污约为 0.15 m³,工业水重复利用率达到 99% 以上,部分炼厂甚至已经做到污水液体"零排放"或"趋零排放"。如 BP赛科就是采用"零排放"技术,并通过设计全面的水循环再利用系统来实现工业用水回用率97.94%,日本兵库炼厂的吨油排污仅为 6～7 kg,COSMO 公司千叶炼厂的吨油排污量不足0.25 kg,新加坡的部分炼厂已基本实现污水"零排放"。

国外先进炼化污水技术发展的趋势是强化水系统优化技术、拓展一水多用技术、提高循环水的浓缩倍数技术、废水深度处理与回用技术、生活污水处理回用技术等措施,为末端回用创造良好的水质条件,最后通过"零排放"技术来完成高含盐类污水的处理与零排放。

总之,国外先进的石油公司在炼化污水处理与回用过程中运用了多种净水技术,"零排放"工艺流程较长,污水回用率高,但投资和处理成本也相对较高。

2.国内炼化污水处理技术现状

目前国内炼化企业虽然在节水减排方面做出了巨大努力,并取得了显著成绩,但由于技术水平、管理水平、原油质量等方面的限制,国内与国外先进水平还存在较大差距。

在国内三大石油公司中,2008 年,中石油所属的炼油企业平均加工每吨原油的新水耗量为 0.76 t,排污量为 0.51 t,工业水重复利用率达到 96%,中石化所属的同类企业平均加工每吨原油的新水耗量为 0.6 t,排污量为 0.2 t,工业水重复利用率达到 96%,中海油所属的同类企业平均加工每吨原油的新水耗量为 0.5 t,排污量 0.261 t,工业水重复利用率达到 95%,这与国外吨油耗水 0.4 t、排水 0.15 t,工业水重复利用率达到 99% 相比差距较大。同时我国工业用水效率总体水平偏低,2006 年的万元工业增加值取水量约为日本的 18 倍、美国的 22 倍,差距显著,节水减排工作任重而道远。

由于炼化产品种类众多,生产工艺不同,用水系统对水质的要求不同,排出的污水水质也相差很大,处理工艺技术各不相同。其炼化污水处理系统主要包括水系统集成优化技术、污水单元处理及其组合处理技术、特种废水处理技术和高含盐污水"零排放"技术。

(1)水系统集成优化技术。水系统集成技术已经成功地应用于炼油厂氯碱厂、热电厂中,节水率达 20%～30%。英国 Monsonto 公司 1995 年对 7 套生产装置进行了水夹点分析与应用,取得了节水 30%、减少污水处理量 75%、减少投资费用 1 150 万美元的效果。由于水系统优化技术在过程工业中的迫切需求及巨大的潜在效益,国外的软件公司将这些成果转化为便于利用的应用软件工具,并已达到推广应用阶段。

中国石化从 2004 年就开始逐步实施水系统优化集成技术,2005 年全年炼油企业平均吨油耗水量历史性地达到 1 t 以下;2006 年,加工吨油耗水量进一步下降到 0.8 t 以下。集团公司在"十五"期间通过加强管理、优化运行、开展节水攻关等活动,加大技改投入,取得了十分显著的节水效果。近些年来,除辽阳石化外,各地区公司都完成了不同深度的水平衡测试,其中,吉林石化和兰州石化在 2007 年完成了新一轮水平衡测试。大庆炼化、兰州石化、抚顺石化、大庆石化分公司炼油厂、玉门油田炼油厂、辽河石化、锦西石化、乌鲁木齐石化等分别与外单位合作开展了水夹点技术应用。

2.循环冷却水高效利用集成技术

在各类循环水系统中,国外先进国家的浓缩倍数已达到 8.0 以上。中国石油炼化企业的浓缩倍数基本在 4.0 左右,差距较大。随着循环水浓缩倍数的提高和对循环水水质要求的不同,需要开展以下相关技术的研究开发:

(1)最大限度地降低循环水浊度,除去水中的特殊离子(除去高硬度水质中的 Ca^{2+}、Mg^{2+} 离子,除去腐蚀性水质中的 Cl^-、SO_4^{2-} 离子等),提高循环水水质,提高循环水的浓缩倍数。

(2)以改善循环水质、净化循环冷却系统排污水,及时去除水中石油类、有机污染物、降低硬度和无机盐为目标,减少循环排污量,确保循环水高效循环利用技术。

(3)以减少循环水系统新鲜水使用量和废水排放量为目标的新型高效用水替代技术和节水工艺。

另外,在石化企业的工业循环水处理中,由于装置老化、检修质量、密封技术、操作不当等原因,往往会引起介质泄漏,以至于循环水中含有大量的有机物质,从而导致水质恶化、管道腐蚀、菌藻滋生等一系列问题,对系统设备危害很大,需要开发循环水快速查漏、检漏技术。

3. 污水单元处理及其组合处理技术

炼化污水中污染物成分复杂、种类繁多,通常针对不同的处理对象选择不同的处理工艺,国内炼化企业污水处理回用采用的单元处理技术主要有:

(1)气浮技术(包括混凝气浮、溶气气浮):用于含油污水处理。

(2)过滤技术(包括多介质过滤、纤维过滤):用于处理高浊度、高 SS 污水。

(3)电絮凝、电凝聚等技术:用于高硬度、高碱度、高盐度污水处理。

(4)MBR、BAF 及活性炭等技术:用于污水深度处理。

(5)高级氧化及活性炭吸附等技术:用于高色度污水处理。

另外,根据污水可生化性不同,还可采用接触氧化、生物流化床、高级氧化等技术。单一的单元处理工艺往往无法满足污水处理后回用的要求。通常炼化污水的回用工艺需要将不同的单元处理工艺组合而成。目前国内炼化企业主要采用的污水处理与回用技术以生化处理技术、膜分离技术及其组合技术为主,污水经处理后主要用于循环水补水,少数用于锅炉给水及市政杂用水。此外,部分企业将简单处理后的外排污水直接用于绿化或锅炉冲灰等。存在的突出问题是现有污水处理与回用工艺流程长、单元工艺处理效率偏低、工艺耐冲击能力较差,污水处理与回用全系统有待于优化。

4. 炼化特种废水处理技术

针对燃料-化工型炼化企存在着污染物负荷极高、具有生物毒性、水质水量波动、水质差异性大、对生化处理装置影响较大,影响企业污水稳定达标排放的共性,其达标排放是炼厂的环境管理难点和普遍面对的一项难题,已成为技术瓶颈。目前国内炼化企业主要采取分类分级处理思路,将目前炼化企业存在的特种废水分为低浓度难降解废水和高浓度难降解废水。其中高浓度有机废水包括碱渣废液、甲乙酮废水、丙烯酸(酯)废水、高氨氮废水等,低浓度难降解有机废水有腈纶废水、橡胶废水等。

目前高浓度有机废水的处理技术主要有湿式氧化法、催化湿式氧化法及缓和湿式氧化法,存在工艺条件的控制和设备材质要求高的缺点。高浓度氨氮废水的处理技术主要有氨吹脱法(汽提法)、气态膜工艺等技术,氨吹脱法消耗蒸汽,而气态膜工艺存在流程长、前处理复杂、容易发生设备堵塞等缺点。

低浓度难降解有机废水如腈纶废水腈纶废水处理即是一个行业性的难题,目前还没有非常成熟的技术,单一的处理方法处理效果很不理想,集成创新将是大势所趋。另外,对其他种类高浓度有机废水处理的趋势是采用生物活性炭、湿式氧化等生物强化技术或者预处理技术以提高其生化性能。

总之,炼化特种废水处理技术存在的问题是处理技术还不够成熟、处理成本高、分级分类处理与利用水平偏低、模式单一,达标处理成本高,并且现有污水处理与回用工艺存在流程长、单元工艺处理及深度处理工艺效率偏低而导致一些有机污染物不能得到有效去除,易对后续污水处理与回用系统造成严重的冲击。

5.高含盐污水"零排放"技术

1994年日本联合国大学正式提出了"零排放"的概念,并于1999年成立了"联合国大学/零排放论坛",使得"零排放"成为各国企业实现清洁生产和建设循环经济的最高目标。实现污水的零排放是一项不断优化水网系统、进一步优化创新水处理技术,提高废水循环回收效率的系统工程,是持续深入开展节能减排的必然结果。2007年该论坛与我国发改委资源节约与环保司合作,在北京举办"发展循环经济,促进废物零排放"论坛,把我国的零排放技术发展推向一个新的高潮。

2008年初,中国化工集团正式对外宣布:在全公司内用3~5年推行"零排放"管理。凡今后新上项目,按照"零排放"标准严格审批;凡今后技改项目,达不到"零排放"的要限制审批。投入10亿元专项资金重点支持14个"零排放"试点企业技改项目,对完不成指标的企业"一把手"实行问责制和一票否决制。由此可见,实现污水"零排放"的重要性。

我国的炼化企业中,中国石化镇海炼化分公司外排污水回用能力达到了600 t/h,在同行业中首次高标准实现了外排工业污水的回收再利用,基本实现炼油污水"零排放",成为我国炼油工业节水减排的典范。其它炼化企业也相继实现了部分装置的污水零排放,如抚顺石化化工塑料厂,2008年污水回用率达到100%,污水排放量由2000年的37万 t降至零,率先实现了污水零排放。

神华鄂尔多斯煤制油项目、内蒙古亿利化学PVC项目采用GE公司零排放技术,其中亿利化学PVC仅采购了膜回用系统。河北裕华电厂采用的是美国阿奎特公司技术,未上结晶蒸发系统,正在试车阶段。

高含盐水"零排放"技术上多采用浓缩、蒸发和结晶工艺等技术,其中浓缩和蒸发可以采用膜法和热法。目前持有"零排放"技术的公司主要是美国GE、AquaTech、HPD、Doosan Hydro Technology、Combined Solar Technologies和德国SIEMENS、GEA MESSO等7家公司。基于我国的节能减排政策要求和集团公司炼化业务的需要,进行炼化污水零排放势在必行。而高盐水浓缩/蒸发-结晶已成为我国污水零排放的技术瓶颈。

国外对含油污泥治理技术主要有:萃取法、焚烧法、生物处理、化学热洗、含油污泥固化、热解(焦化)、蒸汽喷射、污泥燃料化等。其中高温裂解技术处理后的热解残渣含油率仅为0.01%(100 mg/kg),可以直接填埋或抛洒。其技术已经在壳牌、BP等大石油公司成功应用。

中国石油在含油污泥处理方面积极开展工作,取得了一系列的科技成果,其中热解技术、油泥燃料化技术、蒸汽喷射技术、油泥水洗技术、焚烧技术等在中石油都有工业化装置。为便于推广应用,开展油泥热解热能利用研究及配套技术集成与应用示范是既需要又迫切。

"零排放"技术今后的发展趋势是从用水优化综合统筹角度出发,遵循"源头减量,过程优化,末端回用"的原则,积极开发高效低耗的"零排放"技术。其中末端液体蒸发结晶技术将是今后研究与应用的重点。

5.3　炼油化工工业废水处理工程案例

含油污水是石油化工企业产生比例较高的污水,从近年来发生的漏油事件中来看,含油污水具有较强的污染性和危害性,其容易在水面形成一层隔绝空气的油膜,致使水体缺氧,造成水体中鱼虾等生物的大量死亡,同时水中生物吞食了含油污水后使得体内基因产生变异,并会遗传给下一代。故对于含油污水的处理必须十分重视,通常来说主要是综合运用化学法、物理化学法和生物法三种,利用不同处理方法的不同特点,分别对含油污水中不同的成分进行有效的处理,从而达到对含油污水整体处理的效果。

5.3.1　延长石油集团某炼油厂

1.设计处理量

第一污水厂,2002 年经扩建改造后污水处理能力达 200 m^3/h;第二污水厂处理能力为 300 m^3/h。

2.设计进水水质

设计进水水质见表 5−1。

表 5−1　该炼油厂设计进水水质

污染物类别	COD$_{cr}$	BOD$_5$	氨氮	硫化物	石油类	挥发酚	氰化物	pH
浓度/(mg · L^{-1})	1 500	800	80	50	800~1 500	95	1.0	6~9

3.设计出水水质

一污和二污出水,一部分直接排放,执行黄河流域(陕西段)污水综合排放标准一级标准(见表 5−2);另一部分经过深度处理后,回用,执行城镇污水处理厂污染物排放一级 A 标准(见表 5−3)。

4.工艺流程

详细工艺流程如图 5−1、图 5−2 所示。

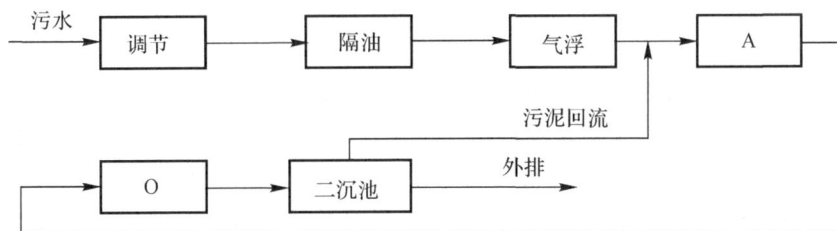

图 5−1　炼油厂一污工艺流程图

炼化来水 → 格栅池 —提升泵→ 平流隔油池 → 调节均质罐 → 涡凹气浮装置

硝态液回流

斜管沉淀池 ← 好氧池 ← 好氧池 ← 厌氧池 ← 二级气浮池

污泥回流

剩余污泥 → 污泥浓缩间

水质不达标 → 曝气生物滤池BAF → 超滤 → 中水回用

外排

水质达标 → 外排

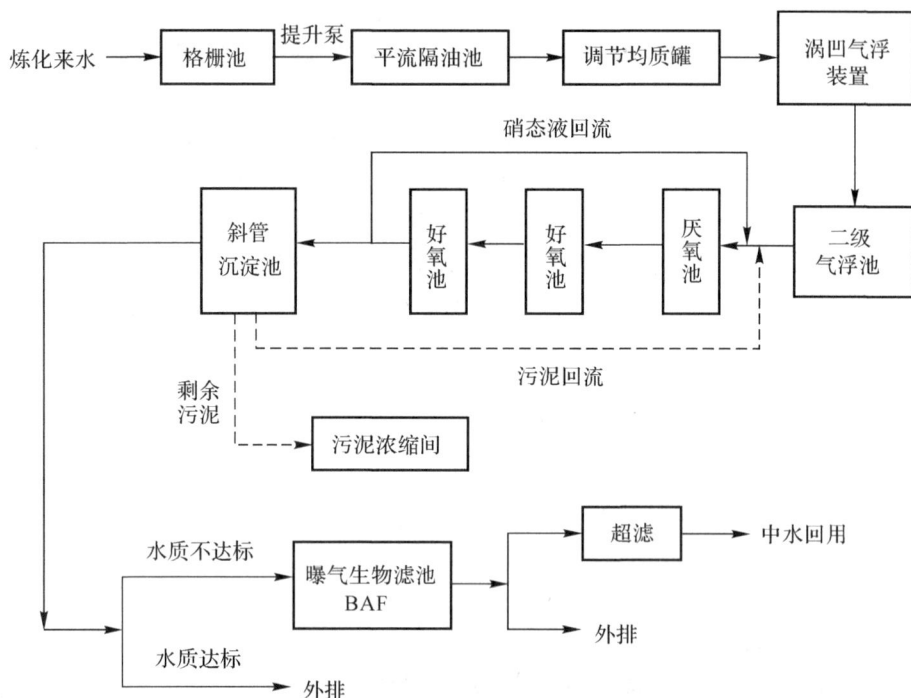

图 5-2 炼油厂二污工艺流程图

表 5-2 黄河流域(陕西段)污水综合排放一级标准

污染物类别	COD	BOD$_5$	氨氮	总氮	SS	总磷
排放浓度/(mg·L^{-1})	50	20	12	20	20	1.0

表 5-3 城镇污水处理厂污染物排放一级 A 标准

污染物类别	COD	BOD$_5$	氨氮	总氮	SS	总磷
排放浓度/(mg·L^{-1})	50	10	5(8)	15	10	1.0

两个污水处理站均采用三段式处理工艺流程:预处理-生化处理-深度处理。其中,炼化废水的预处理阶段,采用细格栅去除废水中的悬浮物质,利用提升泵将过栅废水引入调节罐,在调节罐中加入混凝类药剂,根据混凝原理去除悬浮杂质,杂质通过重力沉降作用沉入罐底,定期对调节罐进行清理。炼化废水中的油类物质,采用隔油和气浮装置回收利用,同时可降低废水中其他悬浮物质;生化处理工艺,一污采用 A/O 工艺(通过一个厌氧池和三个好氧池),二污也采用 A/O 工艺(通过一个厌氧池和两个好氧池),通过微生物的降解作用,去除废水中的 COD 和 NH_3-N,使其达到排放标准[参照黄河流域(陕西段)污水综合排放标准中的一级标准,COD≤50 mg/L,NH_3-N≤12 mg/L],其中一部分生化出水直接排放;另一部分生化出水经过曝气生物滤池(BAF)和超滤装置进行深度处理,用于回用水。

5.3.2　大连某石化公司中水回用装置概述

该公司中水回用装置是以大连市城市污水为原水,生产工业用一级除盐水和循环水补水的装置,即解决了企业发展所面临的水资源瓶颈,为大连市节约了宝贵的淡水资源,又深度处理污水减少污染物排放。

中水回用装置分两期建设,第一期产水规模为 10 000 m^3/d,第二期产水规模将扩建为 30 000 m^3/d。第一期工程于 2004 年 12 月动工建设,2005 年 11 月系统开车调试,2006 年 2 月产水试送。该装置经淹没式固定生物床、气浮滤池、超滤(UF)、两级反渗透(RO)、真空除气,生产一级除盐水供电厂及炼化装置作锅炉水补水(5 000 m^3/d),生产循环水补水(5 000 m^3/d)供循环水厂使用。

1.装置工艺流程

该污水处理装置主要由淹没式固定生物床反应池、快混、絮凝一体化气浮滤池、超滤膜＋二级反渗透和真空脱气塔四部分组成,其工艺流程图如图 5-3 所示。

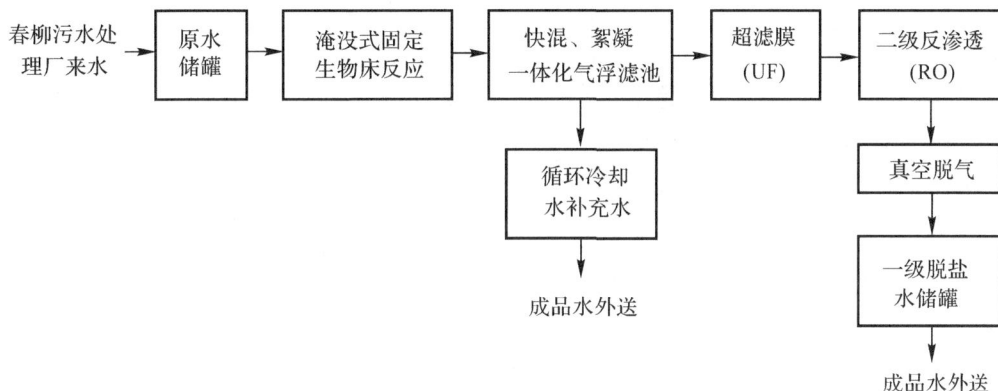

图 5-3　大连某石化公司中水处理回用装置工艺流程图

2.装置及主要构筑物

主体单元设备及构筑物实例图如图 5-4 所示。

(a)　　　　　　　　　　　　　　　(b)

图 5-4　主要构筑物图片

(a)污水处理厂生化处理装置外景图;　(b)淹没式固定生物床反应池

(c)

(d)

(e)

(f)

续图 5-4 主要构筑物图片

(c)快混-絮凝一体化气浮滤池；　(d)淹没式固定生物床反应池中悬挂的生物载体；
(e)超滤单元；　(f)反渗透单元

5.3.3　大庆某炼化公司污水回用装置概述

该公司污水回用装置是以含油和含氰污水二级处理后的合格水以及生活污水和雨水的混合水为原料,经深度处理后供给循环水系统和脱盐水系统作为补充水的装置。

该污水回用工程项目装置自 2004 年 4 月 28 日开工建设,同年 11 月 30 日交付使用。2005 年 8 月开始扩改建设,同年 11 月 10 日正式投产。装置实现设计日处理炼化污水 1.87 万吨,年处理污水 560 万 t(按运行 300 d 计)。可产出循环水补水量 228 万 t/a(280 t/h),锅炉用水补水量 96 万 t/a(120 t/h),产水率为 58%。

1.装置工艺流程

工艺流程图如图 5-5 所示。

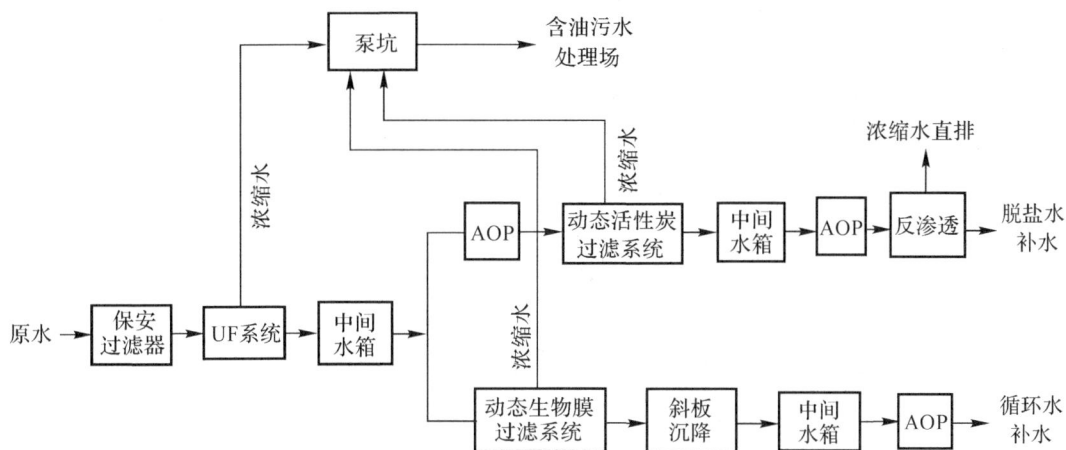

图 5-5 污水深度处理回用工艺流程示意图

2. 装置及主要构筑物

主体单元设备及构筑物外景图如图 5-6 所示。

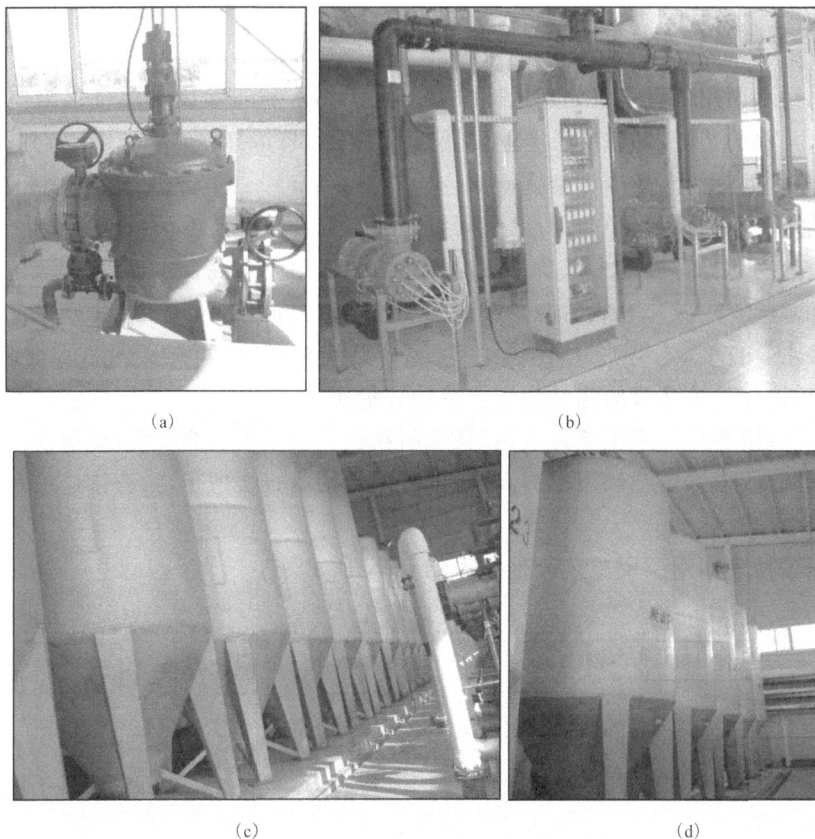

(a)

(b)

(c)

(d)

图 5-6 主体单元设备及构筑物外景图

(a)蝶式过滤器; (b)高级氧化(AOP)系统;

(c)连续动态絮凝砂滤系统; (d)连续动态活性炭过滤系统;

(e)   (f)

续图 5-6   主体单元设备及构筑物外景图

(e)超滤(UF)设备；   (f)反渗透(RO)设备

5.3.4   锦州某石化公司污水回用装置概述

该公司污水回用装置是以处理达标排放的化工污水和清净废水混合水为原料,生产工业用循环水补水的装置,即解决了企业发展所面临的水资源瓶颈,为锦州市节约了宝贵的淡水资源,又深度处理污水减少污染物排放。

污水回用工程规模为 420 万 t/a,采用组合污水处理专利技术。原水来自化工污水处理厂经过二级处理达标排放废水以及北二沟和北八沟清净废水混合水,经过初级生物过滤、气浮、精密过滤、吸附除氨和臭氧活性炭过滤等工艺技术,出水达到初级再生水水质指标,用于循环水场补水。自 2003 年 12 月建成投产,至今已连续稳定运行近三年,目前装置运行平稳,出水水质达标。该装置的建设为企业节约大量新水。其中免再生多腔活性炭、天然改性填料除氨、臭氧活性炭等系统单元组合,具有新颖性。鉴定委员会认为,此项技术使用后,吨油耗水指标降低了,水资源利用率提高了,生产用水的紧张缓解了,具有推广应用价值。

1. 装置工艺流程

污水深度处理回用主要工艺流程图如图 5-7 所示。

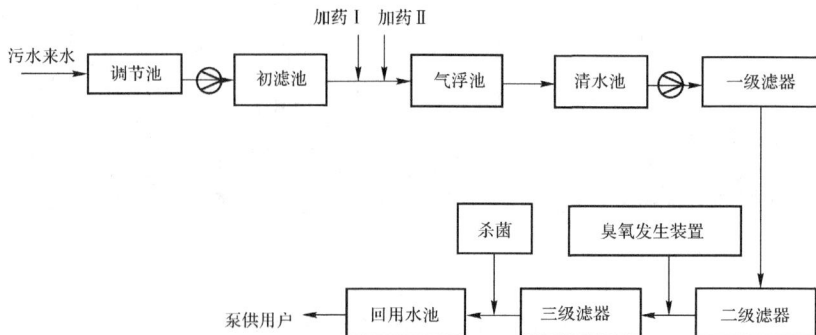

图 5-7   污水深度处理回用工艺流程示意图

2.装置及主要构筑物

主体单元设备及构筑物外景图如图 5-8 所示。

(a)

(b)

(c)

(d)

图 5-8　主体单元设备及构筑物外景图

(a)初级生物滤池；　(b)精密滤器；　(c)除氨器和活性炭滤器；　(d)控制室

5.3.5　华北某石化公司污水回用装置概述

该公司污水回用装置于 2002 年 9 月建成投产,投产后由于设计上很多地方存在缺陷,运行一直不很平稳,连续开工次数较少。从 2004 开始,车间对污水回用存在的缺陷逐步调研并摸索整改,尤其是自 2005 年后,污水回用装置的改造较多,从 2005 年下半年开始污水回用装置开工率接近 100%,污水回用率达 50%。装置回用水量为 1 950 t/d(81.3 t/h),其中 97% 做循环水补水(79 t/h),3% 做杂用水补水(2.3 t/d)。

1.回用装置工艺流程

污水回用工艺流程图如图 5-9 所示。

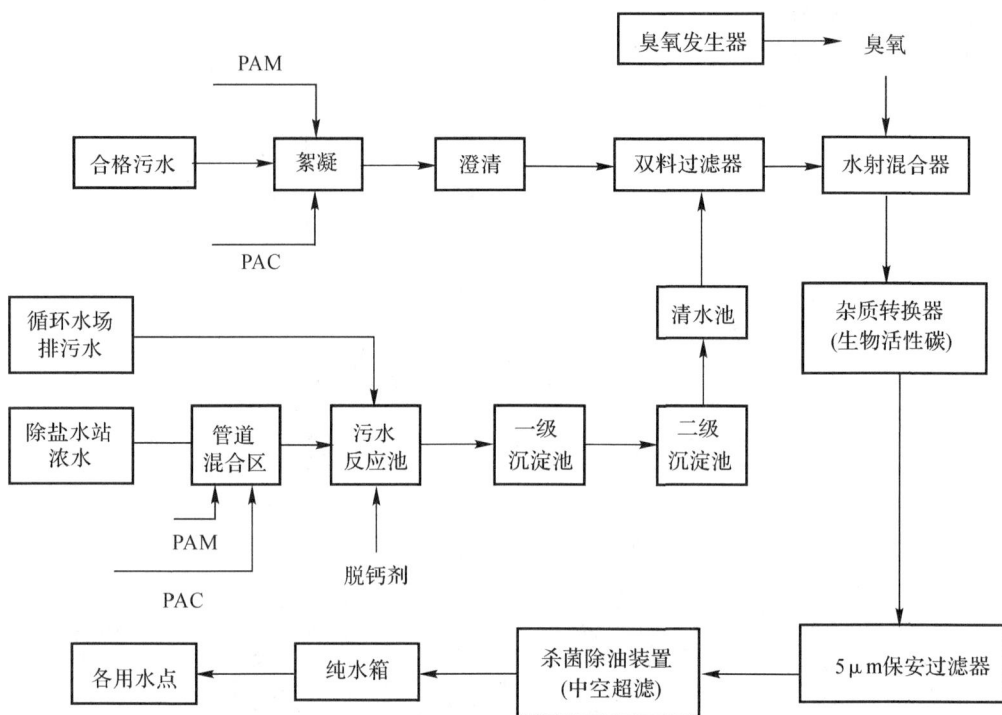

图 5-9　污水回用工艺流程图

本装置设计了两种流程,合格污水处理流程和除盐水站浓水(包括循环水排污水)处理流程。污水净化处理的工艺主要为:絮凝、澄清、过滤、臭氧处理(包括活性炭过滤)、微滤、中空超滤。污水经过以上流程后,最终进入循环水系统。其工艺流程如图 5-9 所示。

2.装置及主要构筑物

主体单元设备及构筑物外景图如图 5-10 所示。

（a）　　　　　　　　　　　　（b）

图 5-10　主体单元设备及构筑物外景图

（a）污水处理厂的隔油池；　（b）污水处理厂的曝气生化池

续图 5-10　主体单元设备及构筑物外景图

(c)回用装置的双滤料过滤器(现为砂滤)；　(d)5 μm 保安过滤器；

(e)臭氧发生器；　(f)中空超滤(因断丝停用)

5.3.6　大港某石化公司装置概述

该公司采用适当的工艺将厂区经过常规二级处理的炼化污水(约 300 万 m³/a)深度处理后回用到工业生产、办公杂用、绿化等领域,以降耗增效,为公司的长远发展提供可靠的保障。在调研国内外炼化行业污水处理和回用现状的基础上,进行污水回用再生工艺试验。

该污水回用工程的工艺流程为:外排水经过调节池短暂停留后,进入悬浮载体生物处理池,溶解性污染物主要在这里被去除;生化出水经过絮凝气浮和石英砂过滤后分成三路:一部分进入全厂的绿化用水管网,直接用作绿化;一部分进入反冲洗进水池,用于过滤池的反冲洗;绝大部分水进入后续处理。深度处理的出水消毒后进入新鲜水储罐,最后进入全厂的新鲜水管网。

该污水回用工程于 2002 年 9 月正式建成投产运行,出水完全符合国家生活杂用水标准,现已应用于工业生产、生活杂用、绿化等,效果良好。回用装置的建成使大港石化公司的外购新鲜水量降低了 5 000 m³/d,厂区基本实现污水零排放目标,每年可节约成本 350 万元左右,5 年可收回工程投资。该项目的实施,对于缓解天津地区的缺水矛盾,减少向渤海的污染物排放,促进环渤海地区的"碧海计划"具有重大的现实意义。

1.装置工艺流程

经过"老三套"处理达到二级排放标准的污水经调节池稳定,首先进入悬浮载体生物处理池,然后进入絮凝气浮池,经提升泵打入石英砂过滤池,再经充氧后进行生物活性炭过滤,用氯气消毒后进入全厂新鲜水管网。污水再生回用工程的工艺流程图如5-11所示。

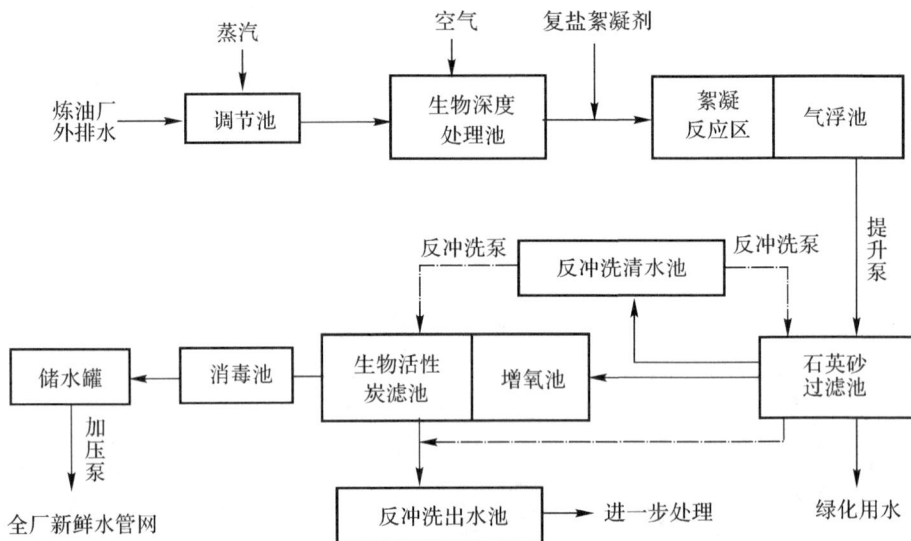

图5-11 污水再生回用工程的工艺流程示意图

2.装置及主要构筑物

主体单元设备及构筑物外景图如图5-12所示。

(a)　　　　　　　　　　　(b)

图5-12 主体单元设备及构筑物外景图

(a)悬浮载体接触氧化生物反应池; (b)生物反应池中的球型悬浮填料

(c)　　　　　　　　　　　　　　　　　　(d)

续图 5-12　主体单元设备及构筑物外景图

(c)絮凝气浮池；(d)石英砂滤池

5.3.7　克拉玛依某石化公司装置概述

该公司"4 000 t/d 污水深度处理回用工程项目"总投资 1 140 万元,设计处理能力为 170 m³/h,其中优质绿化水 50 m³/h,循环水补充水 120 m³/h。

1. 装置工艺流程

污水深度处理回用工艺流程图如图 5-13 所示。

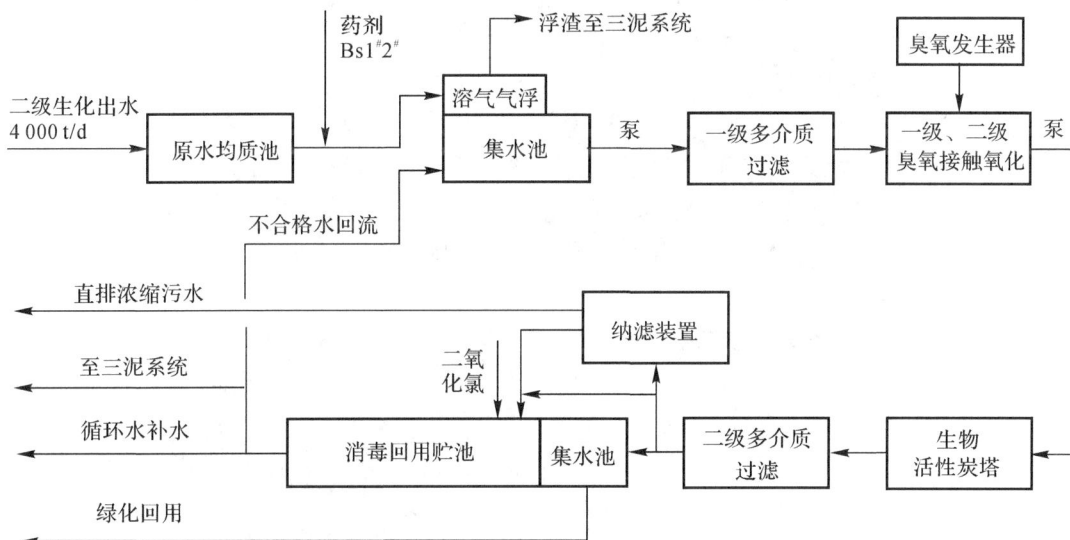

图 5-13　污水深度处理回用工艺流程示意图

2. 装置及主要构筑物

主体单元设备及构筑物外景图如图 5-14 所示。

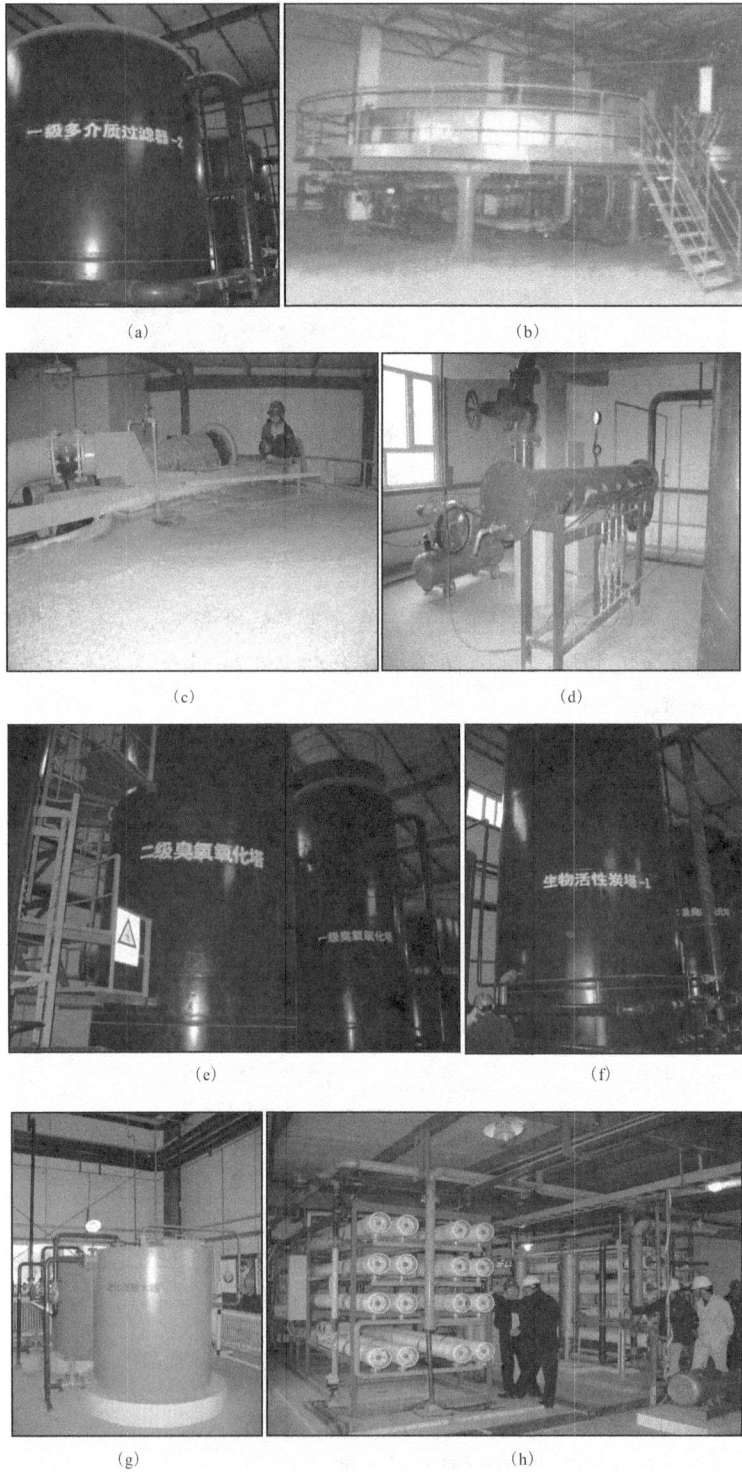

图 5-14　主体单元设备及构筑物图

(a)多介质过滤；　(b)浅池气浮池(侧视图)；　(c)浅池气浮池(俯视图)；　(d)空气溶解管；

(e)臭氧氧化塔；　(f)生物活性炭；　(g)活化液放大罐；　(h)纳滤装置

第6章 电镀废水

随着我国制造业的高速发展,电镀行业逐渐成为重要的加工产业之一,其产品被广泛用于电子电器、冶金装饰、涂装家具等行业。目前中国的电镀厂大约有 1 万家,而每年排出的近 40 亿 t 污水中约有 50% 仍未超过国家的有关污水标准。但电镀行业属于重污染高耗能产业,在生产过程中会排放大量的重金属废水和有机废水,对我国的生态环境造成不利影响。电镀废水具有污染物成分复杂、水质水量波动大的特点,按所含主要污染物的化学性质可分为重金属废水和有机废水两类,根据其生产工艺的不同其废水中有机质和重金属的含量存在显著差异,故电镀企业的废水处理过程需结合其污染物特征进行设计。

6.1 电镀废水来源及特点

6.1.1 电镀废水来源

电镀废水来源于以下几方面:

(1)镀件清洗水。电镀后零件要经过多道清水漂洗,产生大量的清洗水。

(2)碱性除油液。镀件前处理工序的油污去除都采用浓度不同的碱性物质。除油液配成后,由于零件不断带出溶液,一般工厂都每日分析含量,按需要补充化工料。用得时间长了,溶液老化,各厂都根据本厂具体情况,定期或不定期地采取"沉降法"淘汰一部分老化溶液。

(3)除锈、活化槽废液。除锈、活化的酸液使用时间长了,要加入新酸,由于铁等金属离子和酸不溶物的逐步积累,破坏溶液性能和产品质量,所以到一定时间,工厂都采取"沉降法"淘汰一部分溶液。

(4)老化报废的电镀液、镀槽排出的残液。电镀液都有一定的寿命,化学镀废液、化学镀镍、化学镀铜的溶液使用周期很短,当杂质积累过多时,难以处理或处理成本过高时,就不得不将其更换。

(5)塑料电镀的粗化液。塑料电镀的前道工序大部分都采用高浓度铬酸作粗化液,使用到一定时间就要淘汰更换。

(6)溶液过滤。很多镀液都采用循环过滤,过滤后,对水槽、滤纸、滤芯、滤筒进行清洗时,其滤渣和清洗水,以及镀槽底部浓的、杂质多的液体、泥渣,用水稀释后全部排入废水中。

(7)退镀液。电镀层质量不合格,要将不良镀层退除。退镀液的种类繁多,浓度也高,使用周期短。

(8)清洗镀槽、容器洗极板等的洗涤废水。

(9)钝化以及除锈、活化等物质。

(10)化验用水等。

(11)地坪冲洗水。

生产车间常因设备状况不好、操作不当等原因造成跑、冒、滴、漏。镀件清洗水占车间废水排放量的 80% 以上,废水中大部分污染物质,例如镍、铜等重金属、氰化物,是由镀液表面的附着液在清洗时带入的。不同镀件采用不同的电镀工艺和清洗方式,废水的排放量及废水中的污染物浓度差异很大。其含量的大小与车间管理水平和装备有关。

6.1.2 电镀废水特点

1. 镀件清洗水

(1)除油工序清洗水。这类废水中含有 $NaOH$、Na_2CO_3、Na_3PO_4、Na_2SiO_3 等。

(2)除锈、活化工序清洗水。这类废水中含有 H_2SO_4、HCl 表面活性剂等。

(3)氰化电镀清洗水。这类废水中含有 $NaCN$、$NaOH$、Na_2CO_3,其中还必定含有一种或几种重金属离子,例如 Zn^{2+}、Cu^{2+} 等。由于氰化物是剧毒物质,而且在酸性条件下剧毒气体 HCN 会逸出液面,进入操作环境。所以,含氰废水一定要分流排放、分类收集、分别处理。

(4)含铬清洗水。这类废水来自多个镀种、工序,例如镀铬、镀锌钝化、塑料电镀粗化等,含有 Cr^{6+}、Cr^{3+}、Zn^{2+}、H_2SO_4、HNO_3 等。

(5)含镍清洗水。这类清洗水中有经济价值较高的 Ni^{2+},还有 H_3BO_3、表面活性剂、光亮剂等。

2. 碱性除油废液

碱性除油废液的排放频率不算高,但它的浓度很高。一般钢铁件除油废液中含 $NaOH$(浓度为 20~60 g/L)、Na_2CO_3(浓度为 20~40 g/L),另外还有含量很高的 Na_3PO_4、Na_2SiO_3 等。这类高浓度的溶液淘汰时,不能一次性放入废水贮池中,只能放在专用贮槽中,根据每批废水处理需酸量按量加入。

3. 酸性活化废液

酸性活化废液排入频率是比较高的,H_2SO_4 浓度为 100~200 g/L。这类溶液淘汰时,也不能一次性放入废水贮池中,也要用专用贮槽,根据每批废水处理需酸量按量加入。

4. 塑料电镀粗化废液

塑料电镀粗化废液中含 CrO_3(浓度为 250~350 g/L)、H_2SO_4(浓度为 600 g/L)。一般工厂使用 7~8 d 后就要淘汰。这类废液应该送到综合利用厂进行综合利用。如果在本厂内处理,既浪费大量化工原料,又增加了二次污染。

5. 化学镀镍槽报废液

化学镀镍槽报废液频率很高,而镍又是价格较高的金属,应该送到综合利用厂进行综合利用。如果在本厂处理不当,使镍离子成为很难利用的混合废渣,是一种很大的资源浪费。

6.1.3　电镀废水分类

电镀废水含有的污染物如下：①重金属，常见的有铬、铜、镍、锌等；②酸碱类物质，例如硫酸、盐酸、硝酸，以及氢氧化钠、碳酸钠、氰化物；③各种光亮剂、洗涤剂、表面活性剂、颜料等有机物；④油类；⑤金属氧化物。按处理工艺不同，将电镀废水分为三大类，即含氰废水、综合废水、含油废水。

1. 含氰废水

含氰废水一般都采用单独收集、单独处理。因为含氰废水第一步都需要氧化破氰处理，如果与其他废水混合，则会有以下弊病：

(1) 冲淡氧化剂，增加氧化剂的使用量。

(2) 如果同酸性物质混合排放，会产生氰化氢气体。氰化氢是剧毒物质，如果任其散入空气中，会严重损害身体健康。

(3) 如果同其他重金属废水一起排放，会形成络合物使废水处理复杂化。有的工厂将含氰废水和碱除油废水一起排放，这是可行的，因为氰化物第一步处理是在碱性情况下进行的。

2. 综合废水

除含氰废水、含油废水外，其他废水都排入综合废水池。因此综合废水成分复杂，有六价铬、镍、铜、锌、各种添加剂、酸碱等。含六价铬废水及含镍废水介绍如下：

(1) 含六价铬废水。将含铬废水和酸洗、活化漂洗水一起混合较好。因为含铬废水处理的第一步，是在较低 pH 的情况下进行的，和酸洗水一起排放可以节约调节 pH 所需的硫酸的费用。

如果电镀车间有条件，对含六价铬废水单独收集处理也是可以的。因为含铬废水第一步要经过还原处理，单独处理可以不浪费处理剂；还原处理后的沉淀物的 pH 容易控制。

(2) 含镍废水。水量较少、条件较差的工厂，含镍废水大多采取混合排放。这样做往往使排放废水质量不稳定，产生的混合废渣还必须支付处置费用给综合利用工厂，既浪费了资源，又增加了经济支出。

如果含镍废水量大，在有条件的情况下应当单独收集。其优点如下：

1) 化学法处理含镍废水，在实际操作中 pH 控制在 10.5～11 之间效果较好。含镍废水单独排放、单独处理其沉淀，pH 不受其他重金属沉淀所需 pH 的影响，沉淀比较充分，处理后的水质容易达到排放标准。

2) 化学法生成的沉渣相对比较单一，有利于下一步综合利用；沉渣出售较受欢迎，价格也较高。

3) 条件较好的单位可用离子交换法处理含镍废水，镍盐可以回收作为本厂原料；经济条件更好些的工厂，可用反渗透法处理含镍废水，既可回收镍盐，又可回收纯水。

3. 含油废水

矿物油浮于液面会降低各种药剂的药效，影响废水的处理质量，并且污染处理厂的各种设置，所以要单独分离处理。

6.2 电镀废水处理技术

6.2.1 处理技术分类

电镀废水中的污染物含有氰化物、多种重金属及多种有机物,一种处理方式不能把所有的污染物去除干净,需要通过几个处理方式组成的处理系统,才能达到排放标准。处理方式有许多种,下面介绍常见分类方式。

1.按处理方式进行分类

(1)物理法。主要通过重力、离心、筛滤的物理作用,分离呈悬浮状态的污染物质。重力法通过沉砂池、沉淀池、气浮池,使污染物沉淀或上浮来实现;离心法通过离心机来实现固液分离;筛滤法通过格栅、砂滤池、介质过滤器、活性炭过滤器、保安过滤器等来实现。

(2)化学法。主要有混凝法、中和法、氧化还原法,现代又推出螯合法。主要通过以投化学药剂产生混凝、中和、氧化还原、离子交换化学反应的方式,去除呈溶解状、胶体状的污染物。

1)混凝法。废水中常有不易沉淀的细小的悬浊物,它们往往带有相同的电荷,因此相互排斥而不能凝聚。若加入某种电解质(即混凝剂)后,由于混凝剂在水中能产生带相反电荷的离子,使水中原来的胶状悬浊失去稳定性而沉淀下来,达到净化水的效果。

2)中和法。调节 pH,使废水中重金属离子生成难溶的氢氧化物沉淀而除去。

3)氧化还原法。溶解在废水中的污染物质,有的能与某些氧化剂或还原剂发生氧化还原反应,使有害物质转化为无害物质,以达到处理废水的效果。

(3)物理化学法。这是既有物理作用,又有化学作用的处理方法,即电渗析、膜分离技术,用电渗析、膜分离的方法去除污染物。

(4)生物法。主要通过微生物的代谢作用,去除废水中呈溶液态、胶体态及细微悬浮态的有机物,具体原理有厌氧、缺氧、好氧。具体工艺有生物膜法、SBR 法(间歇曝气活性污泥工艺或序批式活性污泥工艺)、ABR 法(第三代厌氧反应器)、AB 法(吸附-生物降解工艺)、A/O 与 A2/O 法(厌氧-好氧工艺与厌氧-缺氧-好氧工艺)等。

2.按处理程度进行分类

按处理程度可分为一级处理、二级处理和三级处理。

(1)一级处理。去除漂浮物、悬浮物、重金属,调节 pH,常用物理法与化学法结合。污水经一级处理后,一般达不到排放标准,COD 较高,还需进行二级处理。

(2)二级处理。降低 COD,即去除呈溶液态、胶体态及细微悬浮态的有机物,常用厌氧法、好氧法(生活膜法及活性污泥法),水质达到排放标准。随着经济的发展,企业不断增多,企业生产发展,导致污水量不断增加,水资源日益紧张。因此,在二级处理的基础上,还要进行三级处理,以便达标水能再回到生产线上重复使用。

(3)三级处理。完善的三级处理内容是脱盐、脱氮除磷、去除病毒、细菌,回用到生产线上,常用 MBR+RO 或 UF+RO 方式实现。三级处理耗资较大,管理也较复杂。

6.2.2　处理方法概述

传统电镀废水处理方法有碱性氯化法、离子交换法、电解法、化学法、吸附法、旋流法。

1. 碱性氯化法

投入化学氧化剂可以处理废水中的 CN^-、S^{3-}、Fe^{2+}、Mn^{2+} 等离子。碱性氯化法分两步:第一步称为不完全氧化;第二步称为完全氧化。通常含氯药剂有液氯、漂白粉、次氯酸钠、二氧化氯等。各药剂的氧化能力用有效氯含量表示。氧化价大于 -1 价的那部分氯具有氧化能力,称为有效氯。作为比较基准,取液氯的有效氯含量为 100%。

含氰废水严禁与酸性废水混合。含氰废水在破氰时,不宜用空气搅拌,以免有毒气体散发,而用搅拌器搅拌。含氰废水处理时,应避免混入铁离子和镍离子。铁盐会使水中氰化物变成亚铁氰化物而不易分解;与镍离子反应会生成络合物,致使投药量增加 3.5~7.5 倍,而且需要较长时间(24 h)才能分解。传统化学法处理含氰废水采用碱性氯化法,浓度不宜大于 50 mg/L。碱性氯化法处理氰化物分两个阶段:第一阶段是将氰化物分解为氰酸盐,即一级氧化(局部氧化);第二阶段是将生成的氰酸盐进一步氧化成二氧化碳和氮气,即二级氧化(完全氧化)。

2. 离子交换法

离子交换法是离子交换树脂活性基团上的相反离子,与溶液中同性离子发生位置交换的过程。

3. 电解法

电解是利用直流电进行氧化还原反应的过程,主要用于处理阳离子污染物,如 Cr^{6+}、Hg^{2+}、Ni^{2+} 等。在电解槽里,与电源正极相连接的极称为阳极,与电源负极相连接的极称为阴极。接通电源后,电解槽的阴极和阳极之间发生了电位差,电能转变为化学能,驱使正离子移向阴极,在阴极取得电子进行还原反应;驱使负离子移向阳极,在阳极放出电子,进行氧化反应。从而使废水中的污染物在阳极被氧化,在阴极被还原,有害物质转化为无害物质,然后分离除去。

电解法用于贵金属的回收及较高浓度含氰废水的处理。在处理较高浓度含氰废水时,在直流电场的作用下,氰化络离子在阴极被还原成 CN^-;CN^- 在阳极首先被氧化生成氰酸,然后分解成氨和二氧化碳。

电解法的特点是处理设备简单,占地面积小;但是耗电多、污泥多。

4. 化学法

化学法是利用化学作用来处理废水中的溶解物质、胶体物质,用于去除废水中的金属离子、细小的胶体有机物、无机物、植物营养素(氮、磷)、乳化油、色度、臭味、酸、碱等。化学法包括混凝法、中和法、氧化还原法等。

5. 吸附法

常用的吸附剂有活性炭、硅藻土、铝矾土、磺化煤、矿渣及树脂等,可吸附木质素、杂环化合物、洗涤剂、合成染料、除锈剂等,能降低 COD,使废水脱色,除臭。吸附过程发生在液-固两相面上,由于吸附剂的表面力作用而产生吸附。

由于吸附法的再生成本高,再生效果不好,因此在现代废水处理中,逐渐被 MBR 膜分离取代。

6.旋流法

这种方法用于特种废水处理。特种废水有以下几种:

(1)焦磷酸盐镀铜废水。焦磷酸盐镀铜溶液的分散能力和覆盖能力都比较好,阴极电流效率也比较高,所以还有很多单位采用这种工艺,但最大的问题是废水处理困难,因为焦磷酸盐中含有 $Cu_2P_2O_7$、$K_4P_2O_7$、柠檬酸盐和添加剂等。

(2)化学镀铜废水。化学镀铜的漂洗水中含有 HCHO、酒石酸钾钠、EDTA 等。

(3)化学镀镍废水。化学镀镍漂洗水中含有 NaH_2PO_2、NaH_2PO_3、CH - COONa、柠檬酸等。

(4)铜、镍防染盐退镀的废水。防染盐(间硝基苯磺酸钠)和氰化钠用于不合格镀层的退镀,还有一些单位采用。

(5)磷化废水。钢铁件磷化处理的磷化液中,含一定量的络合剂。这些络合剂和磷结合形成化合物,要使这些废水达到 0.5 mg/L 的浓度要求是很难的。

电镀废水中复杂的污染物成分使其对环境危害巨大,经过数十年的发展和改进,对电镀废水绿色高效处理的工艺也越来越全面。不同处理方法存在的优缺点见表 6-1。

表 6-1 不同处理方法存在的优缺点

方法分类	方法名称	优点	缺点
化学法	化学沉淀法	处理量大,效率高,工艺流程短	处理效果较差,重金属离子去除不完,化学试剂消耗量大
	硫化沉淀法	化学试剂用量少,处理效果好	沉淀剂昂贵,容易二次污染
	氧化法	操作简便,处理效果好,成本低	易出现氰化物二次污染,反应条件严格
	还原法	处理效果好,运行稳定,去除效果明显	污泥量大,容易造成二次污染
	电化学法	不易造成二次污染,处理效率高	耗电量高,连续性欠佳
物理法	浓缩结晶法	工艺技术成熟,无需化学试剂	对浓度低的废水回收效果较差,能耗高
	反渗透法	针对性强,操作简便	半透膜成本高,处理量小

续表

方法分类	方法名称	优点	缺点
物理化学法	离子交换法	处理效率高,处理量大,树脂循环利用率高,抗污染能力强	投资成本较高,所需空间大,操作较烦琐,控制管理难度大
	膜分离法	设备简单,操作难度低,安全稳定,无二次污染物产生	膜表面易受污染物影响,膜寿命短
	吸附法	效率高,操作简单	价格昂贵,循环利用率较低
生物法	生物法	处理能力强,成本低,操作简便,无二次污染物生成	存在变异可能,成本较高,菌株不易长久保存
其他方法	芬顿氧化法	操作简单,效率高,处理效果好	工艺流程较长,成本高
	植物修复法	成本低,环保	效率低,适用范围窄,不确定性因素多

为了进一步绿色高效环保地处理电镀废水,还需要解决各种各样的问题。例如传统方法处理电镀废水带来的二次污染物再处理难度和成本依旧较高,生物处理法虽然绿色环保,但菌株的稳定性还需进一步提高等。针对电镀废水处理过程存在的问题,未来对其处理研究的主要方向如下:

(1)生物法作为绿色环保的处理方法具有极大的应用潜力,但需要对菌株的处理能力和稳定性进行筛选培养,降低运行成本,才能推动微生物法的应用。

(2)多种处理方法联合,不同处理电镀废水的方法均存在各种优势和弊端,结合各自方法和电镀废水的特点,探究更加合理的处理工艺链,才能降低生产成本,提高处理效果。

(3)重视传统化学处理方法产生的二次污染物的治理问题,结合前期工艺,降低二次污染物的生成。

(4)纳米材料因具有极高的比表面积而成为很有潜力的吸附剂,应注重开发高效、循环利用率高的纳米吸附材料,降低工业吸附成本。

(5)加强半透膜材质的研究,提高半透膜的抗污染能力和使用寿命,使膜分离法的适用性更广。

(6)利用离子交换技术,吸附和膜过滤是处理电镀工业废水中目前应用得最多的方式,离子交换吸附技术已被普遍地运用于工业废水中对重金属离子的消除,而低成本的高吸附性的生物活性炭吸附剂已被广泛认为是一个既高效又实用的处理中低浓度重金属的废水材料。

6.3 电镀废水处理工程案例

6.3.1 化学处理闭路循环法

1. 氧化-还原-中和沉淀处理

混合电镀废水可在同一装置内完成"六价铬还原为三价铬-酸碱中和-重金属氢氧化物沉淀-清水回用或排放-污泥过滤干化"或"氰氧化-酸碱中和-重金属氢氧化物沉淀-清水排放或回用-污泥过滤干化"等过程。技术指标：Cr^{6+} 去除率为 99.99%；Zn^{2+} 去除率为 99.99%；CN^- 去除率为 99.0%。用该方法处理电镀混合废水可以一次去除氰、铬酸碱及其他重金属离子，适合于大、中、小型电镀企业和电镀车间。

2. 电镀混合废水一步净化器

根据氧化-还原-中和高效絮凝沉淀处理电镀混合废水的原理，近几年研究开发出新的处理装置：工业废水一步净化器，工艺流程如图 6-1 所示。一步净化器内部分为 5 个区：高速涡流反应区、渐变缓冲反应区、悬浮澄清沉淀区、强力吸附区和污泥浓缩区。这 5 个区分别具有下述 5 种功能：氧化还原、中和反应、高速凝聚、悬浮澄清、强力吸附和污泥浓缩作用，因而可以对包括电镀废水在内的多种工业废水进行有效处理。

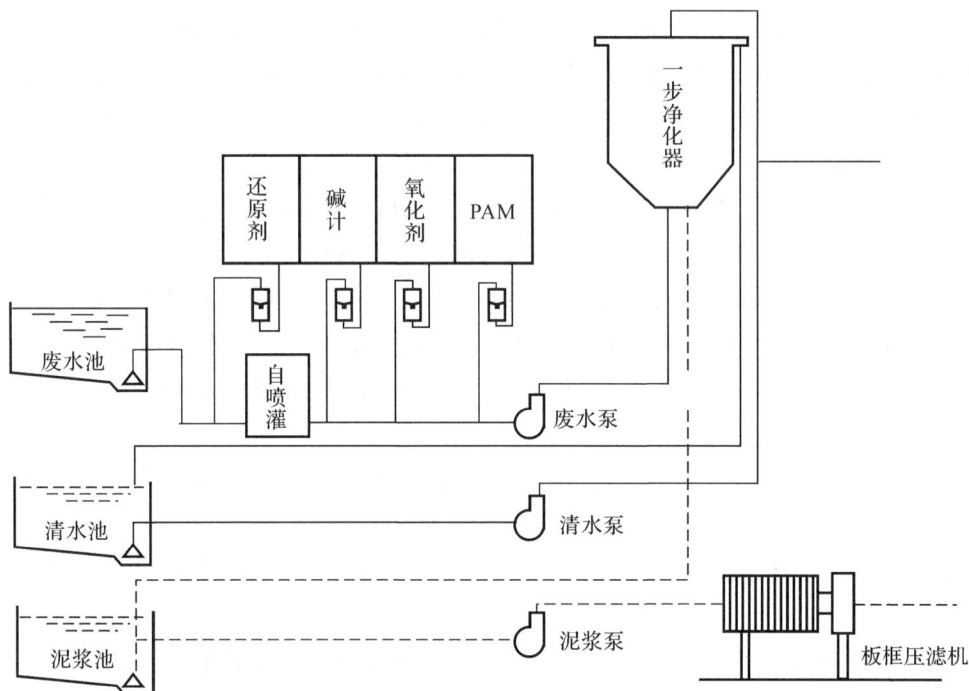

图 6-1 一步净化器处理流程

6.3.2　铁屑内电解法

铁屑内电解法处理混合电镀废水的主要特点是:工艺流程简单,对几种废水可以不分流,直接处理综合性电镀废水,并一次处理达标;处理后的废水中的各种金属离子浓度不但远远低于国家排放标准,并且还有一定脱盐效果和去除 COD 的能力;运行费用低,因为除了电耗外,消耗的主要原材料是铁屑(可加部分焦炭粉),其价格低廉,来源广泛。不仅如此,这种原料的消耗量随着废水中有害物质浓度而改变,不用人工调整,它会自动调节,而且催化氧化、还原、置换、共沉絮凝、吸附等过程集于一个反应柱(池)内进行,因此操作管理十分简便,又不会造成浪费,材料利用率高。

根据上述铁屑内电解法的原理制造的处理设备,以前一般采用顺流工艺流程,工作过程中因处理柱表层有结块现象而堵塞,影响了处理柱的正常工作。为了克服结块现象,新一代的处理设备采用逆向处理工艺流程。这一技术的特点是将过去的顺流处理改为了逆向处理,但由于反应生成的沉积物首先在底部形成,所以要将其反冲出来是极为不利的,因此该装置在改进的处理过程中采用了压缩空气间歇脉冲式反冲的办法,处理流程如图 6 - 2所示。

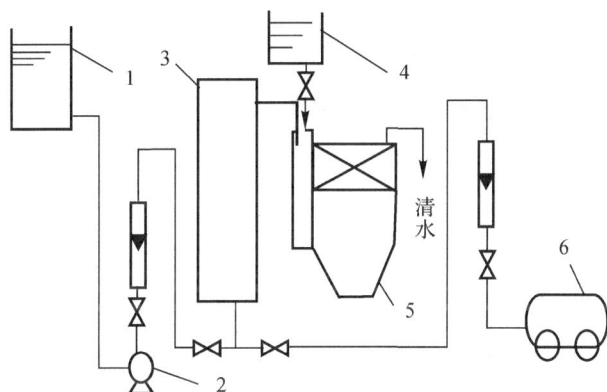

图 6 - 2　铁屑内电解法逆向处理工艺流程
1—废水池;　2—磁力泵;　3—处理柱;　4—碱槽;　5—沉淀槽;　6—空气压缩机

废水用泵逆向打入装有活化铁屑的处理柱,发生一系列反应,将废水中各种重金属离子除去,废水再经沉淀或其他脱水设备进行渣水分离,清水排放或回用。在处理过程中自动通气反冲,使反应生成的沉积物能及时有效地被冲走,消除了产生铁屑结块的因素和隐患。不仅如此,由于铁屑表面沉积物随时被冲走,使表面与废水保持良好接触,极大地改善了电极反应。所以改进以后的处理效果更加理想,使用该装置的厂到目前为止,都没有发现排水超标现象和铁屑结块问题。

6.3.3　三床离子交换法

对于含有 Cu^{2+}、Cd^{2+}、Ni^{2+}、Zn^{2+} 等金属离子和 CN^- 的混合废水(不含 Cr^{6+}),可采用三床离子交换树脂处理,工艺流程如图 6 - 3 所示。废水依次通过时,强酸性阳离子交换树脂柱吸附各种金属离子,用酸再生;弱碱性阴离子交换树脂柱吸附各种络合阴离子,用碱再生;强碱性阴离子交换树脂柱吸附游离氰根和其他阴离子,用碱再生。阳离子交换树脂柱与阴离子交换树脂柱的洗脱液进行中和,再用氯使氰化物氧化,用石灰沉淀重金属。再生洗脱液处理后排放,经离子交换法处理后的出水回电镀车间作清洗水回用。此种处理方法要求混合废水中不包括含铬废水。若混合废水中不含氰化物,则可省掉弱碱性阴离子交换树脂柱,三床法即可改为两床法,即只保留强酸性阳离子交换树脂柱和强碱性阴离子交换树脂柱。

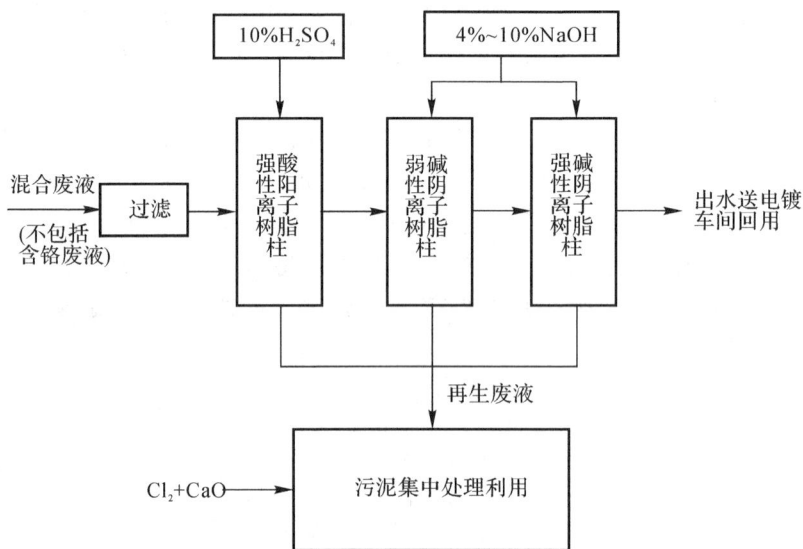

图 6-3 三床离子交换树脂法处理金属混合废水

6.3.4 组合处理工程

某工业区主要生产工业电器及电子元器件,作为与其配套的电镀业随之迅速发展。区内电镀厂多为综合性多镀种作业,涉及镍、铬、铜、锌等镀种。本设计根据废水来源及成分,将其分为 5 股,分别收集和处理。废水的来源有含油前处理废水、含氰废水、化学镀镍废水、络合废水。各类废水水质见表 6-1。

表 6-1 各类废水的进水水质

废水种类	pH	COD mg·L⁻¹	石油类 mg·L⁻¹	SS mg·L⁻¹	总氰 mg·L⁻¹	六价铬 mg·L⁻¹	总镍 mg·L⁻¹	总铜 mg·L⁻¹	总锌 /mg·L⁻¹
含油前处理废水	3~5	5 000	4 600	550					
含氰废水	8~10				40				
含铬废水	4~6					70			
化学镀镍废水	5~6						100		

续表

废水种类	pH	COD mg·L^{-1}	石油类 mg·L^{-1}	SS mg·L^{-1}	总氰 mg·L^{-1}	六价铬 mg·L^{-1}	总镍 mg·L^{-1}	总铜 mg·L^{-1}	总锌 /mg·L^{-1}
络合废水	6～8							50	80

1. 工艺设计

来源于不同工序的电镀废水在成分上差别很大,处理方法也各不相同。为了提高废水处理效率、回收贵重金属以及改善污泥的后续处理效果,对 5 股废水单独收集后分类处理。

(1)含油前处理废水的处理方法。含油前处理废水经调节池 1 调节后进入斜板隔油沉淀池,即在普通隔油池中增设倾角为 45°的斜板,利用重力分离,油因比水轻而浮于水面并被撇除,同时固体杂质下沉,与水分离。沉渣排入综合污泥浓缩池,经浓缩脱水后外运。之后,废水通过组合气浮设备,去除相对密度接近于 1.0 的细微悬浮颗粒。该设备由气浮池、溶气系统等组成,溶气系统产生高度分散的微小气泡,与水中的细小悬浮物黏合在一起,随气泡上浮到水面,形成浮渣后被刮沫机撇除。在气浮池中投入混凝剂 PAC(聚合氯化铝),从而改变废水中悬浮颗粒的亲水性能,使废水中的细小颗粒絮凝成较大的絮状体,以吸附、截留并裹挟气泡,加速颗粒上浮。同时加入助凝剂 PAM(聚丙烯酰胺),以提高悬浮颗粒表面的水密性,增加颗粒的可浮性。撇去浮渣后再接 A2O(厌氧-缺氧-好氧)工艺,降解剩余的有机物,同时脱氮除磷,经沉淀池 1 澄清后,上清液排入中间池,准备后续深度处理。整个处理工艺流程如图 6-4 所示。

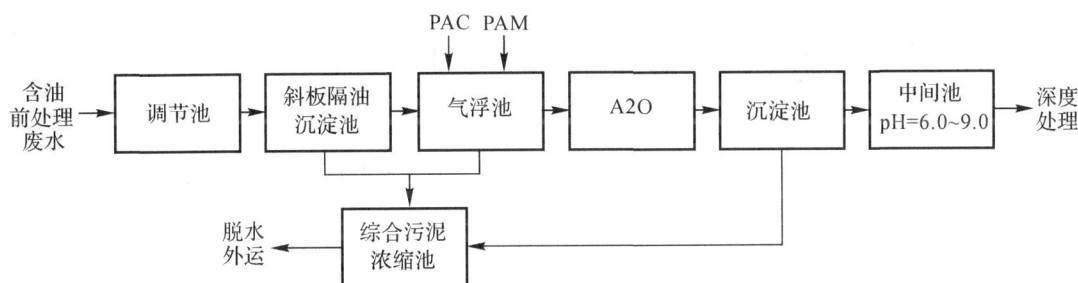

图 6-4　含油前处理废水处理工艺流程

(2)含氰废水的处理方法。废水中的氰通常以游离 CN$^-$、HCN 及稳定性不同的各种金属配合物(例[Zn(CN)$_4$]$^{2-}$、[Ni(CN)$_4$]$^{2-}$、Fe(CN)$_6$]$^{3-}$)等形式存在。本方案采用碱性氯化法二级氧化破氰,即在碱性条件下,用次氯酸钙作为氧化剂将氰化物破坏。处理工艺流程如图 6-5 所示。

在一级氧化池中加入次氯酸钙,注意:若 pH 小于 8.5,则会释放出剧毒的 CNCl,因此反应需要加氢氧化钠调节 pH 至 10～11 且在有封闭或通风设施的条件下进行,反应时间 10～15 min。一级氧化产物 CNO$^-$ 的毒性只有 CN$^-$ 的 1/1 000 左右,但从水体安全出发,应进行第二阶段处理。在第二氧化池中继续进行氧化,最终产物为氮气,彻底除去 CN$^-$。因为在含氰废水中往往存在金属离子,所以需在两级氧化破氰之后进行化学沉淀,投加氢氧化钠调节 pH 至 10~11,沉淀金属。由于金属氢氧化物沉淀物细小而分散,沉淀速度很慢,因此还要再经过混凝沉淀,混凝剂为 PAC、助凝剂为 PAM,使沉淀速率大大提升。上清液排入中间池,准备后续深度处理。沉淀排入综合污泥池,经浓缩脱水后外运处理。

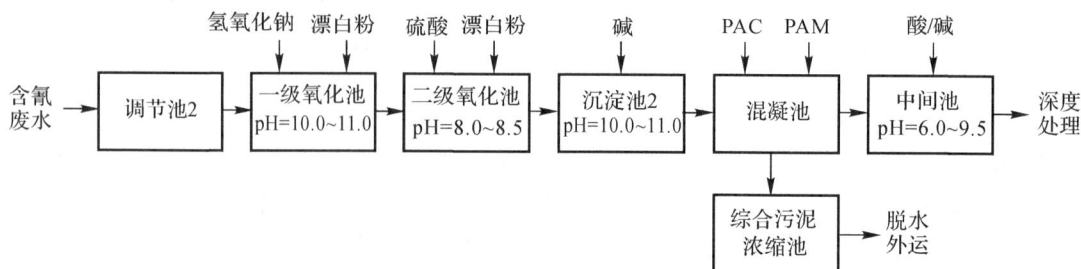

图 6-5　含氰废水处理工艺流程

(3)含铬废水的处理方法。含铬废水采用还原沉淀法处理。因为六价铬在水中不是以 Cr^{6+} 的形式存在,而是以 CrO_4^{2-}(铬酸根)和 $Cr_2O_7^{2-}$(重铬酸根)的形式存在,它们之间存在平衡,在碱性条件下形成铬酸根离子,在酸性条件下形成重铬酸根离子,所以六价铬与三价铬不同,无法直接用化学沉淀法去除,必须将六价铬还原为三价铬后再沉淀。本设计在酸性条件下,先用亚硫酸钠把六价铬还原成三价铬,再用化学沉淀法去除三价铬,如图 6-6 所示。

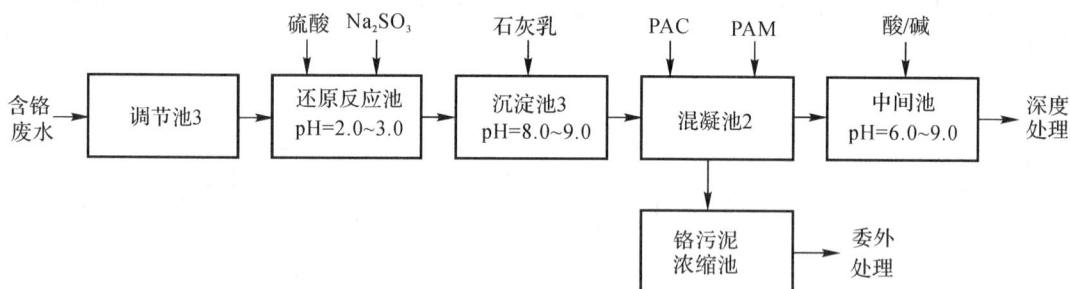

图 6-6　含铬废水处理工艺流程

含铬废水经调节池 3 均质均量,在还原反应池中用硫酸将 pH 调节至 2~3,以亚硫酸钠为还原剂将六价铬还原成三价铬后再进入沉淀池 3,用石灰乳调节 pH 至 8~9,使三价铬生成 $Cr(OH)_3$ 沉淀,但由于 $Cr(OH)_3$ 沉降很慢,因此通过投加 PAC 和 PAM 进行混凝沉淀,以增加污泥成团致密性,促进氢氧化物絮凝沉淀。沉淀后,沉渣排入含铬污泥池,污泥经浓缩脱水后委外处理;上清液排入中间池,准备深度处理。

(4)化学镀镍废水的处理方法。含镍废水中的镍以络合态及离子态存在,处理离子态的镍较为容易,而络合镍无法直接用化学沉淀法去除。本设计用芬顿法氧化破络,使络合态的镍分解成离子态,再用化学沉淀法去除。过氧化氢和催化剂 Fe^{2+} 构成的氧化体系称为芬顿试剂。在 Fe^{2+} 催化下,双氧水产生两种活泼的氢氧自由基,加快有机物等还原性物质的氧化。

在芬顿氧化池 1 中用硫酸调节含镍废水的 pH 至 3.0~3.5,在此 pH 范围内自由基生

成速率最大,再投入芬顿试剂氧化破络 4 h,使络合态的镍转为游离态,然后在化学沉淀池 4
中用石灰调节 pH 至 11 左右,令氢氧根与镍离子结合成氢氧化镍沉淀。因沉淀细小,不易
沉降,还需要加入混凝剂 PAC 和助凝剂 PAM 混凝处理,快速搅拌 30 s 后反应 20～30 min。
上清液进入中间池,准备深度处理;沉淀排入含镍污泥池,浓缩脱水后委托处理公司处理。
如图 6-7 所示。

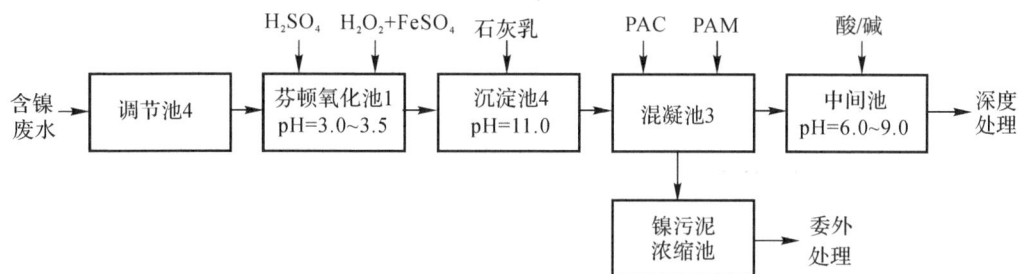

图 6-7　含镍废水处理工艺流程

(5)络合废水的处理方法。络合废水含有络合态的铜和锌,亦采用芬顿法氧化破络。如
图 6-8 所示,络合废水经调节池调节,再到芬顿氧化池 2 中氧化破络,用硫酸调节 pH 至
3.5 左右后投加双氧水和硫酸亚铁,分解水中的有机物,同时将铜和锌的络合物分解,令铜
和锌变成离子态,之后废水被输送到沉淀池,投加石灰乳调节 pH 至 10.5～11.5,生成金属
氢氧化物沉淀,经过混凝沉淀(投 PAC 和 PAM)反应 30 min 后,上清液转移到中间池,用酸
调节 pH 至 6～9,即可达标排放,沉淀则排入铜锌污泥浓缩池,经浓缩脱水后委外处理。

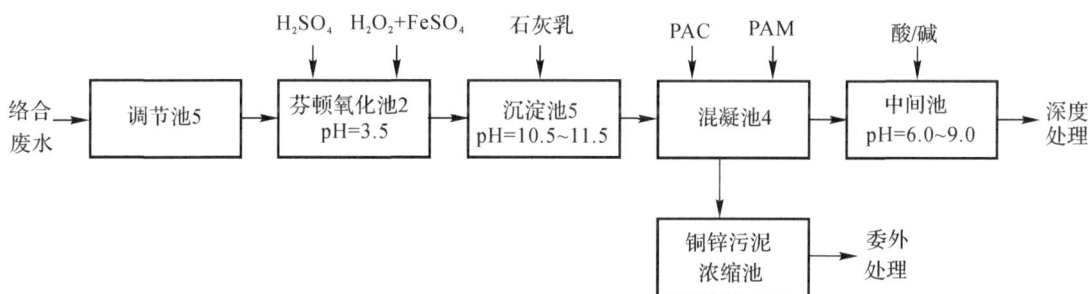

图 6-8　络合废水处理工艺流程

(6)深度处理。如图 6-9 所示,5 股废水各自经过上述工艺处理后汇集到中间池,调节
pH 至 6～9 后经过砂滤和活性炭吸附,确保水质达标后排放。

图 6-9　废水深度处理工艺流程

2.运行效果

按照要求定期监测出水处理效果,结果检测最大值见表6-2。

表6-2　出水水质指标

废水种类	pH	COD mg·L^{-1}	石油类 mg·L^{-1}	SS mg·L^{-1}	总氰 mg·L^{-1}	六价铬 mg·L^{-1}	总铬 mg·L^{-1}	总镍 mg·L^{-1}	总铜 mg·L^{-1}	总锌 mg·L^{-1}
出水	7~8	52	1.6	29	0.17	0.08	0.51	0.22	0.25	0.65
标准排放限值	6~9	80	3	50	0.3	0.2	1.0	0.5	0.5	1.5

经过一段时间监测,各类指标均能达到限制以下,达到 GB 21900—2008《电镀污染物排放标准》要求。

第 7 章　垃圾渗滤液废水

随着中国经济的快速发展及居民生活质量的提升,城市生活垃圾产生、清运及处理量逐年递增。据报道,每吨城市生活垃圾在其转运及处理(如填埋、焚烧等)等生命周期过程中会产生 0.05～0.2 t 垃圾渗滤液。垃圾渗滤液具有污染物浓度高且生态风险大的特征。其生化需氧量(BOD)、化学需氧量(COD)等常规污染物的含量可达城市生活污水的 100 倍之多,且还蕴含重金属、环境激素、杀虫剂、增塑剂、氯化和卤代有机物等各种微量污染物。这些微量污染物具有致癌、致畸、致突变等生物效应,会对微生物、野生动物和人类产生严重危害。因此,国家高度重视渗滤液处理工作,在《中共中央关于制定国民经济和社会发展第十四个五年规划和 2035 年远景目标的建议》《水污染防治行动计划》等相关文件中均要求做好垃圾渗滤液处理处置工作。

垃圾渗滤液主要源于城市生活垃圾转运及处理处置单元。其中,转运站渗滤液主要来自垃圾压缩、暂存降解等过程中产生的液体、车间地面冲洗水等,其产量约为转运垃圾量的 10%～15%。处理处置方面,目前焚烧是国内主导的垃圾处理方式,因生活垃圾中有高含量的湿垃圾(约为 60%),导致其有效热值低,焚烧厂为提高垃圾能源化价值,往往将其在入炉焚烧前储存 3～7 d,以降低含水量,在此期间会产生大量渗滤液,产量约为垃圾量的 10%～ 20%。

中转站和焚烧储坑中渗滤液是短期压缩或发酵产生的,而垃圾填埋过程产生的渗滤液,是垃圾压实后堆积在一起,并在漫长的厌氧降解中,逐步释放产生的。且除垃圾本身降解产生的液体外,填埋渗滤液中还包括从垃圾表面渗入的雨水以及场底渗入的地下水,在建设良好的卫生填埋场内,尤以前者为最。因此,垃圾含水率和降雨量都是影响填埋场渗滤液产量的重要因素。鉴于中国的降雨量呈现东南高西北低且主要集中在夏季的特征,东南地区填埋场的渗滤液产量往往大于西北地区,而一年之中,又以夏季渗滤液产量最高。地域性和季节性的巨大差异,使填埋场渗滤液产量难以定量在一个较准确的范围,目前尚未有垃圾渗滤液产量的官方统计数据,但根据环保公司的数据和渗滤液产量计算公式得出国内垃圾填埋场渗滤液产量为填埋垃圾量的 15.27%～30.00%。总体而言,中国垃圾渗滤液产量远高于发达国家。根据《2019—2025 年中国垃圾渗滤液处理行业运行态势与投资前景评估报告》的数据,2017 年全国产量达 7.68×10^7 t/a。鉴于垃圾渗滤液是一种高浓度的有机废水,且含有有毒重金属和各种高危害量有机物,其处理处置受到国家广泛关注。必须对其采取严格而有效的处理措施加以控制。

7.1 垃圾渗滤液的产生和特点

7.1.1 垃圾渗滤液的产生

垃圾渗滤液水质极其复杂,污染物浓度高,因此渗滤液的处理一直是一个世界性的难题。虽然各国开展研究的时间已较长,但迄今尚无比较切实有效的处理方法。垃圾渗滤液主要来自 3 个方面:①填埋场内的自然降雨和径流;②垃圾自身原有的含水;③在垃圾卫生填埋后由于微生物的厌氧分解而产生的水。其中填埋场内的降水为主要部分,这些水分渗过成分复杂的垃圾时,使垃圾发生分解、溶出、发酵等反应,从而使渗滤液中含有大量有机污染物、氮、磷和种类繁多的重金属类物质。

7.1.2 垃圾渗滤液的特点及影响因素

1. 垃圾渗滤液的特点

垃圾渗滤液的水质有以下特点:①渗滤液水质十分复杂,不仅含有耗氧有机污染物,还含有各类金属和植物营养素(氨氮等),如果工业废物进入垃圾填埋场,渗滤液中还会含有有毒有害的有机污染物;②COD 和 BOD 浓度高,最高可达几万,远远高于城市污水;③垃圾渗滤液中有机污染物种类多,其中有难以生物降解的萘、菲等非氯化芳香族化合物、氯化芳香族化合物、磷酸酯、邻苯二甲酸酯、酚类化合物和苯胺类化合物等;④垃圾渗滤液中含有 10 多种金属离子,其中的重金属离子会对生物处理过程产生严重抑制作用;⑤氨氮含量高,C/N 比例失调,给生物处理带来一定的难度。另据资料表明,一个 125 m×400 m 的作业单元,在正常降雨情况下,三年日均渗滤液产量为 300~500 m³/d。

2. 垃圾渗滤液水质的影响因素

垃圾渗滤液水质的变化受垃圾组成、垃圾含水率、垃圾体内温度、垃圾填埋时间、填埋规律、填埋工艺、降雨渗透量等因素的影响,尤其是降雨量和填埋时间的影响。

值得注意的一个问题是垃圾渗滤液的成分随填埋时间而发生变化,这是由填埋场的垃圾在稳定过程中不同阶段的特点而决定的,大体上可以分为 5 个阶段。

(1)最初的调节。水分在固体垃圾中积存,为微生物的生存、活动提供条件。

(2)转化。垃圾中的水分超过垃圾的含水能力,开始渗滤,同时由于大量微生物的活动,系统从有氧状态转化为无氧状态。

(3)酸性发酵阶段。在酸性发酵阶段,碳氢化合物被微生物分解成有机酸,有机酸被微生物分解成低级脂肪酸。当低级脂肪酸为渗滤液的主要成分时,pH 随之下降。

(4)产生沼气。在酸化阶段中,由于产氨细菌的活动,使氨态氮浓度增高,氧化还原电位降低,pH 上升,为产甲烷菌的活动创造了适宜的条件,专性产甲烷菌将酸化阶段代谢产物分解成以甲烷和二氧化碳为主的沼气。

(5)稳定化。垃圾及渗滤液中的有机物处于稳定状态,氧化还原电位上升。渗滤液中的污染物浓度很低,沼气几乎不再产生。

在填埋场的实际使用过程中,由于不同的堆填区使用的时间不同,其产生的渗滤液水质也不尽相同。因此,在填埋场使用期内,整个填埋场的渗滤液水质是不同阶段渗滤的综合结果。

对于一个连续填埋的垃圾场所产生的渗滤液而言,其水质的变化规律还与填埋场的"年龄"有关。对于使用时间在 5 年以下的"年轻"填埋场而言,所产生的渗滤液具有 pH 低、可生化性好、氨氮浓度较低、溶出金属离子量多等特点;而对于使用时间在 10 年以上的"老年"填埋场而言,所产生的渗滤液具有 pH 较高、可生化性较差、氨氮浓度高的特点。据报道,在美国、法国及欧洲的其他一些国家里,许多"年龄"在 10 年以上的垃圾填埋场所产生的渗滤液的水质与"年轻"的垃圾填埋场的水质存在明显差异,前者的稳定化程度远远高于后者。

国外的研究表明,由于垃圾填埋场所处的地理环境、垃圾的成分、填埋的时间等复杂因素的影响,各个垃圾填埋场的渗滤液组成是不相同的。特别是由于国内外垃圾的分类、收集等途径的不同,造成国内外渗滤液水质没有一定的可比性。相比较来说,国内垃圾渗滤液的成分更为复杂。

7.2　垃圾渗滤液的处理方式

填埋场在垃圾填埋作业过程产生的大量渗滤液,若不进行适当处理,将对周围的地面水、地下水造成"二次污染",破坏当地的生态环境。因此,垃圾渗滤液的收集处理和日常运行管理是每个填埋场应该而且必须做好的一项工作,也只有如此,才符合卫生填埋场的基本要求。然而,在垃圾填埋场的运行和管理中,渗滤液处理一直是一个比较棘手的问题。每个填埋场应该根据现有的条件和自身的实际情况(包括资金的投入额度、填埋场的地理位置、渗滤液的产生特点及特征等)来选择最佳的处理工艺组合以及最优的现场管理,两者结合,才有可能解决各填埋场渗滤液处理的难题。由于渗滤液水质水量的复杂多变性,目前尚无一套十分完善的处理工艺,在大多情形下,主要根据填埋场的具体情况及其他经济技术要求提出有针对性的处理方案和工艺。

目前,国内外渗滤液的处理有场内和场外两大类处理方案,具体包括 4 种方案,即直接排入城市污水处理厂进行合并处理、经必要的预处理后汇入城市污水处理厂合并处理、渗滤液循环喷洒处理即回灌处理以及在填埋场建设污水站(厂)进行独立处理等。

7.2.1　与城市污水处理厂的合并处理(场外处理)

若将垃圾渗滤液直接排入城市污水处理厂与城市污水合并处理,当然是最为简单的处理方案,它不仅可以节省单独建设渗滤液处理系统的大额费用,还可以降低处理成本。利用污水处理厂对渗滤液的缓冲、稀释作用和城市污水中的营养物质实现渗滤液和城市污水的同时处理,是一种较好的方法,但这并非是普遍适用的方法。一方面,由于垃圾填埋场往往远离城市污水处理厂,所以渗滤液的输送将造成较大的经济负担;另一方面,由于渗滤液所特有的水质及其变化特点,所以在采用此种方案时,如不加控制,则因垃圾渗滤液含有较高浓度的 BOD_5、COD 和 NH_3-N 物质及较低含量的磷,易造成对城市污水处理厂的冲击负荷,影响甚至破坏城市污水处理厂的正常运行。因而,在考虑合并处理方案时,必须研究其工艺上的可行性。对采用传统活性污泥工艺的城市污水处理厂而言,不同污染物浓度渗滤液量与城市污水处理厂的处理规模的比例是决定其可行性的重要因素。有研究表明,只要渗滤液的量小于城市污水总量的 0.5%,那么垃圾渗滤液与城市污水合并处理就是一种技术可行、价格低廉的方法。并且,渗滤液带来的负荷增加应控制在 10% 以下,以保证其对城市污水的生物处理效果不产生负面影响。

目前,国内的垃圾填埋场多未建设场内的独立渗滤液处理系统,大多将渗滤液直接汇入城市污水处理厂进行合并处理,往往影响污水处理厂的正常运行。如苏州七子山垃圾填埋场在运行初期,将渗滤波收集后直接送至处理规模为 5 000 m³/d 的苏州城西污水处理厂。虽然当时因渗滤液的产生量较小而并未对原有系统的正常运行造成危害,但随着渗滤液量的增加(由占该厂处理能力的 16.7% 增加至 48%,渗滤液的 COD 浓度为 3 500~6 000 mg/L),污水处理厂的运行受到严重干扰(该厂采用传统的活性污泥处理工艺),在将渗滤液停止引入后该厂运行才得到恢复。

将垃圾渗滤液运输或直接排至城市污水处理厂与城市污水进行合并处理不失为一种经济的处理方案,是目前较好的选择方式之一,在我国目前尚无足够的经济实力单独建场内渗滤液处理厂的情况下,采用此方案有其实用意义。但要求城市具有污水处理厂且与垃圾卫生填埋场相距不能太远;由于渗滤液水质水量变化大,且污染物浓度高,必须根据实际情况进行可行性研究,确定合理的渗滤液与城市污水的比例及必要的预处理方法,采用稳定可靠、高效的合并处理工艺系统。

7.2.2　预处理-合并处理(场内外联合处理)

垃圾渗滤液与城市污水进行合并处理前,有时需要进行预处理。预处理-合并处理是基于减轻进行直接混合处理时渗滤液中有害的毒物对城市污水处理厂的冲击危害而采取的一种场内外联合处理方案。渗滤液首先通过设于填埋场内的预处理设施进行处理,以去除渗滤液中的重金属离子、氨氮、色度以及 SS 等污染物质或改善其可生化性、降低负荷,为合并处理的正常运行创造良好的条件。

对于垃圾中含有一定数量工业废弃物的混合型垃圾填埋场产生的渗滤液及城市污水处理厂规模较小而采用合并处理的情形,进行物理化学等预处理去除渗滤液中的重金属离子、氨氮等尤为必要。渗滤液中不仅含有多种金属或重金属离子,而且它们的含量可达到较高的数值。但无论采用何种处理方案,生物处理是渗滤液的一种必不可少的主体处理方法。无论是厌氧处理还是好氧处理,有机污染物的去除或转化均是通过微生物的作用完成的,因而微生物在处理工艺设施中的良好生长繁殖是保证处理效果的前提。为使微生物正常生长,除了使其物化环境中含有可降解的有机基质及必要的营养物质外,还必须保证废水中适量的微量元素。营养物质确定的主要依据是微生物细胞的化学组成,渗滤液中主要营养物质的实际浓度大多远高于微生物所需的浓度,若不做适当的预处理,则将给生物处理造成危害。

化学物质对微生物活性的影响与其浓度有密切的关系。大多数化学物质在浓度很低时对生物活性有一定的刺激作用(或促进作用);当浓度较高(超过临界浓度)时则产生抑制作用,浓度越高,抑制作用越强烈。并且,当几种重金属离子共存时所产生的毒性要比单独存在时大,亦即污泥对混合离子协同作用的承受能力要比任一单个离子的承受能力低。对于运转 5 年以上的老的填埋场来说,渗滤液的 NH_3-N 浓度一般较新建的填埋场高,NH_3-N 的主要来源是填埋垃圾中蛋白质等含磷类物质的生物降解。过高的 NH_3-N 浓度既增加了渗滤液生化处理系统的负荷,又使混合物中 C/N 呈下降趋势。针对渗滤液中有害物质含量和去除对象的不同,采用的预处理也不一样,主要有氨吹脱,投加混凝剂、絮凝剂,空气吹脱并投加石炭,采用活性炭吸附等预处理工艺,均能获得满意的效果。同时,传统的生物处理工艺难以有效去除 NH_3-N 因而或必须进行预处理或考虑采用具生物脱氮功能的 A2O(或 A/O)处理系统才能有效地将其去除。

7.2.3　渗滤液回灌处理(场内处理)

回灌法是土地处理应用于渗滤液处理中较为典型的一种。它的实质是把填埋场作为一个以垃圾为填料的巨大的生物滤床。渗滤液滤经覆土层和垃圾层,发生一系列的生物、化学和物理作用而被降解和截留,同时使渗滤液由于蒸发而减少。卢成洪等对垃圾的净化作用进行了较为深入的研究,他认为:一方面,回灌为垃圾层带来了大量的微生物,同时能在填埋场内形成更有利于垃圾降解的环境,从而加速垃圾的降解速率;回灌污水减少了污染物的溶出负荷加快了污染物的溶出过程,减轻了对环境的潜在污染;回灌法可以使渗滤液水质得到均化,减轻了处理设施的冲击负荷,有利于提高处理效果。另一方面,回灌法在实际中还存在以下问题:不能完全消除渗滤液,仍有大部分渗滤液需外排处理;进水悬浮物过高或者微生物过量繁殖容易造成土壤堵塞,需对渗滤液进行一定的预处理,如控制进水 SS 或翻耕表层土壤等;渗滤液在垃圾层中的循环,导致其氨氮不断积累,甚至最终使其浓度远远高于在非循环渗滤液中的浓度;垃圾渗滤液回灌在降雨量大的地区(年降雨量大于 700 m)应慎用。

国外对回灌处理的研究较多,Diamadoporulos 等通过渗滤液的回灌处理,得到了比较稳定的出水,其中 COD 的平均值为 1 141 mg/L,可生化性弱,因此可以用混凝活性炭吸附等处理方法作为后续处理。Pohland 等在研究渗滤液回灌后重金属的变化时指出,由于渗滤液中含有大量的氯化物、硫化物、硫酸盐以及氨氮,再加上填埋场的厌氧环境,有利于重金属离子以硫化物沉淀的形式去除,这种去除率会随着回灌、垃圾稳定化进程的加快而提高。从上可知,回灌法具有一定的开发潜力,可作为渗滤液的初级处理。目前国内回灌法应用于垃圾渗滤液的处理较少,尚缺乏成熟的工艺设计和运行经验,而且有待于进一步研究和实践。

7.2.4　独立的场内完全处理(场内处理)

上述合并处理与回灌处理比较经济、简单,但对大部分城市垃圾渗滤液的处理来说,由于垃圾卫生填埋场通常位于距离城市较远的偏远山谷地带,距离城市污水处理厂较远,采用与城市污水合并处理的方案因渗滤液远距离的输送费用较高而不经济,此时可以考虑建设场内独立的垃圾渗滤液完全处理系统。目前,用于垃圾渗滤液处理的方法主要有生物法和物理化学法。生物法处理垃圾渗滤液时,难以适应水质和水量的变化,尤其当氨氮浓度高时,生物法将受到抑制,对难生物降解的有机物则无能为力。物理化学方法耐冲击负荷,对生物法难以处理的重金属离子和难降解的有机物有较好的去除效果,但在处理成本上必须降低,处理工艺上需进一步优化。因此,物化法多用于渗滤液的预处理与深度处理,主体工艺多选用生物法。

在设计和运行场内独立处理渗滤液的系统时,应当特别注意以下几个方面:①渗滤液的水质随着填埋场年龄的增加而发生较大的变化,在考虑其处理时,必须采用抗冲击负荷能力和适应性较强的处理工艺。对于“年轻”填埋场的渗滤液,可以考虑以生物处理为主体的处理工艺系统;而对于“老年”的填埋场渗滤液,则应考虑采用以物化处理为主体的处理工艺系统。由此可见,渗滤液处理工艺具有操作的复杂性和长期保证处理效果的艰巨性。②渗滤液中往往含有多种重金属离子和较高浓度的氨氮,必须考虑采用必要的物化处理工艺进行必要的预处理乃至后处理,可见渗滤液处理费用的昂贵性。③渗滤液中的 C∶N∶P 的营养比例往往失调,其突出的特点是氮的含量往往过高而磷的含量不足,需要在处理操作中削减氮而补充必要的磷,可见其运行的复杂性。④垃圾渗滤液处理站与城市污水处理厂相比,其规模往往较小,若单独在场内设置,在运行费用方面会缺乏经济性。

综上所述,渗滤液的处理具有不同的处理方案,应当因地制宜地通过技术经济比较后加以合理选择。一般来讲,在经济发达且实际条件允许的情况下,可建设场内独立的完全处理系统;在经济尚不发达的地区,可考虑采用预处理一合并处理的方案;在无力建设处理设施的情况下,则可以采用回灌与合并处理或直接将渗滤液就近排入城市污水处理厂的方案。有许多国家的渗滤液是与城市污水一起处理的,只要渗滤液的量小于城市污水总量的0.5%,其带来的负荷增加控制在10%以下,并同地理位置相匹配,那么这就确实是一个可行的办法。

7.3 垃圾渗滤液的处理技术

国内外对垃圾渗滤液的处理方法主要分为 4 大类,即物化方法、生物方法、物化和生物方法、土地处理法。单一地采用物化方法,处理费用太高;而单一地采用生物方法则难以达到预期的效果,特别是对“老龄”垃圾填埋场的渗滤液。土地处理法对防渗和安全的设计要求较高,国内现有的大多数垃圾填埋场还达不到这些要求。目前,许多处理工艺都采用物化和生物相结合的方法。

7.3.1 物化法

物化处理主要用于去除垃圾渗滤液中的氨氮、重金属离子和难生物降解的有机物质,用物化处理作为前处理可以保证后续生物处理工艺的正常运行;用物化处理作为后处理则可以进一步提高出水水质,保证渗滤液处理的达标排放。

近年来用于垃圾渗滤液物化处理方法主要有吹脱法、吸附法、化学沉淀法、催化氧化法、反渗透法等。

1. 吹脱法

吹脱法主要用于去除垃圾渗滤液中高浓度的氨氮,以保证后续生物处理的正常运行,是一种较为经济有效的脱氮方法。吹脱出的 NH_3 需经过回收处理,以防对空气造成污染。吹脱法是在碱性介质条件下鼓入空气,使 NH_4^+ 转化为 NH_3 释放出来。吴方同等在温度为

25 ℃,pH 为 10.5、11.0,气液比为 2 900~3 600 时得到的氨吹脱效率达 95% 以上。影响吹脱效果的因素主要有气液比、pH、水温、气温等。随着气液比的升高,氨吹脱效率逐渐升高。当气液比达到 4 000 以上时,氨吹脱效率升高变缓。当试验气液比为 3 756.7 时,随着 pH 的升高,氨吹脱效率逐渐升高。pH 在 9.0~10.0 之间,氨吹脱效率急剧升高。当 pH 达 10.5 以上时,氨吹脱效率升高变缓。继续提高渗滤液的 pH,氨吹脱效率升高不明显。水温、气温降低,会使氨吹脱效率明显降低。王宗平等采用表面曝气吹脱处理,可使氨氮去除率达 68%,COD 去除率达 76%。沈耀良等在渗滤液 pH=11,$T=22.5$ ℃,气液比为 666,经 5 h 曝气吹脱,可获得 66.7%、82.5% 的氨氮去除率。

2. 吸附法

吸附法在渗滤液的处理中主要用于去除水中难降解的有机物(酚、苯、胺类化合物等)、金属离子(汞、铅、铬)、色度以及氨氮。在废水处理中,常用的吸附剂有颗粒活性炭和粉末活性炭,此外还有沸石、粉煤灰、高岭土、泥炭、焦炭、膨润土、蛭石、伊利石、活性铝、城市垃圾焚烧炉底渣等。

Morawe 等用两个活性炭柱来处理经生物法处理后的垃圾渗滤液,其结果表明:对难降解有机物、氯化物以及色度都能降低到可接受的水平;并对中间分子量的化合物具有吸附和降解的双重作用。Lee 等用人造沸石处理渗滤液,表明当人造沸石的用量为 3 g/200 mL,pH 为 6.4 时,NH_4^+-N 的去除率 >50%,重金属的去除率分别为 Mn^{2+}:85%,Zn^{2+}:95%,Cd^{2+}:95%,Pb^{2+}:96%,但 Cu^{2+} 及 Cr^{6+} 的效果不明显。

活性炭吸附法处理程度高,对水中绝大多数有机物都有效,可适应水质水量和有机负荷的变化,设备紧凑,管理方便。但是,活性炭吸附过程中存在两个问题:①容易堵塞;②运行费用高。在活性炭吸附之前采用砂滤池可去除悬浮固体颗粒,以解决活性炭滤床的堵塞问题。但活性炭的吸附等温线太陡,很难降低处理费用,为了降低运行成本,只能适当提高出水浓度。

3. 化学沉淀法

混凝法是化学沉淀法中最重要的一种方法,混凝沉淀可以大幅度去除渗滤液中的 SS 及色度等,常用的混凝剂包括 $Al_2(SO_4)_3$、$FeSO_4$ 和 $FeCl_3$ 等。对于垃圾渗滤液而言,铁盐的处理效果要比铝盐好。有研究表明,对于 BOD_5/COD 值较高的"年轻"填埋场的渗滤液而言,混凝对 COD 和 TOC 的去除率较低,通常只有 10%、25%;而对于 BOD_5/COD 值较低的"老年"填埋场的或者经过生物处理的渗滤液而言,混凝对 COD 和 TOC 的去除率则可以达到 50%、65%。在混凝过程中投加非离子、阳离子或阴离子高分子助凝剂,可以改善絮凝体的沉降性能,但一般无助于提高浊度等的去除。

另外,化学沉淀法也可以向渗滤液中加入某种化合物,通过化学反应生成沉淀以达到处理的目的,主要用于去除垃圾渗滤液的色度、重金属离子和浊度等,常用的化学药剂为 $Ca(OH)_2$。对于垃圾渗滤液而言,其投加量通常控制在 1~15 g/L 之间,对 COD 可以去除 20%~40%,对重金属离子可去除 90%、99%,对色度、浊度及 SS 等可以去除 20%~40%。化学沉淀也可用于去除垃圾渗滤液中的氨氮,生成磷酸铵镁复合肥,但此项研究仍处于小试阶段。赵庆良等探讨了采用 $MgCl_2 \cdot H_2O$ 和 $Na_2HPO_4 \cdot 12H_2O$ 使 NH_4^+-N 生成磷酸铵镁的化学沉淀去除法,该法有效地去除了垃圾渗滤液中高浓度的氨氮,并且避免了传统的吹脱法造成的吹脱塔内的碳酸盐结垢问题。试验结果表明,当渗滤液中投加 $MgCl_2 \cdot H_2O$ 和 $Na_2HPO_4 \cdot 12H_2O$ 而使 $Mg^{2+}:NH_4^+:PO_4^{3-}$ 的比例为 $1:1:1$(摩尔比)时,在最佳 pH 为 $8.5 \sim 9.0$ 的条件下,原渗滤液中的氨氮可以由 $5\,618$ mg/L 降低到 65 mg/L,在垃圾渗滤液处理技术与方法中,混凝的方法是最常用、最省钱和最重要的方法。但是,化学沉淀法处理垃圾渗滤液的工艺仍有待于进一步完善。

4. 化学氧化和催化氧化

(1)化学氧化法是利用强氧化剂将废水中的有机物氧化成小分子的碳氢化合物或完全矿化成 CO_2 和 H_2O 在垃圾渗滤液的处理中,化学氧化法可以用于分解渗滤液中难降解的有机物,从而提高废水的可生化降解性;还可用于去除渗滤液中的色度和硫化物。在化学氧化法中,高级氧化技术(Advanced Oxidation Processed,AOPs)因其能够产生极强氧化性的 $\cdot OH$ 自由基而被认为是处理渗滤液的一种有效方法。Fenton 法作为其中的一种,由于它费用低廉、操作简便而受到人们的重视。Fenton 法是一种深度氧化技术,即利用 Fe^{2+} 和 H_2O 之间的链反应催化生成 $\cdot OH$ 自由基,而 $\cdot OH$ 自由基具有强氧化性,能氧化各种有毒和难降解的有机化合物。国外对 Fenton 法的研究较多,Bauer 等认为 Fenton 法在处理高浓度污水方面有很大的潜力,但它的缺点是对 pH 过于敏感以及处理后的废水需进行离子分离。张晖等介绍了 Fenton 法处理垃圾渗滤液的中型试验。试验表明,当双氧水与亚铁盐的总投加比一定($H_2O/Fe^{2+}=3.0$)时,COD 的去除率随双氧水投加量的增加而增加。当双氧水的总投加量为 0.1 mol/L 时,COD 的去除率可达 67.5%,这一结果同样适用于其他垃圾填埋场的晚期渗滤液处理。

其他的氧化剂主要有氯、臭氧、过氧化氢、高锰酸钾和次氯酸钙等。渗滤液的化学氧化处理研究在国内刚刚起步,在国外也基本处于试验阶段。

(2)光催化氧化是一种刚刚兴起的新型水处理技术,具有工艺简单、能耗低、易操作、无二次污染等特点,尤其对一些特殊污染物的处理比其他氧化法有更显著的效果。因此,该方法在垃圾渗滤液的深度处理方面有很好的应用前景。其机理是用光照射半导体材料或催化氧化剂,产生自由基 $\cdot OH$,利用 $\cdot OH$ 的强氧化性来达到氧化的目的。光催化氧化采用的半导体有二氧化钛、氧化锌、三氧化二铁等,使用最广泛的是二氧化钛,其价格便宜、性质稳定且无毒。谭小萍等对影响垃圾渗滤液的光催化处理的因素进行了研究。试验结果表明,一般来说光强越大,最佳 TiO_2 投量就越小;最佳反应时间一般宜在 $1.5 \sim 2.5$ h;波长为 253.7 nm 的紫外线杀菌灯价格低廉、使用广泛、处理效果好,COD 去除率一般可达 40%、50%,脱色率可达 70%、80%。Bekboelet 等用二氧化钛处理渗滤液,分别采用固定相和粉末相的二氧化钛进行试验,结果表明,pH 为 5 时效果较好。虽然光催化技术采用的催化剂二氧化钛无毒、廉价,化学和光学性质都比较稳定且易于得到,但是要投入实际运行还有许多问题需要深入研究,诸如反应器的类型和设计、催化剂的效率和寿命、水处理的流量等。目前国内外关于光催化降解有机物的理论研究尚处于探索阶段。只有美国建立了用太阳光作为光催化反应系统光源的试验装置,并进行了大量有效的试验,其他国家的研究均处于模拟试验阶段。我国采用光催化处理有机废水的研究工作尚处于起步阶段。

5. 膜法处理

膜技术是利用隔膜使溶剂同溶质和微粒分离的一种水处理方法,根据溶质或溶剂通过膜的推动力的大小,膜分离法可以分成几种,如反渗透法、超滤和微孔过滤等。近年来,为了尽可能减少水体污染程度,膜法也被应用到了渗滤液的处理领域,其中国外的应用和研究均较多。德国的 Thoms 将反渗透和微滤用于渗滤液的净化,研究了不同情况下反渗透膜的特性,指出用压力达到 120bar 的高压反渗透和与控制的结晶过程联合使用的微滤,可达到超过 95% 的渗透去除率。在德国的 msdorf 垃圾填埋场,用反渗透装置来继续处理生化水得到了成功的运行;荷兰、瑞士的几个渗滤液处理厂也先后使用了膜分离技术。国外实践证明,膜技术处理垃圾渗滤液是高效可靠的。袁维芳等对广州市大田垃圾填埋场渗滤液预处理出水进行了反渗透试验研究,这是国内首次采用反渗透法处理城市垃圾填埋场渗滤液。试验结果表明,当进水压力为 3.5 MPa,pH=5~6 等最适宜条件下,当进水 COD 为 250 mg/L、620 mg/L 时,出水 COD 浓度几乎为零,去除率为 100%,平均透水量为 30~421 L/(m² · h⁻¹)。膜处理前,需要良好的预处理,减少膜处理负荷,否则膜极易被污染和堵塞,处理效率急剧下降,同时必须对膜进行定期清洗。膜技术由于其极高的费用,现阶段我国还不可能将其广泛地应用于垃圾渗滤液的处理。除以上方法外,渗滤液的物化处理还有离子交换、电渗析、电解等方法。这些方法在一定程度上对渗滤液的水质和水量都有所改善,但不能从根本上使渗滤液得到完全的处理。

7.3.2 生物法

目前垃圾渗滤液的处理主要是采用生物法,包括好氧生物处理与厌氧生物处理。与好氧法相比,厌氧生物处理有许多优点,最主要的是能耗少、操作简单,因此投资及运行费用低廉。而且由于其产生的剩余污泥量少,所需的营养物质也少,其 BOD_5/P 只需 4 000:1,适合垃圾渗滤液含磷少的特点,对许多在好氧条件下难于处理的高分子有机物在厌氧时可以被生物降解。但是,厌氧处理出水中的 COD 浓度和氨氮浓度仍比较高,溶解氧很低,不宜直接排放到河流或湖泊中,一般需要进行后续的好氧处理。另外,世界上大多数垃圾渗滤液多是偏酸性的(pH 一般在 5.5~7.0),产甲烷菌将会受到抑制甚至死亡,不利于厌氧处理,而好氧处理对 pH 的要求就没有这么严格。再者,厌氧处理的最适温度是 35 ℃,低于这个温度时,处理效率迅速降低。比较而言,好氧处理对温度要求不高,在冬季时即使不控制水温,仍能达到较好的出水水质。

鉴于以上原因,目前对垃圾渗滤液的处理的主体工艺大多采用厌氧+好氧。对高浓度的垃圾渗滤液采用厌氧+好氧处理工艺既经济合理,处理效率又高。

1.厌氧生物处理

近年来发展的厌氧生物处理方法有:厌氧生物滤池、上流式污泥床反应器、厌氧折流板反应器等。

(1)厌氧生物滤池。厌氧生物滤池(Anaerobic Biological Filtration process,AF)是一种内部装微生物载体的厌氧反应器,由于微生物生长在填料上,不随水流失,所以 AF 有较高的污泥浓度和较长的泥龄(长达 100 d 以上)。其负荷一般为 0.1~15 kg COD/(m³ · d),常采用的负荷为 4.8 kg COD/(m³ · d)。AF 反应器具有良好的运行稳定性,能适应废水浓度和水力负荷的变化而不致引起长时间的性能破坏,可在低 pH 和含毒物条件下稳定运行,而且再启动迅速。其缺点是布水不均匀、填料昂贵且易堵。

加拿大 Halifax High Way101 填埋场渗滤液平均 COD 为 12 850 mg/L,BOD$_5$/COD 为 0.7,pH 为 5.6。将此渗滤液先经石灰水调节至 pH=7.8,沉淀 1 h 后进入厌氧滤池,当负荷为 4 kg COD/(m³·d)时,COD 去除率可达 92%以上;当负荷再增加时,其去除率急剧下降。由此可见,虽然厌氧生物滤池处理高浓度有机废水时其体积负荷可达 3~10 kg COD/(m³·d),但对于渗滤液其负荷必须保持较低水平才可以达到理想的处理效果。

陈石等对深圳市下坪固体废弃物填埋场渗滤液的中试研究表明,在低负荷运行期(HRT=10 d),厌氧滤池对 COD 和 BOD$_5$ 均有较高的去除效率,为 70%、80%。出水 COD 和 BOD$_5$ 均较低,分别为 3 000 mg/L 和 1 000 mg/L 左右。在高负荷运行期(HRT=5 d),出水的 COD 和 BOD$_5$ 均较高,分别为 4 500 mg/L 和 2 500 mg/L 左右。COD 去除率较高,约为 70%,BOD$_5$ 的去除率较低,只有 40%、60%。另外,厌氧滤池对容积负荷的变化有较强的适应性,当容积负荷在 1.83~3.09 kg COD/(m³·d)之间变化时,出水的 COD 一直比较稳定。

(2)上流式厌氧污泥床反应器。上流式厌氧污泥床(Upflow Anaerobic Sludge Blanket,UASB)是一项污水厌氧生物处理新技术,该技术首次把颗粒污泥的概念引入反应器中,是一种悬浮生长型反应器,具有很高的处理能力和处理效率,尤其适用于各种高浓度有机废水的处理。其主要优点是:工艺结构紧凑、处理能力大、效果好和投资省。缺点是该工艺不适于处理高悬浮物固体浓度的废水,三相分离器还没有一个成熟的设计方法,且颗粒污泥的培养较困难。

UASB 最大的特点是其反应器底部有一个高浓度(污泥浓度可达 60 g/L、80 g/L)、高活性的污泥层,使反应器的有机负荷有了很大提高。对于一般的高浓度有机废水,当水温在 30 ℃时,负荷可达 10~20 kg COD/(m³·d)。英国的水研究中心用上流式厌氧污泥床处理 COD>10 000 mg/L 的渗滤液,当负荷为 3.6~19.7 kg COD/(m³·d),平均泥龄为 1.0~4.3 d,温度为 30 ℃时,COD 和 BOD$_5$ 的去除率各为 82%和 85%,其负荷比厌氧滤池要大得多。加拿大的 Kennedy 等用间歇的 UASB 和连续的 UASB 处理垃圾渗滤液,其负荷范围在 0.6~19.7 kg COD/(m³·d),在中低负荷范围内,两者的处理效率大致相同,在高负荷范围内连续的 UASB 比间歇的 UASB 更为有效。在高负荷下,为保证间歇式 UASB 的正常运行,其污泥负荷不能超过 3 g COD/(GVSS·d)。国内的广州大田山垃圾填埋场渗滤液处理和三峡工程施工区生活垃圾填埋场等的厌氧处理部分都采用 UASB。

(3)厌氧折流板反应器。厌氧折流板反应器(Anaerobic Baffled Reactor,ABR)是 20 世纪 80 年代中期开发研究的新型、高效污水厌氧生物处理工艺。该反应器中使用一系列垂直安装的折流板,被处理的废水绕其流动而使水流在反应器内流经的总长度增加,再加之折流板的阻挡及污泥的沉降作用,生物固体被有效地截留在反应器内。具有水力条件好、生物固体截留能力强、微生物种群分布好、结构简单、启动较快及运行稳定等优良性能。运行中的 ABR 是一个整体为推流、各隔室为全混的反应器,因而可获得稳定的处理效果,适于处理高浓度有机废水。沈耀良等采用 ABR 处理城市污水与垃圾填埋场渗滤液混合废水,表明 ABR 可有效地改善混合废水的可生化性,进水 BOD$_5$/COD 为 0.2~0.3 时,出水可提高到 0.4~0.6。混合废水经 ABR 的预处理后,大大促进了废水进一步好氧处理的运行稳定性。

目前,ABR 反应器的研究尚处于实验室阶段,主要着重于其运行性能方面的研究,有关其工艺设计及运行方面的研究少有报道。英国的 Barber 等 ABR 的优点进行总结后指出,为推广 ABR 的大规模应用,必须在以下领域作出努力:中间产物及 COD 去除的过程模型、营养物质的需求、对有毒有害废水的处理以及对控制其中微生物平衡的因素有更深入的了解。

2.好氧生物处理

好氧生物处理包括活性污泥法、曝气氧化塘、生物转盘和接触氧化等。好氧处理可有效地降低 BOD、COD 和氨氮,还可以去除铁、锰等金属。

(1)活性污泥法。传统活性污泥法因其费用低、效率高而得到广泛的应用。美国和德国的几个活性污泥法污水处理厂的运行结果表明,通过提高污泥浓度来降低污泥有机负荷,活性污泥法可以获得满意的垃圾渗滤液处理效果。例如美国 FallTownship 的污水处理厂,其垃圾渗滤液进水的 COD 为 6 000~21 000 mg/L,BOD_5 为 3 000~13 000 mg/L,氨氮为 200~2 000 mg/L,曝气池污泥浓度(MLVSS)为 6 000~12 000 mg/L,是一般污泥浓度的 3~6 倍。在体积有机负荷为 1.87 kg BOD_5/(m^3 · d),F/M 为 0.15~0.31 kg BOD_5/(m^3 · d)时,BOD_5 去除率为 97%,在体积有机负荷为 0.3 kg BOD_5/(m^3 · d),F/M 为 0.03~0.05 kg BOD_5/(kgMLVSS · d)时,BOD_5 去除率为 92%。该厂的数据说明,只要适当提高活性污泥浓度,使 F/M 在 0.03~0.31 kg BOD_5/(kgMLVSS · d)之间(不宜再高),采用活性污泥法能够有效地处理垃圾渗滤液。但是,由于传统活性污泥法有机负荷较低,易发生污泥膨胀等问题,国内应用于渗滤液的处理并不多见。

1)氧化沟。氧化沟又名连续循环曝气池,它是活性污泥法的一种变型。氧化沟法是 1950 年由荷兰公共卫生研究所研究成功的。经过 30 余年的使用、研究、开发和改进,氧化沟系统在池形、结构、运行方式、曝气装置、处理规模、适用范围等方面得到了长足的进步,我国自 20 世纪 80 年代起,也相继采用氧化沟技术处理城市污水。

氧化沟的主要优点是:生物量高;水力停留时间和污泥停留时间长,易使氧化沟系统保持高的稳定性和可靠性。它把短程的推流式和整体上的完全混合式工艺独特地结合在一起,使工艺更趋简单,且便于操作,耐冲击、污泥量少、出水水质稳定、安全可靠。这些优点使氧化沟比较适合垃圾渗滤液的处理。1994 年底建成的中山市垃圾渗滤液处理厂,流程为:上流式厌氧污泥床(UASB)+氧化沟活性污泥法+生物稳定塘,但由于受当时的技术和人们对垃圾渗滤液水质的认识限制,在试运行过程中就出现了处理过程很难把握的情况。虽然采取了一些预处理和后处理的强化措施,在短时期内取得了较好的效果,但其出水一直未能达标。其他采用氧化沟处理的国内垃圾渗滤液在实际运行中也出现了类似的情况。

2)SBR 法。间歇式活性污泥法又称序批式活性污泥法,简称 SBR 法。它是将均匀水质、曝气氧化、沉淀排水等功能集于一体的周期循环活性污泥法。SBR 法与其他连续性活性污泥法相比,它不仅工艺系统组成简单,而且有其优越的工艺特征:①SVI 值低,污泥易于沉淀,在一般情况下,不产生污泥膨胀现象;②SBR 池集多种功能于一体,占地少、建设费用和运行费用都较低;③通过对运行方式的适当调节,有利于脱氮除磷。SBR 法的这些特点正适合处理垃圾渗滤液的需要。

谢可蓉等采用 SBR 法作为二级生物处理对汕头市油麻埠 200 t/d 垃圾渗滤液进行治理,结果表明,SBR 法对垃圾渗滤液中 COD 和 BOD_5 的去除有显著效果。当曝气时间为 4~12 h,COD、BOD、氨氮浓度分别为 20 000~25 000 mg/L、10 000~15 000 mg/L、

500 mg/L 时,其去除率分别为 85%～95%、90%～95%、65%～80%,且稳定性很强,但其出水仍需进一步处理。灵活、适度地调节 SBR 法的曝气时间,能使 SBR 法作为一种非常稳定有效的二级生化法应用于高浓度垃圾渗滤液的处理工艺中。李亚峰等用混凝＋SBR 法处理沈阳市赵家沟垃圾场的渗滤液,试验研究结果表明,采用聚合氯化铝铁混凝＋SBR 生化处理工艺,能够使垃圾渗滤液的 COD 值从 5 000～14 000 mg/L 降低到 200 mg/L 以下,BOD$_5$ 值从 1 800～5 600 mg/L 降低到 100 mg/L 以下。但未见有实际运行成功的报道。国外 SBR 的应用也较多,而且多与厌氧前处理一起应用。加拿大的 R. Zaloum 等人用单个 SBR 处理厌氧预处理后的水,其污泥停留时间为 50 d,水力停留时间为 2～3 d,处理效果远优于用 SBR 直接处理原水。但是,由于本身工艺的限制,SBR 法的负荷较低,抗冲击负荷能力也较差,在处理渗滤液的实际工程中常常达不到应有的效果。

3)CASS 法。CASS 生物处理法是周期循环活性污泥法的简称(Cyclic Activated Sludge System),是在 SBR 的基础上改进而来。两者的区别在于:CASS 工艺在反应器的前端设置预反应区,通过维持预反应区的缺氧状态,可有效防止污泥膨胀,同时通过主反应区污泥回流到预反应区,进行反硝化过程,达到生物脱氮的目的,对难生物降解有机物的去除效果也更好;CASS 法每个周期的排水量一般不超过池内总水量的 1/3,而 SBR 法则为 3/4,所以 CASS 法比 SBR 法的抗冲击能力更好。

孙召强等利用 CASS 工艺处理盘锦市垃圾处理厂渗滤液,设计 CASS 池工作周期为 24 h,其中进水 5 h,曝气 22 h(含进水 5 h),沉淀 1 h,排水 1 h,混合液浓度(MLVSS)为 4 500 mg/L,排出比为 1:10,BOD 负荷为 0.17 kg/(kgMLSS·d)时,经 CASS 稀释后进行处理,COD 为 1 282 mg/L,BOD$_5$ 为 968 mg/L,氨氮 42 mg/L 时,其去除率分别为 84.91%、98.83%、90.96%,达到设计出水水质。

(2)生物膜法。与活性污泥法相比,生物膜法具有抗水量、水质冲击负荷的优点,而且生物膜上能生长世代时间较长的微生物,如硝化菌之类。加拿大 British Columbia 大学的 P 和 Atwater 用直径为 0.9 m 的转盘处理 COD<1 000 mg/L,NH$_3$－N<50 mg/L 的弱性渗滤液,其出水 BOD$_5$<25 mg/L,当温度回升时,微生物的硝化能力随即恢复。但是应当指出,这种渗滤液的性质与城市污水相近,对于较强的渗滤液此方法是否适用还待研究。

李军等开发了一种适于处理高浓度垃圾渗滤液的 A/O 淹没式软填料生物膜法工艺,其优点是在载体上附着形成生物膜的不同部位有各自的优势菌种,即在 A 段以反硝化和异养菌为主,而在 O 段的前部和后部分别以异养菌和硝化菌为优势菌种。由于在淹没式生物膜中硝化和反硝化菌的生存环境远比活性污泥法优越,因此完成硝化和反硝化所需时间缩短(约为延时曝气池法的 1/3、1/2)。此外,淹没式软填料生物膜上的菌种更为多样,构成的食物链长,多余的生物膜大部分被原生动物和后生动物作为食料消耗掉,所以其剩余生物膜仅为活性污泥法剩余污泥量的 1/10～1/5。试验表明,A/O 淹没式生物膜曝气池适宜的 HRT 为 22.1 h(其中厌氧段为 6.5 h、好氧段为 15.6 h)、混合液回流比为 3,在该工艺参数下 COD 去除率为 71.7%、氨氮去除率为 90.8%。此工艺已应用于深圳下坪垃圾卫生填埋场的渗滤液处理。

(3)曝气氧化塘。与活性污泥法相比,曝气稳定塘体积大,有机负荷低,尽管降解速度较慢,但由于其工程简单,在土地价格不高的地方,垃圾渗滤液好氧生物处理方法比较合适。

美国、加拿大、英国、澳大利亚和德国的小试和中试规模的研究都表明,采用曝气氧化塘能够获得较好的垃圾渗滤液处理效果。例如,英国在 Bryn Posteg Landfill 的曝气氧化塘,容积为 $1\ 000\ m^3$,进水 COD 为 $24\ 000\ mg/L$,BOD_5 为 $18\ 000\ mg/L$,水力停留时间大于 $10\ d$,体积有机负荷小于 $1.75\ kg\ BOD_5/(m^3 \cdot d)$,F/M 为 $0.05 \sim 0.3\ kg\ BOD_5/(m^3 \cdot d)$ 时,曝气氧化塘全年运行良好,COD、BOD_5 和氨氮的去除率分别为 97%、99% 和 91%。我国广州大田山垃圾填埋场和福州红庙岭垃圾填埋场均采用曝气氧化塘作为渗滤液处理工艺的最后一环,但由于前面工艺的处理不达标,所以其出水都没有达标。

7.3.3　土地处理法

土地处理渗滤液主要是通过土壤中的微生物作用使渗滤液中的有机物和氨发生转化,通过蒸发作用减少渗滤液的产生量。它包括慢速渗透系统、快速渗透系统及地表漫流、湿地系统等多种土地处理方法。但该方法容易产生重金属和盐类在土壤中积累和饱和问题,对土壤和地下水造成污染,过量的盐类也会对植物的生长产生影响。另外,土壤的渗透能力也会随着时间的延长而逐渐下降,对渗滤液的处理效率也会随之降低。

总的来说,到目前为止,国内尚无完善的处理垃圾渗滤液的工艺。垃圾渗滤液具有成分复杂、水质水量变化巨大、有机物和氨氮浓度高、微生物营养元素比例失调等特点,因此在选择垃圾渗滤液生物处理工艺时,必须详细测定垃圾渗滤液的各种成分并分析其特点,以便采取相应的对策。垃圾渗滤液处理工艺的研究与开发应该考虑填埋场从开始使用到稳定封场后再利用的全过程,应针对渗滤液与一般污水处理特点的不同,对渗滤液的处理方案及处理技术的选择应有长远的考虑。

7.4　工程案例

垃圾渗滤液因其水质的复杂性,只有采用多种单元处理工艺的组合工艺流程,才能使其达到处理的最终要求。在此向读者介绍一些国内垃圾渗滤液处理的工程案例,供实践参考。

7.4.1　UASB/Orbal 氧化沟工艺处理垃圾渗滤液

1.工程概况

前堡垃圾填埋场位于姜堰市沈高镇前堡村,占地面积为 $25\ km^2$,设计库容量约为 $374 \times 10^4\ m^3$,使用年限为 $14.5\ a$,垃圾处理规模为 $600\ t/d$。由于该垃圾场为新建,根据"三同时"原则,必须建设一座渗滤液处理站,处理出水排入距场址约 $500\ m$ 的新通扬运河(类水体)。垃圾渗滤液处理站工程规模为 $200\ m^3/d$,设计进、出水水质见表 7-1。

表 7-1　渗滤液水质和出水标准

项目	pH	$\dfrac{COD}{mg \cdot L^{-1}}$	$BOD_5/(mg \cdot L^{-1})$	$\dfrac{SS}{mg \cdot L^{-1}}$	大肠菌值
渗滤液水质	6～8	5 000	2 000	600	
出水标准	6～8	300	150	200	$10^{-2} \sim 10^{-1}$

2.工艺流程

该工程主要处理对象是有机物、NH_3-N、重金属离子和色度,要求对 COD、BOD_5、SS、NH_3-N 去除率分别达到 94%,92.5%,67% 和 98.5% 以上。工程中采用加碱吹脱氨之后,进行混凝沉淀以除去大部分 NH_3-N、SS、色度、重金属离子和有机物,然后进入 Orbal 氧化沟进一步去除 NH_3-N 和有机物,工艺流程如图 7-1 所示。渗滤液由兼氧调节池先泵入 UASB 厌氧池处理,出水投加石灰调整 pH>10.5,经沉淀后上清液泵入吹脱塔除去大部分游离氨,气水逆向流动吹脱后,靠重力流入混凝沉淀池进行固液分离,上清液自流进入 Orbal 氧化沟内完成生物处理,在二沉池固液分离后经接触消毒池消毒后外排。沉淀池的污泥经浓缩后返回填埋场,上清液返回处理系统。剩余污泥返回兼氧调节池,池内设有搅拌混合装置,以达到兼氧处理的目的。

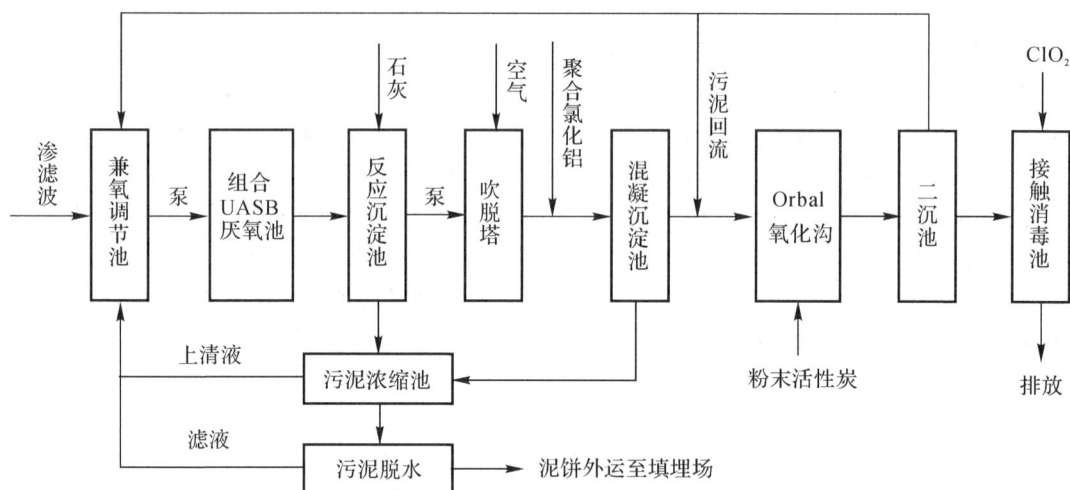

图 7-1 工艺流程

3.工艺特点

(1)由于垃圾渗滤液的 COD 浓度高,故采用较为成熟的 UASB 工艺,它具有运行负荷高、抗水力冲击负荷能力强等特点。

(2)先吹脱再进行厌氧处理需先加碱后加酸回调 pH,而先厌氧处理后吹脱可节省加酸成本。将厌氧处理放在吹脱之前,渗滤液可以直接进入厌氧池而无需调节 pH。另外,厌氧处理消耗了渗滤液中的碱度,使有机氮转化为无机氮,有利于提高吹脱氨氮的去除率,降低石灰投量,同时降低吹脱时产生的沉渣量。

(3)废水中的氨氮在 pH 达 11 时,游离氨含量占 90%。采用石灰调整 pH 再经沉淀后出水进入吹脱塔,停留时间为 2 h,氨氮吹脱率可达到 85% 左右,吹脱后废水 pH 为 9~9.5,再经混凝沉淀对 COD 和色度去除率可分别达到 50% 和 90% 以上。冬季气温低会造成脱氮效率降低。在 pH 为 11、温度为 22.5 ℃、气水比为 666:1 的条件下,对 NH_3-N 的去除率为 66.7%~82.5%,剩余大部分 NH_3-N 通过生物处理去除。

(4)PACT 工艺是一种向活性污泥系统中投加粉末活性炭(PAC)的改良的活性污泥法。与传统活性污泥法比较,PACT 工艺可以提高对难降解有机物的去除效果;提高系统抵抗毒物冲击能力;提高系统脱色效果;改善污泥沉降和脱水性能;提高硝化反应效率;缩短系统水力停留时间,减少曝气池的泡沫产生量;提高系统运行稳定性能。氧化沟采用脱氮效率较高的 Orbal 氧化沟。Orbal 氧化沟分为两条沟渠,第一沟道的容积约占总容积的 60%～70%,两沟的 DO 呈 0、1 mg/L、2 mg/L 分布,创造了一个极好的脱氮条件,第一沟的 TN 去除率可达到 88%左右。国内垃圾渗滤液处理工程实例中,采用氧化沟的很多,如北京的 4 座城市垃圾填埋场、福州的红庙岭垃圾填埋场、中山的垃圾填埋场、石家庄市垃圾填埋场、武进市垃圾填埋场等。

4.处理效果

从 2003 年 3 月开始调试,渗滤液处理量为 150 m³/d、180 m³/d,基本达到设计负荷。至 6 月中旬调试完成,6、7 月环境监测部门进行了跟踪监测,外排废水的 pH、COD、BOD₅、NH₃－N,SS、大肠菌值等指标低于《生活垃圾填埋污染控制标准》(GB 16889—1997)一级标准,监测结果见表 7－2。

表 7－2　监测结果

项　目	pH	COD mg·L⁻¹	BOD₅ mg·L⁻¹	SS mg·L⁻¹	氨氮 mg·L⁻¹	大肠菌值
进水	6～8	5 600	2 080	630	580	1 600
出水	7～8	176	42	23	17.5	10^{-2}
排放标准	6～9	300	150	200	25	10^{-2}～10^{-1}

7.4.2　辽宁省某垃圾填埋场处理

1.工程概况

辽宁省某垃圾填埋场于 2019 年建成并投入使用,占地面积 55 万 m²,库容 220 万 m³,垃圾处理规模 1 375 t/d。在填埋过程中,产生了大量含有高浓度重金属和有毒有机物的垃圾渗滤液,工程采用防渗膜,辽宁地下水短缺,故降雨量决定了渗滤液产生量。该地区多年年平均降雨量 472.3 mm/a,填埋区占地面积 20 万 m²,考虑厂区生活、生产废水等,渗滤液产生量约为 200 m³/d。进水水质结合建设方案设定,出水水质在满足生活垃圾填埋场污染控制标准(GB 16889—2008)排放标准的同时,也要达到 DB 21/1627—2008,出水可作为填埋场绿化,车辆道路冲洗等非生活用水具体进水指标见表 7－3。

表 7－3　设计进出水水质

项　目	COD mg·L⁻¹	BOD mg·L⁻¹	SS mg·L⁻¹	NH₃－N mg·L⁻¹	TN mg·L⁻¹	pH
进水	8 000	3 500	1 500	1 000	1 000	6～8
排放标准	50	10	20	8	15	6～8

2.工艺流程

提升泵提升至 UASB 厌氧反应器中,渗滤液反应器中进行厌氧发酵,将有机物转化为水、甲烷、CO_2 等物质,提高了渗滤液可生化性。好氧系统采用外置式 MBR,用超滤代替了常规生化工艺的二沉池。UASB 出水流入 A/O 池,反硝化/硝化菌去除了大部分 COD、BOD、氨氮、硝态氮,脱氮后的渗滤液流入超滤膜中,通过膜组件的高效截留作用将泥水彻底分离。由于垃圾渗滤液污染浓度高,生化处理难以使其达到排放标准,所以采用纳滤与反渗透串联的深度处理工艺,并设置超越管线,根据水质情况和 MBR 系统运行情况决定是否采用反渗透系统,在保证出水水质的前提下节约成本。本工程 NF 和 RO 系统的浓缩液产量少,采用回灌的方法处理浓缩液,浓缩液回灌有利于垃圾填埋场对污染物质的消纳分解。具体工艺流程如图 7-2 所示。

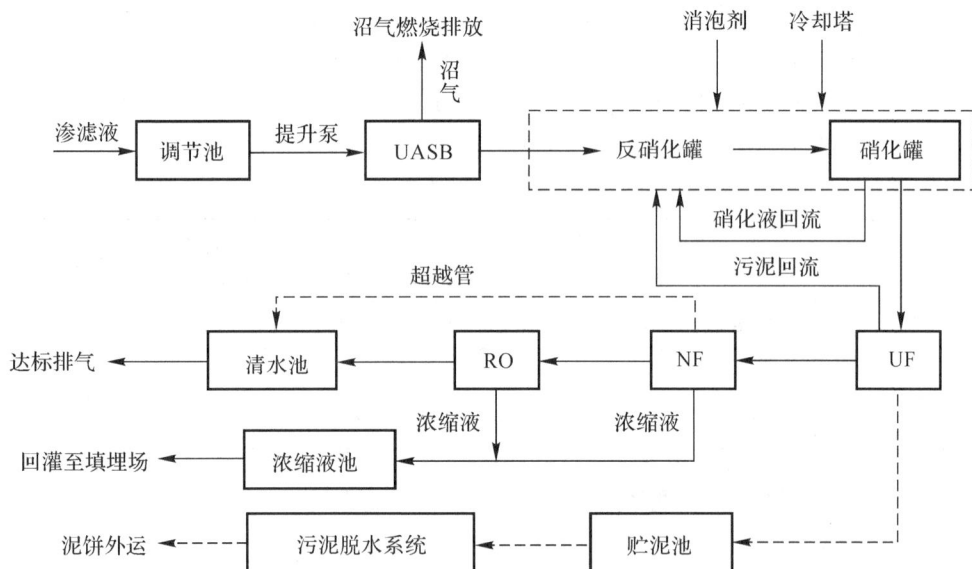

图 7-2　渗滤液处理站工艺流程

3.运行效果

该工程经过 3 个月的运行调试,当地环境监测站每周测得出水口各项水质指标见表 7-4。

表 7-4　渗滤液处理站出水水质检测

周	COD / mg·L^{-1}	BOD / mg·L^{-1}	SS / mg·L^{-1}	NH_3-N / mg·L^{-1}	TN / mg·L^{-1}
1	31	6.5	1.8	0.8	10.2
2	29	6.3	1.9	0.7	9.4
3	28	6.7	1.7	0.8	8.9
4	32	6.6	2.0	1.3	9.3
5	33	6.1	2.1	0.9	9.7
6	31	5.9	1.8	0.7	9.6
7	30	6.3	2.0	0.9	10.0
8	27	6.4	2.1	0.8	10.3

续表

周	$\dfrac{\text{COD}}{\text{mg} \cdot \text{L}^{-1}}$	$\dfrac{\text{BOD}}{\text{mg} \cdot \text{L}^{-1}}$	$\dfrac{\text{SS}}{\text{mg} \cdot \text{L}^{-1}}$	$\dfrac{\text{NH}_3-\text{N}}{\text{mg} \cdot \text{L}^{-1}}$	$\dfrac{\text{TN}}{\text{mg} \cdot \text{L}^{-1}}$
9	30	6.2	2.0	1.0	9.5
10	29	6.1	1.6	1.1	9.1
11	28	6.0	1.9	0.9	8.7
12	31	5.8	2.1	0.8	8.5

由表可知,系统对 COD、BOD、SS、NH_3-N、TN 的去除率分别为 99.6%、99.8%、99.9%、99.9%、99.1%,从实际运行情况看,采取"厌氧＋MBR＋纳滤＋反渗透"法处理垃圾渗滤液,出水水质满足 GB 16889—2008 排放要求。

7.4.3　湖北省某垃圾填埋场处理

1.工程概况

湖北省某生活垃圾卫生填埋场设计生活垃圾处理量为 3 000 t/d。垃圾渗滤液处理站设计规模为 500 m^3/d,根据垃圾渗滤液的来源和多年实测水质,确定设计进水水质,设计出水水质执行 GB 16889—2008 标准,本工程主要设计进出水水质见表 7 - 5。

表 7 - 5　设计进出水水质

项　目	pH	$\dfrac{\text{COD}}{\text{mg} \cdot \text{L}^{-1}}$	$\dfrac{\text{BOD}}{\text{mg} \cdot \text{L}^{-1}}$	$\dfrac{\text{SS}}{\text{mg} \cdot \text{L}^{-1}}$	$\dfrac{\text{NH}_3-\text{N}}{\text{mg} \cdot \text{L}^{-1}}$	$\dfrac{\text{TN}}{\text{mg} \cdot \text{L}^{-1}}$
进水	6~9	20 000	8 400	1 400	2 500	3 000
排放标准	6~9	100	30	30	825	40

2.废水处理工艺

该项目渗滤液采用 BBR - Fenton - BAF 组合处理工艺,其中 BBR 系统为生化处理单元,由混合池、BBR 装置和曝气池组成;Fenton - BAF 系统为深度处理单元,由一级 Fenton、一级 BAF、二级 Fenton 和二级 BAF 组成。工艺流程如图 7 - 3 所示。

渗滤液先进入调节池进行水质均化和水量调节,再提升至混合池,与曝气池回流污水和沉淀池回流污泥进行混合。混合池出水自流进入 BBR 装置(即 BBR 转盘设备),主要是为激活芽孢杆菌、保持菌活性、细菌繁殖提供场所,并通过生长在内转盘载体上的芽孢杆菌降解渗滤液中的有机污染物。BBR 装置出水自流进入 BBR 曝气池系统,曝气池系统由 4 格等容池体组成,通过控制不同的溶解氧浓度,实现芽孢杆菌的菌属分布,通过曝气池内芽孢杆菌及其他微生物的作用,对渗滤液中的污染物、NH_3-N、硝氮等进行有效的去除,曝气池末端设置回流泵回流部分污水至混合池和曝气池前端。由于生化反应为放热过程,为维持污泥的活性,需要控制曝气池系统的温度在一定范围之内,设计冷却塔为曝气池系统降温,夏季控制曝气池系统温度小于 35 ℃。曝气池出水自流入沉淀池进行泥水分离,上清液进入深度处理单元进一步处理,污泥一部分回流至混合池和曝气池前端,一部分进入污泥储池。

渗滤液

调节池

混合池

BBR装置

1号曝气池

鼓风机

2号曝气池

3号曝气池

污水回流

污水回流

脱水清液回流

4号曝气池

沉淀池 → 污泥储池

一级Fenton

脱水机

一级BAF

外运处置

二级Fenton

污泥储池

二级BAF

脱水机

出水排放

填埋

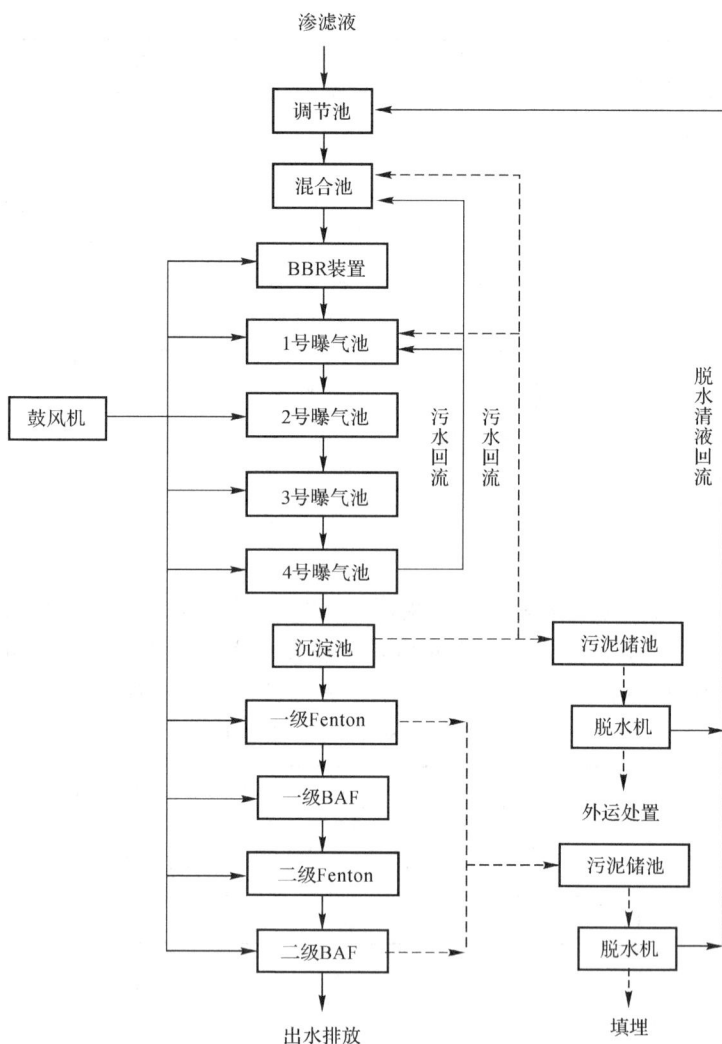

图 7-3 渗滤液处理工艺流程

　　渗滤液进入一级 Fenton 后,在羟基自由基的作用下,渗滤液中难生物降解有机物的结构被破坏,大部分有机污染物被直接矿化成二氧化碳和水,或转化为小分子有机物,再经过絮凝沉淀进一步除去有机污染物、总磷及部分重金属等,一级 Fenton 处理系统的沉淀清液进入一级 BAF,沉淀污泥进入污泥储池。BAF 集生物氧化、生物絮凝和过滤截留于一体,渗滤液在一级 BAF 有效去除污水中残余的 COD、NH_3-N 和硝氮。考虑到出水水质要求高,设置了二级 Fenton 和二级 BAF,保证出水稳定达标排放。在此过程中为保证出水 TN 达标,厌氧段 BAF 会加入少量碳源。生化处理单元产生的生化剩余污泥和深度处理单元产生的化学污泥分别贮存在污泥储池中,采用叠螺脱水机脱水后,生化剩余污泥外运处理处置,化学污泥运至填埋场填埋处置,污泥脱水清液回流入调节池。

第8章 钢铁冶炼废水

钢铁工业是全球工业生产中的支柱产业之一,为建设基础设施、制造机械设备和其他产品提供了关键材料。然而,钢铁生产过程伴随大量的废水排放,其中包含有害物质和污染物,对环境造成了严重的危害。这些废水排放包括有机物、重金属、悬浮物和酸性物质等,对附近的土壤、水源和生态系统造成了直接和间接的不良影响,这些影响包括土壤污染、水质恶化、水生生态系统受损以及人类健康风险。随着环保法规的不断升级和社会对环境保护的关注不断增加,钢铁企业面临着严格的废水排放标准和监管压力。因此,钢铁工业不仅需要解决废水处理问题,还需要将其纳入可持续发展战略中,以保障行业的未来发展。废水中含有大量有价值的物质,如铁、钢、镍等金属元素,传统的废水处理方法未能有效回收这些资源。通过技术创新可以开发高效的废水回收和资源回收技术,减少资源浪费,实现废水的再利用,降低生产成本,提高资源利用效率。这有助于钢铁企业在竞争激烈的市场中保持竞争力,同时降低对自然资源的依赖,符合可持续发展理念。

8.1 矿山废水的处理

硫化矿床在氧气和水的作用下,其中的硫、铁等元素会生成硫酸和金属硫酸盐,溶解于水而成为矿山酸性废水。硫化矿山酸性废水的水量与水质和矿床的形成及埋藏条件、矿物的组成、矿山开采方法、水文地质和气象条件等因素有关。酸性废水中多含有铜、锌等金属离子。

矿山废水的特点是水量、水质变化大,废水呈酸性。要合理确定矿山废水的处理规模,并使被处理水的水质波动不要过大,往往需要设调节水池和调节水库,先把水收集起来,再进行处理。矿山废水是呈硫酸型的废水,一般 pH 为 1.5~6,这样低的硫酸含量,显然没有回收价值,因此往往采用中和处理的方法。矿山酸性废水的处理,一般采用石灰中和法。水质变化结果见表 8-1。

鉴于 $Fe(OH)_3$ 在沉淀和脱水性能方面远比 $Fe(OH)_2$ 好,为使处理构筑物和设备能力减少,从而采取曝气或用一氧化氮催化氧化,然后以石灰中和,可提高沉淀效果和出水水质。

矿山酸性废水的处理离不开中和法,常用的中和剂是石灰石和石灰,因为其他中和剂价格高不宜采用,因此处理后水中的 Ca^{2+} 往往含量很高或者是饱和的,再利用时应特别注意水质稳定问题,否则引起管道和设备的阻塞,给生产带来更大损失。

表 8-1　用石灰中和矿山酸性废水的水质变化

项　　目	原水质	处理后	说　　明
外观	黄浊	澄清、无色	石灰投量过高,可适当控制 pH 为 8～9
pH	2～3	9～12	
砷/(mg·L^{-1})	1.6	0.003～0.2	
氟/(mg·L^{-1})	10	0.8～1.0	
总铁/(mg·L^{-1})	926	0.03～0.22	
石灰投量/(g·L^{-1})	5～6		

8.2　烧结厂废水处理与回用

烧结的生产过程是把矿粉、燃料和溶剂按一定比例配料,混匀,然后在高温下点火燃烧,利用其中燃料燃烧时所产生的高温,使混合料局部熔化,将散料颗粒粘结成块状烧结矿,作为炼铁原料,在燃烧过程中,同时去除硫、砷、锌、铅等有害杂质。烧结矿经冷却、破碎、筛分而成 5～50 mm 粒状料送入高炉冶炼。

8.2.1　废水的来源及水质、水量

烧结厂废水主要来自湿式除尘排水、冲洗地坪水和设备冷却排水。湿式除尘排水含有大量的悬浮物,需经处理后方可串级使用或循环使用,如果排放,必须处理到满足排放标准;冲洗地坪水为间断性排水,悬浮物含量高,且含大颗粒物料,经净化后可以循环使用;设备冷却水,水质并未受到污物 的污染,仅为水温升高(称热污染),经冷却处理后,一般都能回收重复利用。

因此,烧结厂的废水污染,主要是指含高悬浮物的废水,如不经处理直接外排则会有较大危害,且浪费水资源和大量可回收的有用物质。烧结厂废水经沉淀浓缩后污泥含铁量较高,有较好的回收价值。

8.2.2　废水处理方法

烧结厂废水处理主要目标是去除悬浮物,换言之就是对除尘、冲洗废水的治理。这类废水治理的主要技术难点在于污泥脱水。烧结厂废水经沉淀后污泥含铁品位很高,沉淀较快,但由于有一定黏性,故使脱水困难。

我国烧结厂工艺设备先进程度差距很大,废水处理的工艺也多种并存。国内比较常用的废水处理工艺有以下五种:平流式沉淀池分散处理工艺、集中浓缩浓泥斗处理工艺、集中浓缩拉链机处理工艺、集中浓缩真空过滤机(或压滤机)处理工艺、集中浓缩综合处理 工艺。

1.平流式沉淀池分散处理工艺

这是一种简单、"古老"的处理工艺,多为遗留下来设施的沿用,目前在中小型烧结厂或

大型烧结厂的某些车间中还采用,清泥方法也引进了机械设备,如链式刮泥机或机械抓斗起重机。

2. 集中浓缩浓泥斗处理工艺

此种工艺是目前中小型烧结厂中常见的工艺。烧结厂废水先进入浓缩池,经浓缩沉淀后的底部沉泥经砂泵扬送到浓泥斗进行处理,浓泥斗是架设在返矿皮带口的构筑物。

污泥在浓泥斗中一般以静置 3～6 d 为宜,时间过长,会使污泥压实,造成排泥困难;时间过短,会使污泥含水量过高。排泥是由螺旋推进排泥机完成的。

集中浓缩浓泥斗处理工艺是处理烧结厂废水行之有效的方式,目前我国中小型厂多采用,不仅改善了排水水质,而且还回收了有用物质;但对大型烧结厂不太适用,应选择其他工艺。

3. 集中浓缩拉链机处理工艺

此法的特点是处理后的水质可达循环用水的水质要求,通过污泥拉链机保证了排泥的连续性。

浓缩池的溢流水供循环使用。浓缩后的底部污泥排入拉链机,在拉链机中再沉淀,沉淀的污泥由拉链传送到返矿皮带上,送往混合配料。其含水率可以达到 20％～30％,拉链机的溢流水再返回到浓缩池中。

4. 集中浓缩真空过滤(或压滤)工艺

该法的前部分集中浓缩处理与前述基本相同,而后部分污泥处理则采用真空过滤机(或压滤机)。

近年来通过工业试验,带式压滤机在烧结厂污泥脱水方面有良好效果,为设计提供了新的选择。

8.2.3　烧结厂废水处理技术及发展趋势

随着钢铁工业技术的发展,烧结厂工艺趋向于带式烧结机大型化。而对于大型厂的除尘设备多采用电除尘器,从而代替了湿式除尘,烧结厂的主要废水便得到根本的解决。从我国的实际情况来看,湿式除尘设备还要在较长时期和较大范围内采用,需要研究废水处理的新方法、新工艺。根据国内外发展的状况分析,烧结厂废水处理技术的发展趋势,可归纳为以下几方面。

1. 强化处理,实施重复用水技术

烧结厂产生的废水,一般不含有毒有害的污染物,通过冷却、沉淀,就可循环使用或串级利用。对烧结厂废水强化处理,既能节约用水,又可回收有用物质,其经济效益十分客观。只要选择好处理工艺,使生产废水可达到或接近零排放的目标。

2. 污泥脱水是关键技术

如上所述,烧结厂含尘废水处理的难点是泥浆的脱水技术,烧结生产工艺要求加入混合配料的污泥含水率不大于 12％,这是当前污泥脱水工艺难以达到的,采用烘干加热等措施在经济上显然没有推广使用价值,故在过滤、压滤工艺中,必须强化效果,比如选择适用的絮凝剂,提高脱水效果,或制成球团,直接用于冶炼。

3.应用絮凝剂

国外在烧结废水处理中都投加高效絮凝剂,以便提高出水水质,我国亦逐步推广使用各种类型的高效絮凝剂。但无论使用何种絮凝剂,都应事先经过试验,以确定优选药剂及其最佳投药量。

8.3 炼铁废水的处理与利用

8.3.1 基本介绍

炼铁工艺是将原料(矿石和熔剂)及燃料(焦炭)送入高炉,通入热风,使原料在高温下熔炼成铁水,同时产生炉渣和高炉煤气。炼铁产生的高炉渣,经水淬后成水渣,用于生产水泥等制品,是很好的建筑材料。炼铁厂包含有高炉、热风炉、高炉煤气洗涤设施、鼓风机、铸铁机、冲渣池等,以及与之配套的辅助设施。

1.废水的来源

高炉和热风炉的冷却、高炉煤气的洗涤、炉渣水淬和水力输送是主要的用水装置,此外还有一些用水量较小或间断用水的地方。以用水的作用来看,炼铁厂的用水可分为:设备间接冷却水;设备及产品的直接冷却水;生产工艺过程用水及其他杂用水。随之而产生的废水也就是间接冷却废水、设备或产品的直接冷却废水及生产工艺过程中的废水。炼铁厂生产工艺过程中产生的废水主要是高炉煤气洗涤水和冲渣废水。

2.废水的水量和水质

炼铁厂的所有给水,除极少量损失外,均转为废水,所以用水量基本上与废水量相当。高炉煤气洗涤水是炼铁厂的主要废水,其特点是水量的,悬浮物含量高,含有酚、氰等有害物质,危害大,所以它是炼铁厂具有代表性的废水。

3.废水处理的技术路线

废水主要的处理技术有:悬浮物的去除、温度的控制、水质稳定、沉渣的脱水与利用和重复用水等5方面内容。

(1)悬浮物的去除。炼铁厂废水的污染,以悬浮物污染为主要特征,高炉煤气洗涤水悬浮物含量达 1 000～3 000 mg/L,经沉淀后出水悬浮物含量应小于 150 mg/L。鉴于混凝药剂近年来得到广泛应用,高炉煤气洗涤水大多采用聚丙烯酰胺与铁盐并用,都取得良好效果。

(2)温度的控制。用水后水温升高,通称热污染,循环用水而不排放,热污染不构成对环境的破坏。但为了保证循环,针对不同系统的不同要求,应采取冷却措施。炼铁厂的几种废水都产生温升,由于生产工艺不同,有的系统可不设冷却设备,如冲渣水。水温度的高低,对混凝沉淀效果以及解垢与腐蚀的程度均有影响。设备间接冷却水系统应设冷却塔,而直接冷却水或工艺过程冷却系统,则应视具体情况而定。

(3)水质稳定。水的稳定性是指在输送水过程中,其本身的化学成分是否起变化,是否引起腐蚀或结垢的现象。既不结垢也不腐蚀的水称为稳定水。

控制碳酸盐解垢的方法如下:

1)酸化法。酸化法是采用在水中投加硫酸或者盐酸,利用 $CaSO_4$、$CaCl_2$ 的溶解度远远大于 $CaCO_3$ 的原理,防止结垢。

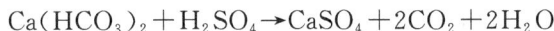

$$Ca(HCO_3)_2 + H_2SO_4 \rightarrow CaSO_4 + 2CO_2 + 2H_2O$$
$$Ca(HCO_3)_2 + 2HCl \rightarrow CaCl_2 + 2CO_2 + 2H_2O$$

向水中投加二氧化碳也属于酸化法。

$$CaCO_3 + CO_2 + H_2O \rightarrow Ca(HCO_3)_2$$

二氧化碳的来源可以利用烟道气,其中二氧化碳含量不低于 40%,采用前应加以除尘净化。

2)石灰软化法。在水中投入石灰乳,利用石灰的脱硬作用,去除暂时硬度,使水软化。

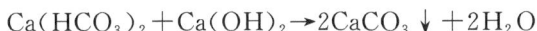

$$CaO + 2H_2O \rightarrow Ca(OH)_2$$
$$Ca(HCO_3)_2 + Ca(OH)_2 \rightarrow 2CaCO_3 \downarrow + 2H_2O$$

石灰的投加量可以采用理论计算求出,而实际工作中多用试验方法确定。要特别提出注意的是,在用石灰软化时,为使细小的 $CaCO_3$ 颗粒长大,同时要加絮凝剂(如 $FeCl_3$)。

3)药剂缓垢法。加药稳定水质的机理是在水中投加有机磷类、聚羧酸型阻垢剂,利用它们的分散作用,晶格畸变效应等优异性能,控制晶体的成长,使水质得到 稳定。最常用的水质稳定剂有聚磷酸钠、NTMP(氮基膦酸盐)、EDP(乙醇二膦酸盐)和聚马来酸酐等。

(4)沉渣的脱水与利用。炼铁厂的沉渣主要是高炉煤气洗涤水沉渣和高炉渣,都是用之为宝、弃之为害的沉渣。高炉水淬渣用于生产水泥,已是供不应求的形势,技术也十分成熟。高炉煤气洗涤 沉渣的主要成分是铁的氧化物和焦炭粉,将这些沉渣加以利用,经济效益十分可观,同时也减轻了对环境的污染。

(5)重复用水。悬浮物的去除、温度的控制、水质稳定和沉渣的脱水与利用是保证循环用水必不可少的关键技术,一环扣一环,哪一环解决不好,循环用水都是空谈。它们之间又不是孤立的,互相联系,互相影响,所以要坚持全面处理,形成良性循环。

炼铁厂的用水量大,用水水质要求有明显差别,十分有利于串级用水,保证各类水循环中浓缩倍数不必太高,有定量"排污"到下一道用水系统中,全厂就可以达到无废水排放的水平。

8.3.2　高炉煤气洗涤水的处理

1.高炉煤气洗涤工艺及废水性质

从高炉引出的煤气称荒煤气,先经过重力除尘,然后进入洗涤设备。煤气的洗涤和冷却是通过在洗涤塔和文氏管中水、气对流接触而实现的。由于水与煤气直接接触,煤气中的细小固体杂质进入水中,水温随之升高,一些矿物质和煤气中的酚、氰等有害物质也被部分地溶入水中,形成了高炉煤气洗涤水。

有代表性的洗涤有洗涤塔、文氏管并连洗涤工艺,如图 8-1 所示。

高炉煤气洗涤水的水质变化很大,不同的高炉或即便同一座高炉,在不同的工况下所产生的废水都不相同,其物理化学性质与原水有一定关系,但主要取决于高炉炉料的成分、炉顶煤气压力、洗涤水温度等。

2.高炉煤气洗涤水处理工艺流程

高炉煤气洗涤水处理工艺主要包括沉淀（或混凝沉淀）、水质稳定、降温（有炉顶发电设施的可不降温）、污泥处理四部分。沉淀去除悬浮物采用辐射式沉淀池为多，效果较好。国内采用的工艺流程有如下几种。

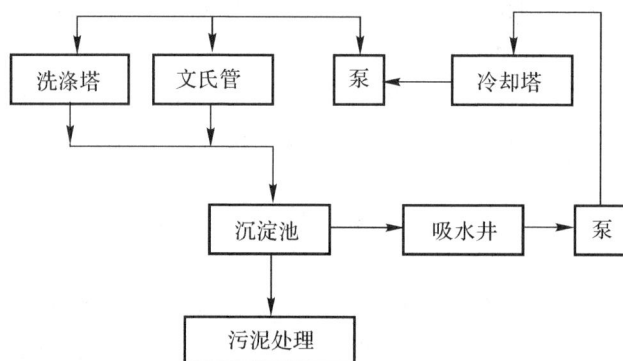

图 8-1　洗涤塔、文氏管并连洗涤工艺

（1）石灰软化—碳化法工艺流程。洗涤煤气后的污水经辐射式沉淀池加药混凝 沉淀后，出水的 80％送往降温设备（冷却塔），其余 20％的出水泵往加速澄清池进行软化，软化水和冷却水混合流入加烟井，进行碳化处理，然后泵送回煤气洗涤设备循环使用。从沉淀池底部排出泥浆，送至浓缩池进行二次浓缩，然后送真空过滤机脱水。浓缩池溢流水回沉淀池，或直接去吸水井供循环使用。瓦斯泥送入贮泥仓，供烧结作原料。

（2）投加药剂法工艺流程。洗涤煤气后的废水经沉淀池进行混凝沉淀，在沉淀池出口的管道上投加阻垢剂，阻止碳酸钙结垢，同时防止氧化铁、二氧化硅、氢氧化锌等结合生成水垢，在使用药剂时应调节 pH。为了保证水质在一定的浓缩倍数下循环，定期向系统外排污，不断补充新水，使水质保持稳定。

（3）酸化法工艺流程。从煤气洗涤塔排出的废水，经辐射式沉淀池自然沉淀（或混凝沉淀），上层清水送至冷却塔降温，然后由塔下集水池输送到循环系统，在输送管道上设置加酸口，废酸池内的废硫酸通过胶管适量均匀地加入水中。沉泥经脱水后，送烧结利用。

（4）石灰软化—药剂法工艺流程。本处理法采用石灰软化（20％～30％的清水）和加药阻垢联合处理。由于选用不同水质稳定剂进行组合配方，达到协同效应，增强水质稳定效果。

8.3.3　高炉冲渣废水处理

高炉渣水淬方式分为渣池水淬和炉前水淬两种，高炉冲渣废水一般指炉前水淬所产生的废水。因为循环水质要求低，所以经渣水分离后即可循环，温度高一些不影响冲渣，因而，在冲渣水系统中，可以设计成只有补充水、而无排污的循环系统。渣水分离的方法有以下几种。

1.渣滤法

将渣水混合物引至一组滤池内，由渣本身作滤料，使渣和水通过滤池将渣截流在池内，并使水得到过滤。过滤后的水悬浮物含量很少，且在渣滤过程中，可以 降低水的暂时硬度，滤料也不必反冲洗,循环使用比较好实现。但滤池占地面积大,一般都要几个滤池轮换作业,并难以自动控制,因此渣滤法只适用于小高炉的渣 水分离。

2. 槽式脱水法(RASA 拉萨法)

将冲渣水用泵打入一个槽内,槽底、槽壁均用不锈钢丝网拦挡,犹如滤池,但脱水面积远远大于滤池,故占地面积较少。脱水后的水渣由槽下部的阀门控制排出,装车外运;脱水槽出水夹带浮渣,一并进入沉淀池,沉淀下的渣再返回脱水槽,溢流水经冷却循环 使用。

3. 转鼓脱水法(INBA 印巴法)

将冲渣水引至一个转动着的圆筒形设备内,通过均匀的分配,使渣水混合物进入转鼓,由于转鼓的外筒是由不锈钢丝编织的网格结构,进入转鼓内的渣和水很快得到分离。水通过渣和网,从转鼓的下部流出;渣则随转鼓一道做圆周运动。当渣被带到圆周的上部时,依靠自重落至转鼓中心的输出皮带机上,将渣运出,实现水与渣的分离。由于所有的渣均在转鼓内被分离,没有浮渣产生,所以不必再设沉淀设施,极大地提高了效率,这是先进的渣水分离设备。

8.4 炼钢废水的处理与利用

8.4.1 概述

炼钢是将生铁中含量较高的碳、硅、磷、锰等元素去除或降低到允许值之内的工艺过程。炼钢方法一般为转炉炼钢,并以纯氧顶吹转炉炼钢为主。电炉多炼一些特殊钢,平炉炼钢是一种老工艺,实际上已被淘汰。由于连铸工艺的实施,连铸机广泛的使用是钢铁工业的一次重大工艺改革,所以炼钢厂包括了连铸这一部分工艺过程。炼钢废水主要分为 3 类。

1. 设备间接冷却水

这种废水的水温较高,水质不受到污染,采取冷却降温后可循环使用,不外排。但必须控制好水质稳定,否则会对设备产生腐蚀或结垢阻塞现象。

2. 设备和产品的直接冷却废水

主要特征是含有大量的氧化铁皮和少量润滑油脂,经处理后方可循环利用或外排。

3. 生产工艺过程废水

实际上就是指转炉除尘废水。炼钢废水的水量,由于其车间组成、炼钢工艺、给水条件的不同,而有所差异。

8.4.2 转炉除尘废水治理

众所周知,炼钢过程是一个铁水中碳和其他元素氧化的过程。铁水中的碳与吹氧发生反应,生成 CO,随炉气一道从炉口冒出。回收这部分炉气,作为工厂能源的一个组成部分,这种炉气叫作转炉煤气;这种处理过程,称为回收法,或叫未燃法。如果炉口处没有密封,从而大量空气通过烟道口随炉气一道进入烟道,在烟道内,空气中的氧气与炽热的 CO 发生燃烧反应,使 CO 大部分变成 CO_2,同时放出热量,这种方法称为燃烧法。这两种不同的炉气处理方法,给除尘废水带来不同影响。含尘烟气一般均采用两级文丘里洗涤器进行除尘和降温。使用过后,通过脱水器排出,即为转炉除尘废水。

1. 转炉除尘废水处理技术

如上所述,要解决转炉除尘废水的关键技术,一是悬浮物的去除,二是水质稳定问题,三是污泥的脱水与回收。

(1)悬浮物的去除。纯氧顶吹转炉除尘废水中的悬浮物杂质均为无机化合物,采用自然沉淀的物理方法,虽 能使出水悬浮物含量达到 $150\sim200$ mg/L 的水平,但循环利用效果不佳,必须采用强化沉淀的措施。一般在辐射式沉淀池或立式沉淀池前加混凝药剂,或先通过磁凝聚器经磁化后进入沉淀池。最理想的方法应使除尘废水进入水力旋流器,利用重力分离的原理,将粒径大于 $60~\mu m$ 的悬浮颗粒去掉,以减轻沉淀池的负荷。废水中投加 1 mg/L 的聚丙烯酰胺,即可使出水悬浮物含量达到 100 mg/L 以下,效果非常显著,可以保证正常的循环利用。由于转炉除尘废水中悬浮物的主要成分是铁皮,采用磁凝聚器处理含铁磁质微粒十分有效,氧化铁微粒在流经磁场时产生磁感应,离开时具有剩磁,微粒在沉淀池中互相碰撞吸引凝成较大的絮体从而加速沉淀,并能改善污泥的脱水性能。

(2)水质稳定问题。由于炼钢过程中必须投加石灰,在吹氧时部分石灰粉尘还未与钢液接触就被吹出炉外,随烟气一道进入除尘系统,因此,除尘废水中 Ca^{2+} 含量相当多,它与溶入水中的 CO_2 反应,致使除尘废水的暂时硬度较高,水质失去稳定。采用 沉淀池后投入分散剂(或称水质稳定剂)的方法,在螯合、分散的作用下,能较成功地防垢、除垢。投加碳酸钠(Na_2CO_3)也是一种可行的水质稳定方法。Na_2CO_3 和石灰[$Ca(OH)_2$]反应,形成 $CaCO_3$ 沉淀:

$$CaO+H_2O \rightarrow Ca(OH)_2$$

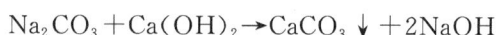
$$Na_2CO_3+Ca(OH)_2 \rightarrow CaCO_3 \downarrow +2NaOH$$

而生成的 NaOH 与水中 CO_2 作用又生成 Na_2CO_3,从而在循环反应的过程中,使 Na_2CO_3 得到再生,在运行中由于排污和渗漏所致,仅补充一些量的 Na_2CO_3 保持平衡。该法在国内一些厂的应用中有很好效果。

利用高炉煤气洗涤水与转炉除尘废水混合处理,也是保持水质稳定的一种有效方法。由于高炉煤气洗涤水含有大量的 HCO_3^-,而转炉除尘废水含有较多的 OH^-,使两者结合,发生如下反应:

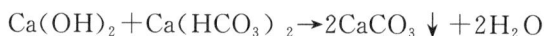
$$Ca(OH)_2+Ca(HCO_3)_2 \rightarrow 2CaCO_3 \downarrow +2H_2O$$

生成的碳酸钙正好在沉淀池中除去,这是以废治废、综合利用的典型实例。在运转过程中如果 OH^- 与 HCO_3^- 量不平衡,适当在沉淀池后加些阻垢剂做保证。

总之,水质稳定的方法是根据生产工艺和水质条件,因地制宜地处理,选取最有效、最经济的方法。

(3)污泥的脱水与回收。转炉除尘废水,经混凝沉淀后可实现循环使用,但沉积在池底的污泥必须予以恰当处理,否则循环仍是空话。转炉除尘废水污泥含铁达 70%,有很高的利用价值。处理此种污泥与处理高炉煤气洗涤水的瓦斯泥一样,国内一般采用真空过滤脱水的方法,脱水性能比较差,脱水后的泥饼很难被直接利用,制成球团可直接用于炼钢。

2. 废水处理工艺流程

(1)混凝沉淀——水稳药剂处理流程。从一级文氏管排出的除尘废水经明渠流入粗粒分离槽,在粗粒分离槽中将含量约为 15％的、粒径大于 60 μm 的粗颗粒杂质通过分离机予以分离,被分离的沉渣送烧结厂回收利用;剩下含细颗粒的废水流入沉淀池,加入絮凝剂进行混凝沉淀处理,沉淀池出水由循环水泵送二级文氏管使用。二级文氏管的排水经水泵加压,再送一级文氏管串联使用,在循环水泵的出水管内注入防垢剂(水质稳定剂),以防止设备、管道结垢。加药量视水质情况由试验确定。

(2)磁混凝沉淀——永磁除垢工艺。转炉除尘废水经明渠进入水力旋流器进行粗细颗粒分离,粗铁泥经二次浓缩后,送烧结厂利用;旋流器上部溢流水经永磁场处理后进入污水分配池与聚丙烯酰胺溶液混合,随后分流到立式(斜管)沉淀池澄清,其出水经冷却塔降温后流入集水池,清水通过磁除垢装置后加压循环使用;立式沉淀池泥浆用泥浆泵提升至浓缩池,污泥浓缩后进真空过滤机脱水,污泥含水率约达 40％～50％,送烧结利用。

(3)磁凝聚沉淀——水稳药剂工艺。转炉除尘废水经磁凝聚器磁化后,流入沉淀池,沉淀池出水中投加 Na_2CO_3 解决水质稳定问题,沉淀池沉泥送过滤机脱水(厢式压滤机已在转炉除尘废水处理工艺流程中应用,泥饼一般可使含水率为 25％～30％,优于真空过滤机)。

宁波市某钢铁有限公司为提高废水的循环使用率,实现污染物减排,根据环保要求和企业用水规划,确定深度处理工程的设计处理水量为 $2.5×10^4$ m³/d,设计产水回收率为 85％,该公司采用了超滤＋反渗透(纳滤)的两级双膜法工艺,对中央废水处理站出水进行深度处理,并对两级双膜法产生的浓盐水进行达标处理。排水水质执行国家《钢铁工业水污染物排放标准》(GB 13456—2012),见表 8-2。

表 8-2　进出水水质

项　目	pH	$\dfrac{COD}{mg \cdot L^{-1}}$	$\dfrac{SS}{mg \cdot L^{-1}}$	$\dfrac{NH_3-N}{mg \cdot L^{-1}}$	$\dfrac{TN}{mg \cdot L^{-1}}$
进水	6～9	≤30	≤15	≤15	≤20
出水	6～9	≤30	≤20	≤5	≤15

针对中央废水处理站出水的水质、水量特点及用水指标要求,确定采用两级双膜法的处理工艺,具体工艺流程如图 8-2 所示。

中央废水处理站的出水温度较高,夏季可达 40 ℃以上,水温过高会影响双膜法的运行工况,需进行必要的降温处理;冷却塔产水进入浸没式超滤,对废水中的悬浮物大分子胶体、黏泥、微生物、有机物等容易对反渗透膜造成污堵的杂质进行过滤截留,超滤膜采用了国内厂家自主研发的新一代聚四氟乙烯(PTFE)中空纤维膜,设计产水回收率为 92％,产水浊度不超过 0.2 NTU,SDI 不超过 3;反渗透是决定产水回收率和脱盐率的关键,根据水质特点,反渗透膜采用抗污染复合膜,设计产水回收率不小于 77％,脱盐率不小于 98％;一级双膜法产生的浓盐水由于浓缩作用,水中硬度很高,有机物、NH_3-N 和 TN 等污染物也被浓缩,为减少对后面工艺设备的结垢影响,先进行软化除硬,再进入臭氧池和硝化反硝化滤池去除污染物;臭氧在废水中可以分解成·OH,接触废水中的有机物发生氧化反应,将难降解有机物转化成小分子有机物、二氧化碳和水;硝化反硝化滤池是 TN 达标的关键,生物膜有利于世代期更长的微生物生长,能更好地去除 NH_3-N 和 NO_3^--N;滤池出水通过多介质过滤器过滤,去除悬浮物和胶体后进入二级双膜法;外压式超滤采用聚偏二氟乙烯(PVDF)中空纤维膜,设计产水回收率为 92%,产水浊度不超过 0.2 NTU,SDI 不超过 3;外压式超滤产水进入纳滤,纳滤可以过滤大部分的二价离子和有机物,设计产水回收率不小于60%,脱盐率不小于 90%;纳滤产生的浓盐水采用国内厂家自主研发的四相催化芬顿高级氧化技术处理,反应器内安装催化填料,可以协同硫酸亚铁更完全地催化 H_2O_2 产生·OH,分解难降解有机物;为确保出水有机物达标,对芬顿出水再采用臭氧高级氧化和曝气活性炭生物滤池工艺,进一步氧化、吸附和生物降解有机物;最后投加次氯酸钠,对出水进行消毒和 去除 NH_3-N。两级双膜法的反洗水、化学清洗水等,进行中和、过滤和混凝沉淀后回到冷却塔。

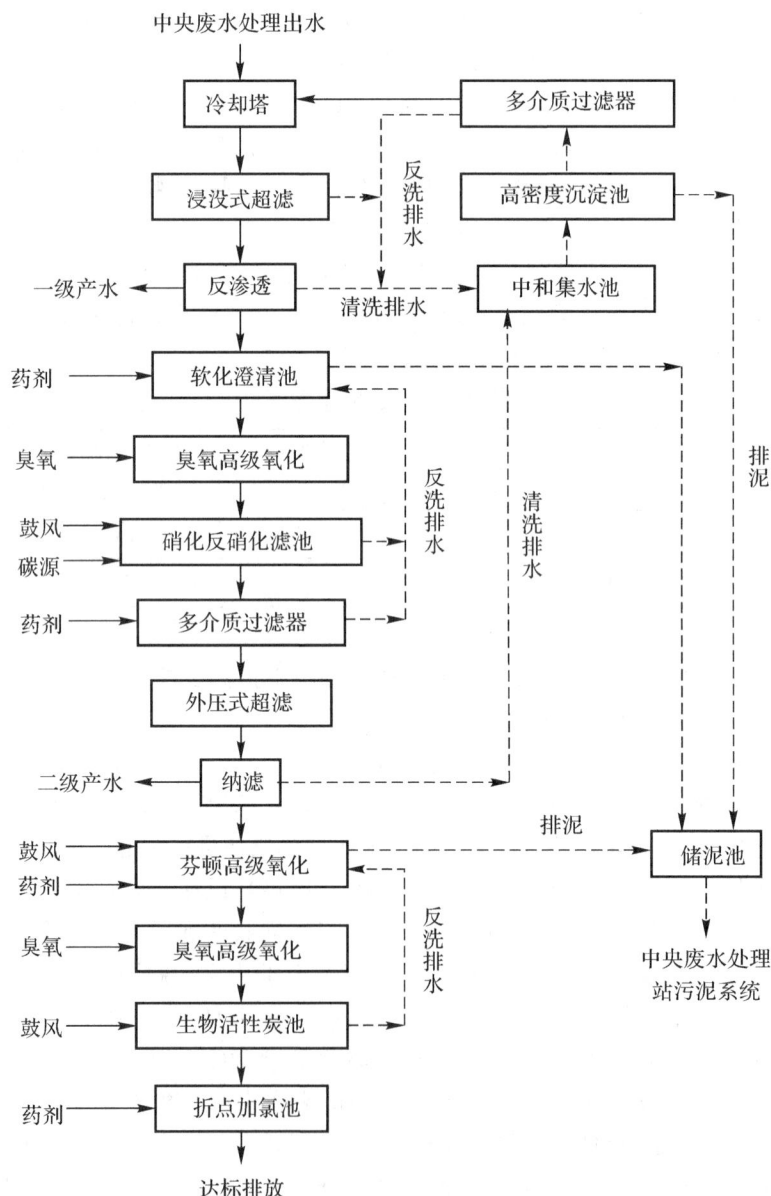

图 8-2　废水处理工艺流程

8.4.3　连铸机废水处理

随着钢铁生产的发展,连铸技术已被越来越多的钢铁企业采用,我国的连铸比大幅度上升。连铸工艺省去了模铸和初轧开坯的工序,钢水直接流入连铸机的结晶器,使液态金属急剧冷却,从结晶器尾部拉出的钢坯进入二次冷却区,二次冷却区由辊道和喷水冷却设备构成。在连铸过程中,供水起着重要作用,为了提高钢坯的质量,对连铸机用水水质的要求越来越高,水的冷却效果好坏直接影响到钢坯的质量和结晶器的使用寿命。由于连铸工艺的实施,简化了加工钢材的过程,不但大量节省基建投资和运行费用,而且减少能耗,提高成材率。连铸生产中废水主要形成以下三组循环系统。

1.设备间接冷却水(软化水系统)

此类冷却循环水系统是密闭循环,主要指结晶器和其他设备的间接冷却水。由于水质要求高,一般用软化水,必须处理好水质稳定问题。采用脱硬后的软水,伴随着低硬水腐蚀速度加快,防蚀为主要矛盾。采用投药方法控制水质稳定应考虑定量强制性排污,以防止盐类物质的富集。由于备部位对水压和流速的不同要求,应注意分别情况供水。

2.设备和产品的直接冷却水

主要是指二次冷却区产生的废水,大量的喷嘴向拉辊牵引的钢坯喷水,进一步使钢坯冷却固化,此水受热污染并带有氧化铁皮和油脂。二次冷却区的吨钢耗水量一般为 $0.5\sim 0.8\ \mathrm{m}^3$。含氧化铁皮、油和其他杂质,以及水温较高,这是二次冷却水的特点。处理方法一般采用固-液分离(沉淀)、液—液分离(除油)、过滤、冷却、水质稳定措施,以达到循环利用。

废水经一次铁皮坑,将大颗粒($50\ \mu\mathrm{m}$ 以上)的氧化铁皮清除掉,用泵将水送入沉淀池,在此一方面进一步除去水中微细颗粒的氧化铁皮,另一方面利用除油器将油除去。为了保证沉淀池出水悬浮物含量低一些,以保证冷却喷嘴不致阻塞,所以一般投药,采取混凝沉淀的方式,试验表明,用石灰、$25\ \mathrm{mg/L}$ 的活化氧化钙和 $1\ \mathrm{mg/L}$ 的聚丙烯酰胺进行混凝处理,可使净化效率提高 $10\%\sim 20\%$,同时也减轻快滤池负荷。

3.净循环水系统

此系统是用于冷却软水的,水源一般来自工业给水系统,由泵将水送入热交换器,交换软水中的热量,而净循环水系统的热量由冷却塔降温,降温后循环使用。由于冷却塔和储水池与外界接触,应考虑水量损失和风沙污染。

8.5　轧钢厂废水处理

细锭或钢坯通过轧制成板、管、型、线等钢材。轧钢分热轧和冷轧两类。热轧一般是将钢锭或钢坯在均热炉里加热至 $1\,150\sim 1\,250\ ℃$ 后轧制成材;冷轧通常是指不经加热,在常温下轧制。生产各种热轧、冷轧产品过程中需要大量水冷却、冲洗钢材和设备,从而也产生废水和废液。轧钢厂所产生的废水的水量和水质与轧机种类、工艺方式、生产能力及操作水平等因素有关。

热轧废水的特点是含有大量的氧化铁皮和油,温度较高,且水量大。经沉淀、机械除油、过滤、冷却等物理方法处理后,可循环利用,通称轧钢厂的浊环系统。冷轧废水种类繁多,以含油(包括乳化液)、含酸、含碱和含铬(重金属离子)为主,要分流处理并注意有效成分的利用和回收。

8.5.1 热轧废水的处理

热轧厂的给排水包括净环水和浊环水两个系统。净环水主要用于空气冷却器、油冷却器的间接冷却,与一般循环水系统一样,这里不再赘述。含氧化铁皮和油的浊循环水是主体废水,所谓热轧厂废水的处理,就是指这部分废水。主要技术问题是固液分离、油水分离和沉渣的处理。

1. 热轧废水的处理工艺

热轧浊环水常用的净化构筑物,按治理深度的不同有不同的组合,但总的都要保证循环使用条件。

仅仅用一个旋流沉淀池来完成净化水质,既去除氧化铁皮,又有除油效果,国内还是比较常见的流程。旋流沉淀池设计负荷一般采用 25～30 m³/(m²·h),废水在沉淀池的停留时间可采用 6～10 min。与平流沉淀池相比,占地面积小,运行管理方便,系统中根据生产对水温的要求,可设冷却塔,保证用水的水温。

2. 沉泥处理

沉淀于铁皮坑和一次旋流沉淀池的氧化铁皮颗粒较大,一般用抓斗取出后,通过自然脱水就可利用。从二次沉淀池和过滤器分离的细颗粒氧化铁皮,采取絮凝浓缩后,经真空滤机脱水、滤饼脱油后回用。

3. 含油废水废渣处理

含油废水用管道或槽车排入含油废水调节槽,静止分离出油和污泥。浮油排入浮油槽,待废油再生利用。去除浮油和污泥的含油废水经混凝沉淀和加压浮上,水得到净化,重复利用或外排。上浮的油渣排入浮渣槽,脱水后成含油泥饼。

轧钢厂的含油泥饼经焚烧处理,灰渣冷却后送烧结厂或原料场回收利用。

8.5.2 冷轧废水处理

冷轧钢材必须清除原料的表面氧化铁皮,采用酸洗清除氧化铁皮,随之产生废酸液和酸洗漂洗水。还有一种废水就是冷却轧辊的含乳化液废水。除此以外,轧镀锌带钢产生含铬废水。

1. 中和处理

轧钢厂的酸性废水一般采用投药中和法和过滤中和法。常用的中和剂为石灰、石灰石、白云石等。投药中和的处理设备主要由药剂配制设备和处理构筑物两部分组成。

由于轧钢废水中存在大量的二价铁离子,中和产生的 $Fe(OH)_2$ 溶解度较高,沉淀不彻底,采用曝气方式使二价铁变成三价铁沉淀,出水效果好,而且沉泥也较易脱水。过滤中和就是使酸性废水通过碱性固体滤料层进行中和。滤料层一般采用石灰石和白云石。过滤中和只适用于水量较小的轧钢厂。

2. 乳化液废水处理

轧钢含油及乳化液废水中,有少量的浮油、浮渣和油泥。利用贮油槽除调节水量、保持废水成分均匀、减少处理构筑物的容量外,还有利于以上成分的静置分离。所以槽内应有刮油及刮泥设施,同时还设加热设备。乳化液的处理方法有化学法、物理法、加热法和机械法,以化学法和膜分离法见。化学法治理时,一般对废水加热,用破乳剂破乳后,使油、水分离。化学破乳关键在于选好破乳剂。冷轧乳化液废水的膜分离处理主要有超滤和反渗透两种,超滤法的运行费用较低,正在推广使用。

8.5.3　废液的处理与利用

轧钢酸洗车间在酸洗钢材过程中,酸洗液的浓度逐渐下降,以致不能再用而需要排出废酸更换新酸。这种不能继续使用的酸液叫作酸洗废液。用硫酸酸洗产生硫酸废液,含有游离硫酸和硫酸亚铁;用盐酸酸洗产生含盐酸的氯化亚铁的废液;在酸洗不锈钢时,用硝酸—氢氟酸混合酸液,废液除含游离酸外,还含有铁、镍、钴、铬等金属盐类。所有的废酸液均含有有用物质,应予以回收利用。

1.硫酸酸洗废液的回收

用硫酸酸洗钢材的废液,一般含有硫酸 5%～13%,含硫酸亚铁 17%～23%。

这种酸洗废液回收方法较多,下面介绍比较常用的方法。

(1)真空浓缩冷冻结晶法(减压蒸发冷冻结晶法)。由于硫酸亚铁在硫酸溶液中的溶解度随硫酸浓度的升高而下降,因此要使过饱和的硫酸亚铁结晶析出,就需要提高硫酸的浓度。本法就是在真空状态下通过加热和蒸发除去废酸中的部分水分,来提高硫酸和硫酸亚铁的浓度,然后再经冷冻降温到 $0\sim10\ ℃$,使硫酸亚铁结晶,再经固液分离,便得到再生酸和 $FeSO_4 \cdot 7H_2O$ 副产品。前者可返回酸洗工艺使用,后者可外售作为净水混凝剂和化工原料。真空浓缩冷冻结晶工艺流程如图 8-3 所示。

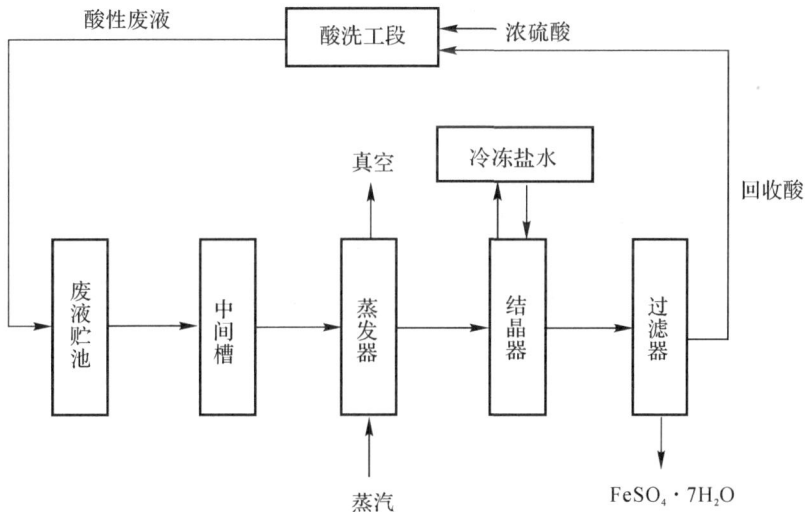

图 8-3　真空浓缩冷冻结晶法回收硫酸流程

(2)加酸冷冻结晶法(无蒸发冷冻结晶法)。加酸冷冻结晶法与真空浓缩冷冻结晶法基本相同,唯一区别是,后者通过真空蒸发来提高废酸浓度,而前者则采用加浓硫酸来提高酸浓度。此法比真空浓缩冷冻结晶法工艺简单,投资较少,不需要加热。具体流程图如图8-4所示。

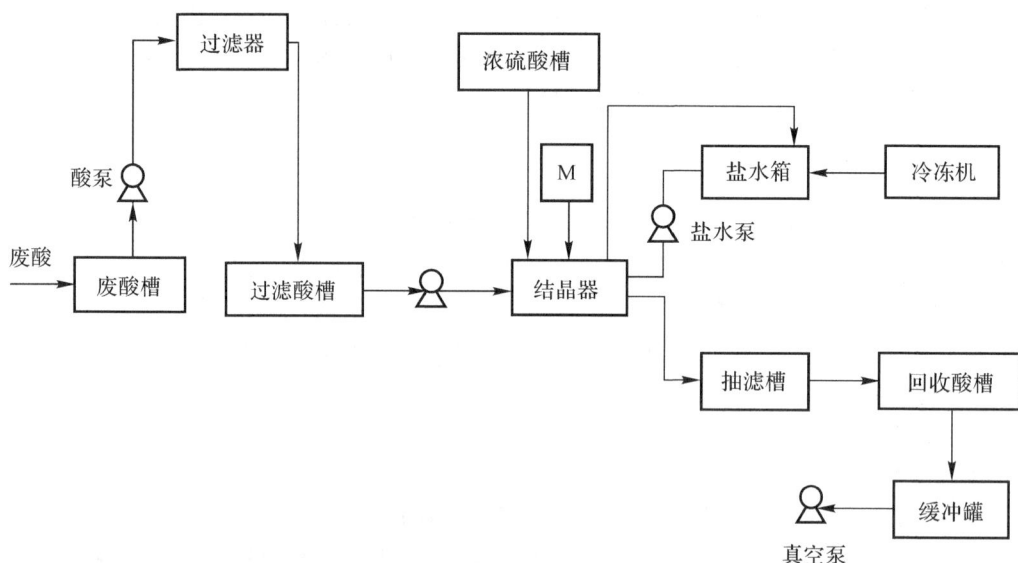

图8-4 加酸冷冻结晶法回收硫酸工艺流程

(3)加铁屑生产硫酸亚铁法。将铁屑加入废酸中,铁屑与其中的游离酸反应生成硫酸亚铁。

本法工艺流程简单,投资较少,废酸量较少的场合使用较多。流程图如图8-5所示。

其缺点是工作环境较差,最后残液仍含有酸性(pH为1.5~2.0),并含有一定量的$FeSO_4$,仍需中和处理后才能排放。此外,因反应中放出氢气,故采用此法时需注意防火,并应将反应气体排出室外。具体工艺流程图如图8-5所示。

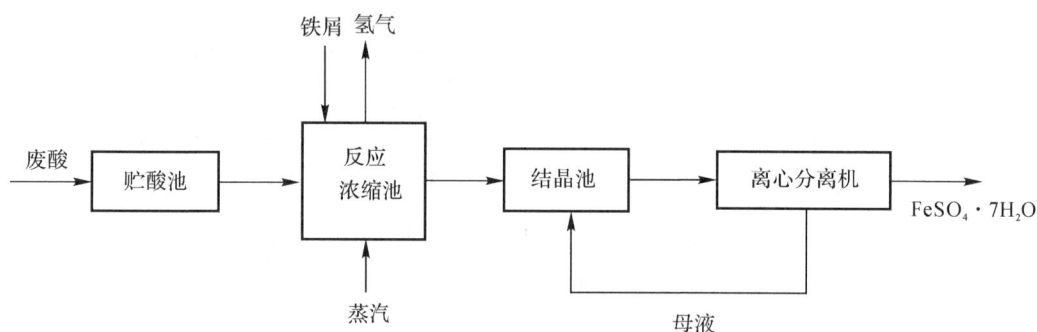

图8-5 铁屑生产硫酸亚铁法流程图

(4)自然结晶-扩散渗析法。利用自然结晶回收硫酸亚铁,用扩散渗析回收硫酸。渗析器由阴离子交换膜和硬聚乙烯隔板所组成,其扩散液补加新酸后即可回用于钢材酸洗。

(5)聚合硫酸铁法。聚合硫酸铁法是使硫酸酸洗废液经过催化氧化聚合反应,从而得到一种高分子絮凝剂——聚合硫酸铁,这种絮凝剂有良好的混凝沉淀性能,其澄清效果比硫酸亚铁、三氯化铁、碱式氯化铝要好，所以此法较快被企业接受，予以推广应用。

　　2.盐酸酸洗废液的回收

　　盐酸酸洗钢材所产生的废液，一般含游离盐酸 30～40 g/L，氯化亚铁，100～140 g/L，可用下述方法处理利用。

　　(1)喷雾燃烧法。它是将盐酸通过喷雾燃烧变成气态，使氯化亚铁分解成为 HCl 和 Fe_2O_3。

　　(2)真空蒸发法。真空蒸发法是利用真空蒸发装置，在低温下使游离盐酸变为气相，而后采用冷凝回收得到酸，氯化亚铁则结晶析出。在蒸发器中加入硫酸与 $FeCl_2$ 起置换反应，取得更好的回收效果。

　　3.硝酸-氢氟酸的回收

　　酸洗不锈钢材是用硝酸-氢氟酸的混合酸，采用减压蒸发法回收这种混酸液。

　　减压蒸发法回收硝酸-氢氟酸的工作原理是利用硫酸的沸点远大于硝酸和氢氟酸的特点，向废酸中投加硫酸并在负压条件下加热蒸发，则硫酸与废酸中的金属盐类发生复分解反应，使其中的金属盐转化为硫酸盐；H^+ 与 F^- 和 NO_3^- 结合生成 HNO_3 和 HF，它们同废酸中的游离酸均变成气相，经冷凝即得到再生的混合酸。反应式如下：

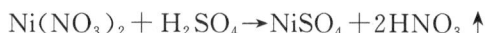

$$2Fe(NO_3)_3 + 3H_2SO_4 \rightarrow Fe_2(SO_4)_3 + 6HNO_3 \uparrow$$
$$Ni(NO_3)_2 + H_2SO_4 \rightarrow NiSO_4 + 2HNO_3 \uparrow$$
$$NiF_2 + H_2SO_4 \rightarrow NiSO_4 + 2HF \uparrow$$
$$2CrF_3 + 3H_2SO_4 \rightarrow Cr_2(SO_4)_3 + 6HF_3 \uparrow$$
$$2Cr(NO_3)_3 + 3H_2SO_4 \rightarrow Cr_2(SO_4)_3 + 6HNO_3 \uparrow$$

　　减压蒸发法有一次蒸发和二次蒸发两种。二次蒸发是先将废酸经第一次减压蒸发浓缩后再加硫酸进行第二次蒸发。它用于回收高浓度的硝、氟混酸。采用这种方法，贮存和运输方便，但流程较复杂，设备较多，投资较大。一次蒸发流程简单，但回收酸浓度较低，且要求进酸浓度比较稳定。此法的蒸发温度为 60～65 ℃，真空度为 88～93 kPa，硝酸-氢氟酸的回收率约 90%。

第9章　稀土工业废水

稀土资源是我国一项重要的矿产资源,在一些地方它还被称为工业黄金,这主要是因为其在我国很多高新技术和重型工业中发挥着重要作用,是一种非常重要的战略资源,很多行业的发展都必须要依靠这种资源。我国稀土资源占有全球的 50%,但是各个行业对于它的需求却能够达到 95% 以上,对于稀土资源进行开发和提取中会产生非常大的环境威胁,对于周围环境造成非常大的污染,其中废水污染情况最为严重,每吨稀土废水排放量达 50~100 t,通过在矿山表皮下面的矿层中通过原地浸矿法进行置换,通过硫酸铵的注射,实现离子变化,通过以往经验来看,1 t 稀土氧化物需要 8 t 左右硫酸铵注射于其中,需要注意的是,完成离子置换后,硫酸铵是一种有害物质,它将在地下位置存留住,一旦雨天情况出现大量水源,那么将会对这种资源实现扩散情况,后患无穷;另外,矿石在冶炼中也会产生大量的高氨氮废水以及很多有害的气体和放射性物质,这些情况受到相关工作人员的关注。

9.1　稀土工业废水特点及产污环节

稀土工业废水的特点有:①酸性强;②氨氮浓度高;③盐分高;④常规污水处理难以解决。

稀土选矿过程中废水的来源包括:①浸取液从山体渗透进入自然水体;②山体中残留的硫酸铵在自然雨水的冲洗下进入矿区水体;③开采过程中的沉淀上清液;④洗涤沉淀时产生的洗涤废水。其中稀土沉淀上清液补加硫酸铵后可以循环地用于浸矿。图 9 - 1 稀土矿的原地浸矿工艺中,铵氮类浸矿剂、沉淀剂的大量使用和沉淀不完全,导致浸取废液和沉淀废液中含有大量的氨氮及稀土离子。

稀土冶炼过程可分为稀土的分解和分离两个阶段。对于离子吸附型稀土矿开采的混合稀土氧化物来说,其冶炼过程主要是分离阶段,具体包括稀土原矿的酸溶解、皂化、萃取分离、沉淀和灼烧等。稀土生产冶炼过程中主要排放三种废水:①稀土精矿焙烧尾气喷淋净化产生的酸性废水;②碳酸稀土生产过程产生的铵盐(硫酸铵)废水;③稀土分离产生的铵盐(氯化铵)废水。这些废水中含污染物浓度高,成分复杂且产生量大。

(1)酸性废水:主要是精矿焙烧、尾气喷淋净化产生的酸性废水。废水 pH≤2,F 含量≥2 000 mg/L,H_2SO_4 含量≥16 000 mg/L。

(2)硫铵废水:主要是稀土生产中利用焙烧矿(或硫酸稀土)为原料,在生产碳酸稀土过程中产生。废水中硫酸铵浓度为 5 000~8 000 mg/L,并有少量钙、镁离子。

（3）氯化铵废水：产生于 P507 皂化、单一稀土分离及碳酸铵盐废水。废水中氯化铵浓度一般为 11 000～25 000 mg/L。

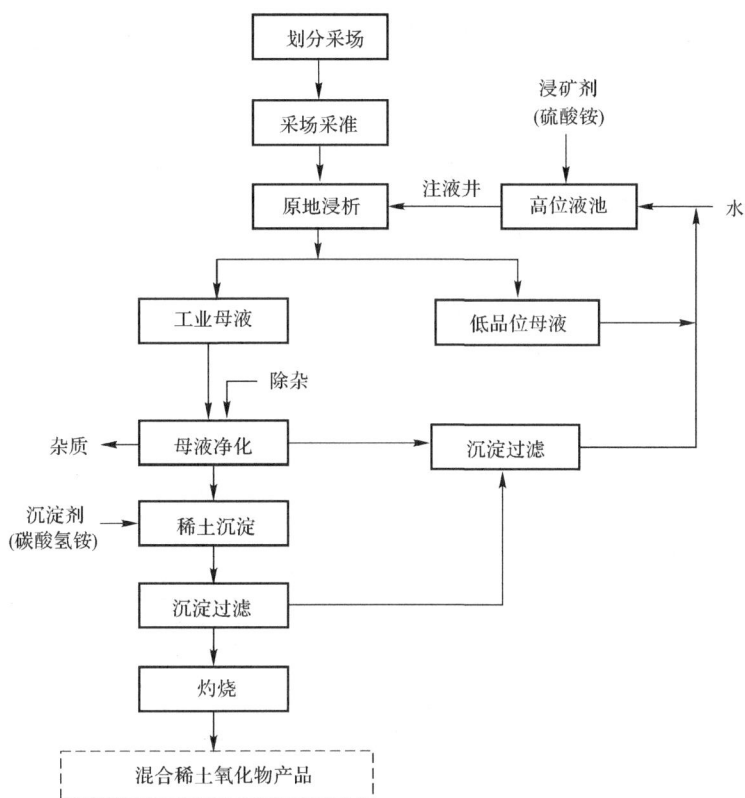

图 9-1 稀土矿的原地浸矿工艺

废水产生环节如图 9-2 所示。

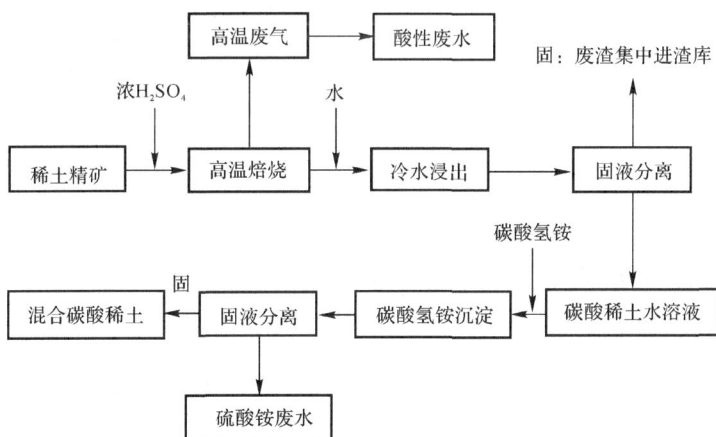

(a)

图 9-2 稀土工业废水产污环节

(a)精矿分解工艺

(b)

(c)

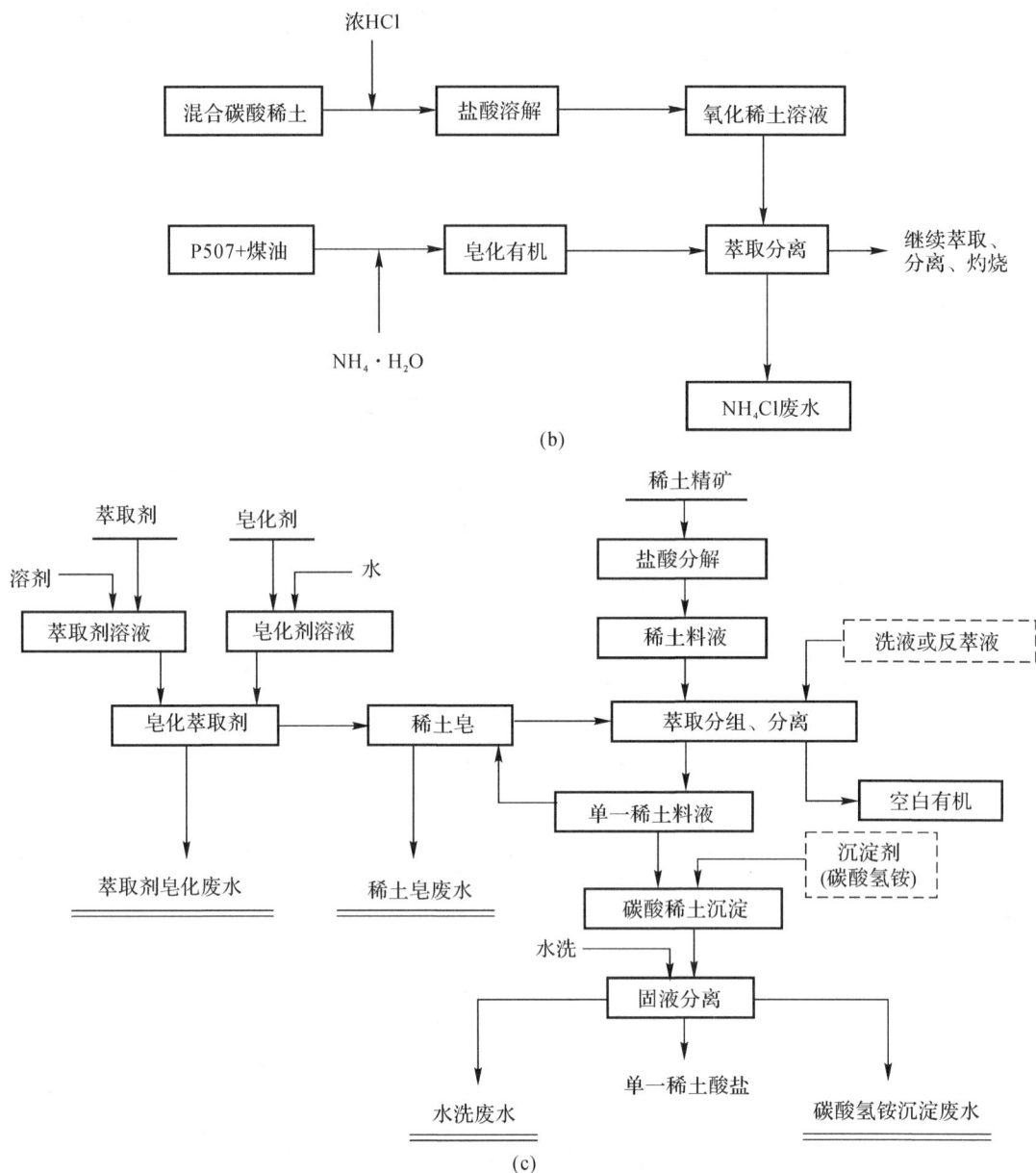

续图 9 - 2　稀土工业废水产污环节

（b）皂化、萃取工艺；　（c）某稀土冶炼厂稀土分离过程中废水产生的分布

9.2　稀土工业废水常见工艺

9.2.1　稀土工业废水处理的方法和技术

稀土工业生产中的废水必须要加以处理才能够进行排放或者再生产使用，以免对环境

产生影响。根据稀土生产过程中排出废水的成分不同,废水中所含有害成分也不同,需要采取不同的方法来进行处理。

1. 践行高含有氟化物的废水处理方法

含有这种类型的废水,可以通过化学沉淀法进行污染物的去除和处理。原理是通过碳酸钙或者氢氧化钙等钙盐类物质与废水中的氟成分进行相互利用,通过一定的反应形成氟化物的沉淀,再经过简单的过滤即可除去大部分有害的氟成分。这种处理方法比较简单,在实际中使用的也大部分是使用石灰这种物质,因此成本也比较便宜。但是石灰这种物质在水中不用易溶解,所发挥的有效性也就受到了影响,对原材料的用量也不得不增加。这种方法虽然经济性和可操作性都很强,但是处理过的废水中含氟量仍然无法达到国家的水处理标准。并且在处理过程中会产生很多的泥渣,影响处理速度,不便于进行连续作业。

2. 对于氨氮废水的处理方法

氨氮废水是稀土进行萃取分离过程中产生的有毒废水,也是稀土生产中最大的污染来源。在对氨氮废水的处理中,主要采用的有效方法有磷酸铵镁法、折点氯化法、氨吹脱法。对于废水中氨氮成分达到 130 g/L 的废水,还可以采用蒸发浓缩的方式来进行处理。

3. 含有放射性物质的废水处理方法

稀土生产中的放射性废水,主要来源是对矿石进行的碱法分解。虽然放射性的元素含量超过了国家标准。但是其仍然属于低放射性的废水。可以采用化学沉淀法和离子交换法进行处理。

化学沉淀法就是采取化学溶剂来结合废水中的放射性元素。由于废水中所含有的放射性元素的氢氧化物、碳酸盐和磷酸盐的等化合物大多不是水溶性的化合物,经过化合后的放射性元素经过沉淀,大部分可以在沉淀物中被去除,进而使处理过的废水放射性物质含量达到国家规定的排放标准。

离子交换法是通过离子交换树脂或无机离子交换剂来对放射物质进行吸附。对于含盐量少浊度很小的放射性废水,这种方法能够取得非常高的净化效果。

9.2.2　稀土工业废水处理的常见工艺

1. 酸性废水—原酸蒸发浓缩分离工艺

原酸蒸发浓缩分离工艺系统:酸回收装置将尾气酸回收后的 40% 原酸,通过减压蒸馏回收工艺,实现硫酸与氢氟酸的分离,达到回收 70% 硫酸和 15% 氢氟酸的工艺过程。在产品回收方式上,采用既回收冷凝相氢氟酸,又回收残液相浓硫酸,获得的硫酸产品和氢氟酸产品符合稀土生产工艺的要求。

混酸浓缩分离的主要工艺原理如图 9-3 所示。

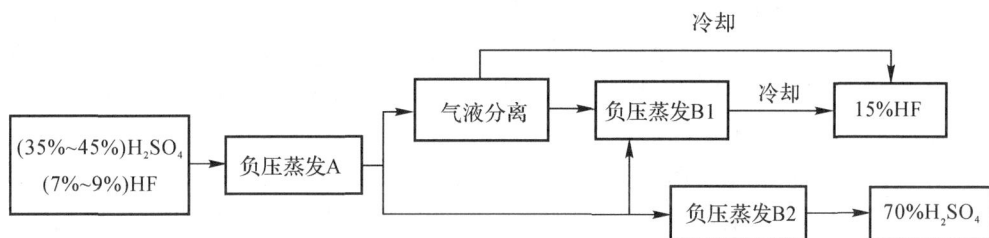

图 9-3　混酸浓缩分离的主要工艺原理

2. 硫铵废水—汽提回收氨水工艺

(1)汽提回收氨水工艺原理。碳铵沉淀硫酸铵废水由管道收集自流进入集水池,再由泵定期将集水池废水提升至废水处理站调节池,调节池废水由泵提升至石灰反应池,同时加液碱,使废水 pH 在 12 以上,然后由污泥泵压入压滤机,清液流入中间水池,泥渣外运。中间水池清液经泵提升经过预热器,与汽提脱氨塔塔釜出料泵泵入的汽提脱氨塔塔底高温废水进行交换后由提馏段进水口进入汽提脱氨塔,废水依靠重力自上而下逐渐通过每层塔板,来自界外的低压蒸汽通过再沸器与塔釜进行热交换,部分废水汽化后自下而上通过上层塔板,在塔板表面进行传质、传热反应,从而脱除废水中的氨氮,达标废水经塔釜排出。

汽提脱出的氨气与水蒸气经初级冷凝器冷却,冷凝液自流入中间储罐,部分回流至塔内进行提浓,其余稀氨水与初级冷凝器未被冷凝的气体一起进入洗氨塔,进行冷却循环吸收,回收高浓度氨水,回到车间利用。

(2)汽提回收氨水工艺流程图如图 9-4 所示。

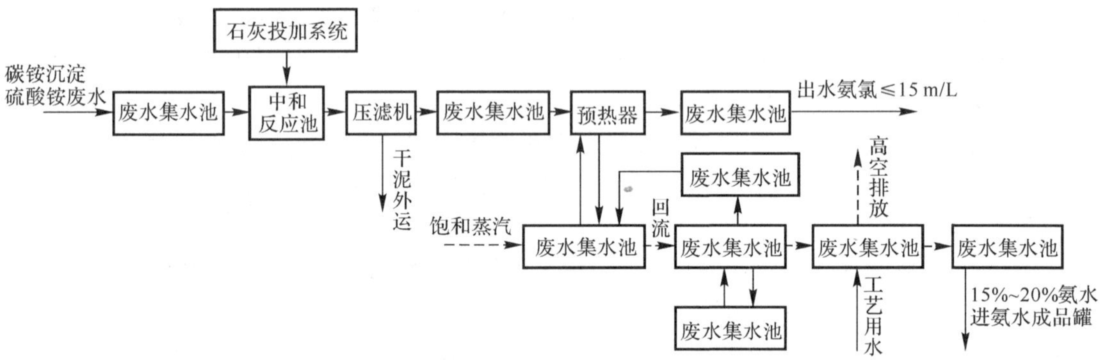

图 9-4　汽提回收氨水工艺流程图

(3)汽提回收氨水技术特点及优点:

1)通过精馏吸收法达到将废水中的氨回收,从而实现环保和废物资源化利用的目的。

2)采用先进的冷凝、吸收优化工艺组合,从而实现热量有效利用,降低运行成本。

3)采用高通量、低阻降、高分离效率、抗结垢、抗颗粒的塔板与塔内件,解决设备长周期运行问题。

4)本工艺除了洗氨塔塔顶有不凝气体排出外,其他无废气泄漏。洗氨塔做了特殊结构处理,确保排出的少量不凝气体达标排放。

5)采用控制系统,可实现过程自动化运行。

3. 氯化氨废水—蒸发回收氯化铵工艺

(1)蒸发回收氯化铵工艺。高浓度碳铵沉淀母液废水由管道收集自流进入集水池,P507 萃取母液经去除 P507 残油后自流进入集水池,再由泵定期将集水池废水提升至废水处理站调节池。调节池废水用泵提升进入蒸发浓缩结晶系统浓缩,氯化铵废水先蒸发浓缩,当达到结晶饱和溶液由出料泵输送至闪蒸结晶釜进一步浓缩,再利用泵将负压闪蒸釜内的晶浆输送至冷却结晶釜,氯化铵晶体在冷却结晶釜内形成大颗粒晶体,冷却后放入离心机脱水,得到氯化铵固体。如有必要,对离心脱水分离出来的氯化铵固体进行烘干,得到纯度较高的氯化铵产品外售。蒸发出来的二次蒸汽经冷凝器冷凝后泵回用水罐作为工艺水回用。也可加盐酸使冷凝水中的游离氨反应成铵盐,经反渗透浓缩,反渗透出水可作为纯净水,浓缩液回蒸发器继续节蒸发结晶。

(2)蒸发回收氯化铵工艺流程图如图 9-5 所示。

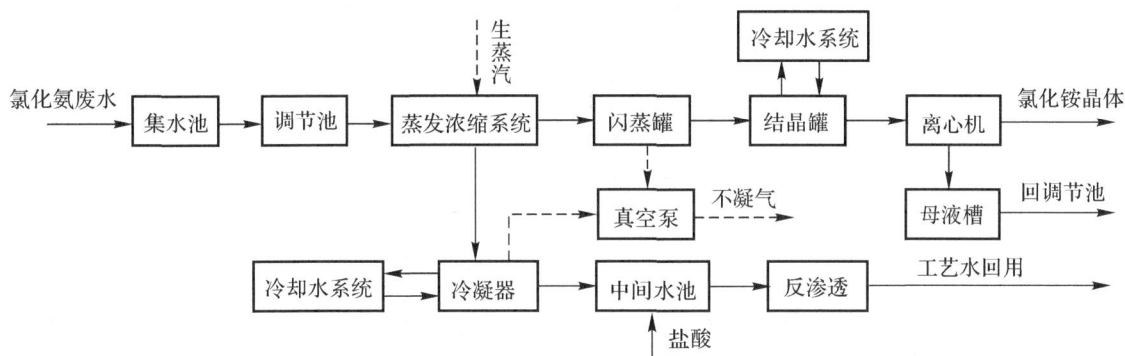

图 9-5　蒸发回收氯化铵工艺流程图

(3)蒸发回收氯化铵工艺系统技术特点:

1)采用先进的蒸发、结晶优化工艺组合,从而实现热量的有效利用,降低运行成本。

2)清洁生产,工艺过程无废渣产生。冷凝水只含有少量氨氮,经过简单处理就可达到工艺回用水标准,不产生外排污水。

3)因废水在偏酸性条件下运行,所以无氨气外溢现象,无废气产生。

4)废水中主要成分为氯化氨,纯度高,回收氯化铵固体,达到了稀土行业资源化和零排放的要求。

5)采用控制系统,可实现过程自动化运行。

9.3　稀土工业废水处理工程案例

9.3.1　某企业稀土工业废水工程案例

1.企业概况

主要产品:氧化镧、氧化铈、氧化镨钕、氧化钐、氧化钆、氧化铽、氧化镝、富铕氧化物、氧化富钇、富钇碳酸盐等。

生产能力:年分离稀土原矿 3 000 t。

主要生产工艺:稀土原矿—酸浸—萃取—沉淀—过滤—灼烧—检测包装。

关键设备:稀土分解桶、酸雾吸收塔、萃取槽、沉淀桶、水环真空系统、板框压滤机、水膜除尘系统、锅炉、灼烧窑等。

2.企业生产工艺

某企业主要的生产工艺流程如图 9-6 所示,主要生产流程简要说明见表 9-1。

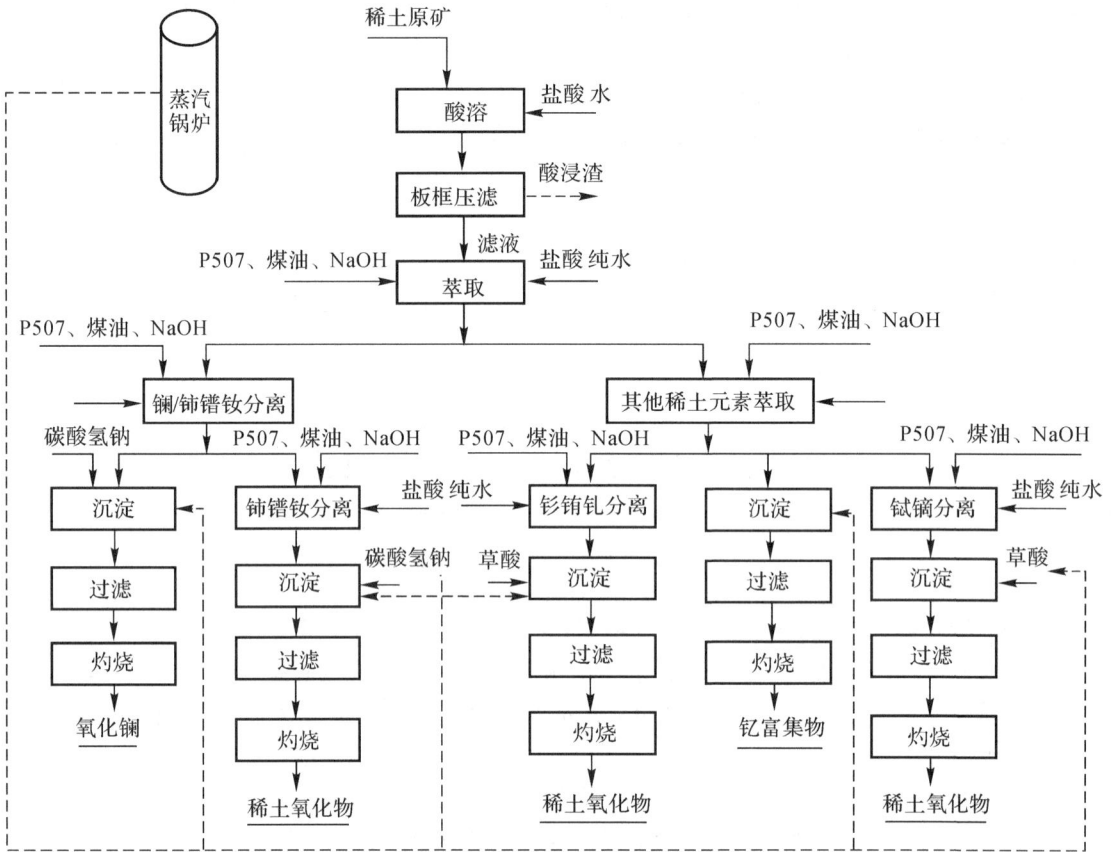

图 9-6 企业主要的生产流程图

表 9-1 主要生产流程简要说明

序　号	操作工序	功　能
1	溶解	将混合稀土原料(碳酸盐或氧化稀土)在溶酸分解桶内进行酸溶处理,稀土由固体转化为混合稀土料液,料液经除杂澄清后输送到高位房
2	分组分离	负载有机入新型箱式萃取槽,采用萃取技术进行分组氯化稀土富集物
3	提纯分离	分组分离得到的富集物作为萃取槽的稀土进料,在 P507-HC1 体系进行提纯分离,得到不同纯度(99.5%~99.99%)的单一稀土氯化物溶液
4	稀土沉淀	氯化稀土料液泵送沉淀车间,按产品要求加入沉淀剂草酸或碳酸氢钠,通过加热、搅拌,沉淀完全,采用真空抽滤或离心机固液分离后,得到单一草酸(碳酸)稀土、共沉草酸稀土富集物固体

续表

序 号	操作工序	功 能
5	过滤	稀土草酸盐或碳酸盐经过洗涤过滤后,滤去大部分表面水,富集物直接作为中间产品,其余转入下一工序
6	灼烧	稀土草酸盐或碳酸盐,经灼烧窑在 900～1 000 ℃ 的高温下,分解成稀土氧化物
7	包装	经过筛、混料、检测、包装即为产品

其中提纯分离工序为得到单一的稀土元素,采用多级萃取分离工艺,先将稀土在 P507 萃取体系中进行轻、中、重稀土元素,然后再进行单一稀土元素分离。

3.企业执行的废水排放标准

公司原执行《污水综合排放标准》(GB 8978—1996)二级标准,自 2011 年 10 月 1 日起执行《稀土工业污染物排放标准》(GB 26451—2011),新标准各项指标见表 9-2。

表 9-2 《稀土工业污染物排放标准》(GB26451—2011)

单位:mg/L,pH 和排水量除外

项目	自 2011 年 1 月 1 日起至 2013 年 12 月 31 日止(现有企业直接排放型)							
	pH	CODcr	SS	氟化物	总氮	氨氮	总磷	石油类
排放指标	6.0～9.0	≤80	≤70	≤10	≤50	≤25	≤3	≤5
项目	总锌	总铅	总镉	钍、铀总量	总砷	总铬	六价铬	单位产品基准排水量
排放指标	≤1.5	≤0.5	≤0.08	≤0.1	≤0.3	≤1.0	≤0.3	分解提取 30 m³/t-REO 萃取分离 35 m³/t-REO
项目	自 2014 年 1 月 1 日起(现有企业直接排放型)							
	pH	CODcr	SS	氟化物	总氮	氨氮	总磷	石油类
排放指标	6.0～9.0	≤70	≤50	≤8	≤30	≤15	≤1	≤4
项目	总锌	总铅	总镉	钍、铀总量	总砷	总铬	六价铬	单位产品基准排水量
排放指标	≤1.0	≤0.2	≤0.05	≤0.1	≤0.1	≤0.8	≤0.1	分解提取 25 m³/t-REO 萃取分离 30 m³/t-REO

4.污染源分析

公司采用湿法冶金生产工艺,生产过程中产生和主要污染物有废水、废气、固体废物和噪声。污染源分布如图9-7所示。本案例中我们仅关注废水。

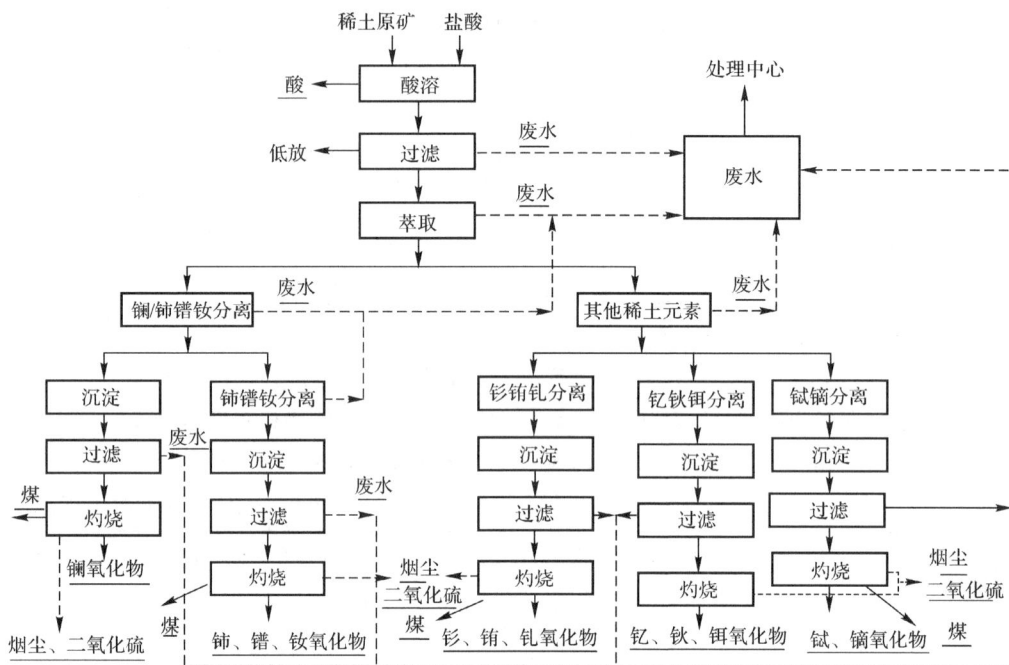

图9-7 污染源分布图

5.废水来源和种类

(1)生产废水。公司生产工程中生产的废水主要是萃取废水、稀土沉淀废水等。

沉淀洗涤废水先经过固定格栅网进行处理的,去除较大的悬浮颗粒物,再进入综合调节池,使废水的充分混合并调解其pH。经综合调节池调解后的废水由泵输送到絮凝反应沉淀池进行处理,再输送到曝气脱氨塔进行脱氨处理,除去废水中90%的氨氮。为了降低废水中的氨氮,将废水进一步进行生化处理,经生化处理后,氨氮的去除率可达97%。废水处理后达标排放。

(2)生活废水。生活废水主要污染物为氨氮和SS,经化粪池处理后外排。

5.重点生产工艺简介

萃取车间中萃取是将车间稀土料液,利用P507等萃取剂,进行分组萃取。首先镧、钇分组,得到La-Y和富Y(主要为Y和Ho-Lu);La-Y再经分组得La-Nd、SmEuGd、Tb-Dy和富Y(成分与镧钇分组所得富Y相近,并入一起);La-Nd液经萃取分离后得纯La(>3N)、Ce(>2N)和PrNd(>3N)三个产品;Sm、Eu、Gd经分离后得到纯Sm(>3N)、铕(>4N)、纯Gd(>3N);TbDy经分离后得到纯Tb(>4N)和纯Dy(>3N);富Y经环烷酸萃取得到高纯Y(>5N)和Ho-Lu;Ho-Lu再经分离可得Ho(>3N)、Er(>3N)、TmYbLu富集物。以上经萃取所得的均为溶液,送入沉淀车间分别用碳酸氢钠或草酸沉淀。萃取工艺流程如图9-8所示。

其化学反应方程式如下：

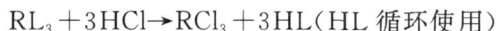

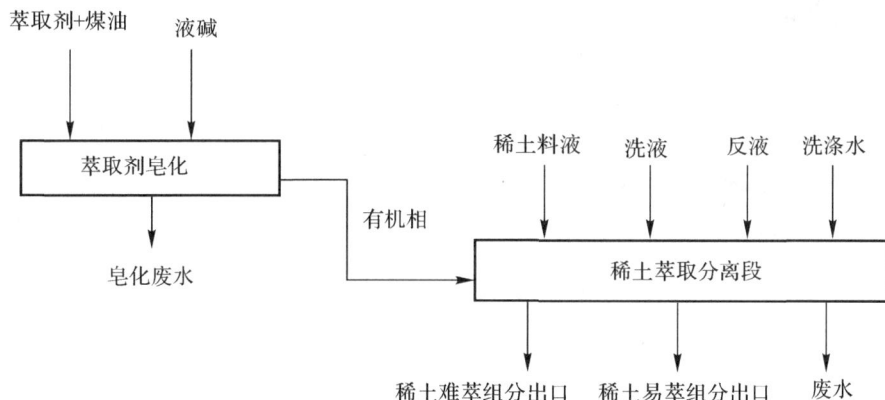

$$HL+NaOH \rightarrow NH_4L+H_2O(萃取剂皂化)$$
$$RL_3+3HCl \rightarrow RCl_3+3HL(HL 循环使用)$$

图 9-8　萃取分离工艺流程简图

各萃取段出口有机相反萃稀土之后要用水进行洗涤,产生较大量酸性废水。

7. 废水处理技术改造可行性分析

由于 2014 年执行新的排放标准,废水排放量及 COD 等指标较严格,公司目前废水排放量超过新指标,工序节水和废水处理工艺和设施需要进一步改进和完善,才能确保废水的排放达到新的排放标准要求。

《稀土工业污染物排放标准》(GB 26451—2011)2014 将执行新标准,为满足新标准要求,公司提出了废水处理技术改造方案。提出 A-O-MBR 生物处理方案,要求出水水质:污水处理后的水质达到稀土工业污染物排放标准要求,标准见表 9-2。

通过隔油池和的混凝沉淀工艺改造,将更好的降低废水各种污染物浓度,特别是氨氮的浓度,所以该方案在技术上是可行的。废水处理设施见表 9-3,工艺流程如图 9-9 所示。

表 9-3　废水处理设施改造清单

序　号	设施名称	规　格	数　量
1	A-O-MBR 生物反应池		1 套
2	气泵房/m²	88.7	1 间
3	中转池/m²	4.5	1 个
4	加药池/m²	7.2	1 个
5	新斜板池/m²	202.38	1 个
6	斜管隔油池斜板	1×1×0.8	40 m²
7	隔油池搅拌系统/kW	BLD-11-3	4 台
8	混凝沉淀装置搅拌系统/kW	BLD-11-3	3 台
9	混凝沉淀装置搅拌系统/kW	BLD-17-1.5	2 台

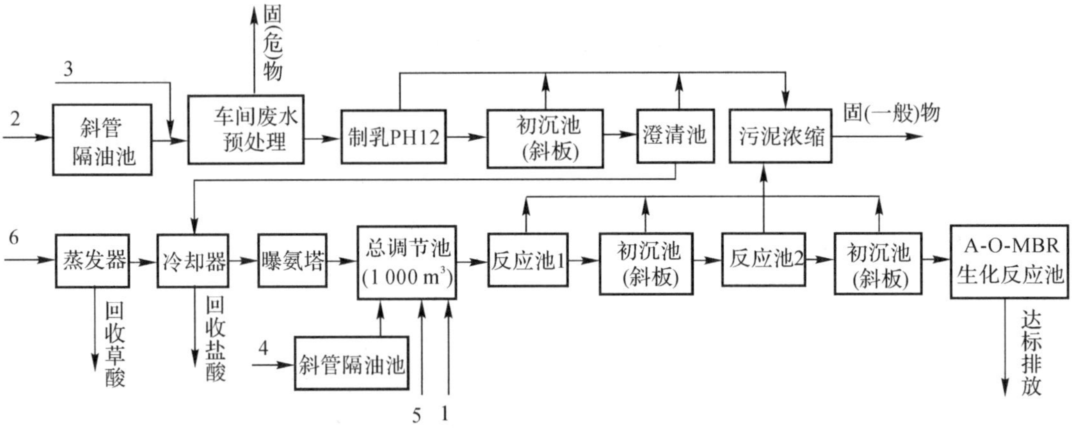

图 9-9　废水处理工艺流程图

1—溶矿除杂；　2—皂料水；　3—碳沉镧上清液、草沉钚上清液(草沉钚上清液进入调节池)；
4—皂化水、有机洗水；　5—草沉洗水、碳沉铈、镨钕、富钇上清液；　6—草沉上清液

废水处理工艺改造后，有利于废水处理外排的稳定，保证了废水排放达到新的标准，减少 COD 的和氨氮等的排放，环境效益较明显。因此在环境上具有可行性。

9.3.2　兰州某稀土废水处理工程案例

本项目采取双极膜和均相膜。应用于兰州稀土废水项目，该项目是当前国内最大规模稀土废水零排放在运工程。按 1 500 000 t/a 进水氯化铵 1.2%；淡水 TDS 为 1 000～5 000 mg/L；采取反渗透做预处理初级浓缩，采取电渗析作再浓缩，ED 回收率 80%；产出水 15% 氯化铵；最后采取 MVR 做结晶蒸发零排放，产出盐固体，年工作时间按 6 600 h，处理后水达到《稀土工业污染物排放标准》要求。工艺流程为 RO 浓水＋均相膜电渗析＋MVR 蒸发。主要设备清单和运行成本见表 9-4。

表 9-4　某项目构筑物参数汇总表

名　称	规　格	数　量
标准膜堆	TRPJ12060,550 mm * 1 100 mm * 200 mm 对	18/套
机架	1 200 mm * 1 200 mm * 1 500 mm,防腐喷塑	5 套
管路	UPVC DN32-25-20	1 批
在线电导率	EC-410,量程 200 mS/cm	20 台
流量计	1～10 t/h	27 台
直流电源	输入 150 V,180 A;双输出	9 台
压力表	PP 隔膜式,0.2 MPa	27 个
磁力泵	$Q=10$ m³/h,$H=20$ m,$P=0.75$ kW	27 台
水箱	5 m³,PE	27 只

续表

名　称	规　格	数　量
保安过滤器	10 t/h	18 台
换热器	钛板	5 台
控制系统	自控、倒极控制	1 套

第10章 纺织印染废水

印染废水是以加工棉、麻、化学纤维及其混纺产品、丝绸为主的印染、毛织染整及丝绸厂等排出的废水。纤维种类和加工工艺不同,印染废水的水量和水质也不同。印染厂废水水量较大,每印染加工 1 t 纺织品,可耗水 100～200 t,而这其中有 80%～90% 成为废水排出。印染废水具有水量大、有机污染物含量高、碱性大、水质变化大等特点,属难处理的工业废水之一,废水中含有染料、浆料、助剂、油剂、酸碱、纤维杂质、砂类物质、无机盐等。因此,开发经济有效的纺织印染废水处理技术日益成为当今环保行业关注的课题。

10.1 棉纺印染工业的生产、废水来源及其特征

10.1.1 棉纺织生产工艺

棉纺织产品主要是由棉花或棉花与化学纤维混合后经过纺纱、染色(或印花)、整理等工序生产出的产品,可分为纯棉产品和棉混织产品。棉混纺织产品中,化学纤维所占比例较大。

棉和棉混纺织产品可分为薄型织物和厚型织物两种。根据织物方式的不同,棉和棉混纺产品又可分为机织和针织产品,除了染色前处理过程略有不同之外,其染色及印花工艺基本相同。织布的工艺流程如图 10-1 所示。原棉先经过疏松棉束,以清除原棉杂质和棉结,再将棉束整理为纤维条,最后将纤维条合并成不同纤维。此后经过粗纱、络筒、整经过程,将一定根数和长度的经纱,从络纱筒子上引出,组成一幅纱片,使经纱具有均匀的张力。而上浆过程旨在防止或减少纱、线在织造时产生断头,提高工作效率,将纱、线用浆料进行处理以增加其强度,最终形成坯布,以备后续印染或印花,形成产品。

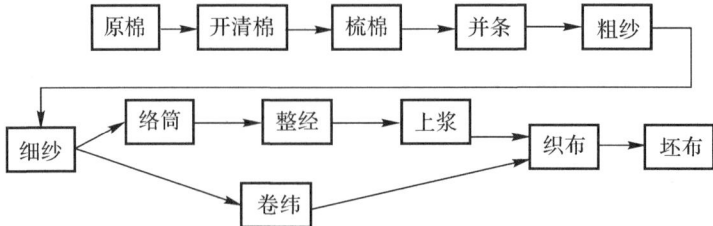

图 10-1 织布工艺流程

10.1.2　废水来源及其水质特征

棉纺织工业废水主要来自染整工段,包括退浆、煮炼、漂白、丝光、染色、印花和整理等。织造工段废水排放较少。染整工艺流程如图 10-2 所示,其产生的废水有以下特点:

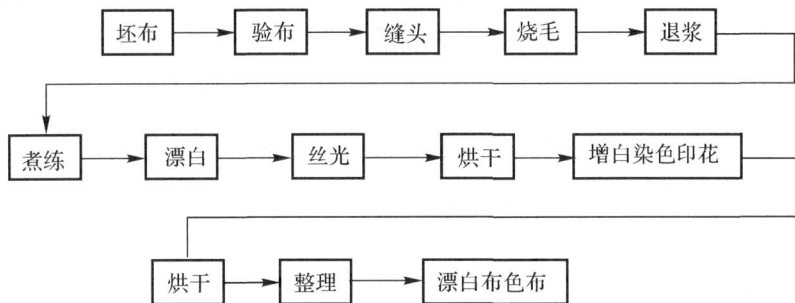

图 10-2　染整工艺流程

1.退浆废水

退浆废水一般占废水总量的 15％ 左右,其中包含的污染物约占污染物总量的一半。退浆废水是碱性的有机废水,pH 值为 12 左右,含有各种浆料分解物、纤维屑、酸和酶等污染物,废水呈淡黄色。退浆废水的污染程度和性质根据浆料的种类而异,如天然淀粉浆料,BOD_5/COD_{cr} 约为 0.3~0.5,而目前使用较多的化学浆料,如聚乙烯醇,其 BOD_5/COD 值维持在 0.1 左右,可生化性差。近年来改性淀粉逐渐取代化学浆料,改性淀粉的可生化降解性非常好,BOD_5/COD 可达到 0.5~0.8。

2.煮炼废水

煮炼工艺中一般以烧碱、肥皂、表面活性剂等为水溶剂,在温度 120 ℃、pH 为 10~13 的条件下对棉纤维进行煮炼。煮炼废水,废水量大,呈强碱性,含碱浓度约 0.3％,废水呈深褐色,BOD_5 和 COD 均高达每升数千毫克。

3.漂白废水

漂白工艺一般采用次氯酸钠、过氧化氢、亚氯酸钠等氧化剂去除纤维表面和有色杂质,使织物得到漂白。由于过氧化氢在漂白废水中几乎完全分解,而次氯酸钠和亚氯酸钠等含氯漂白剂的大部分氯,又在漂白过程中被分解,所以漂白废水的水量虽大,但污染程度较小,BOD_5 和 COD 浓度均较低,基本上属于清洁废水,可直接排放或循环使用。

4.丝光废水

丝光废水是将织物在氢氧化钠浓碱液内浸透而产生的,其目的是提高纤维的张力程度,增加纤维的表面光泽,降低织物的潜在收缩率,同时增加织物与染料的亲和力。丝光废水含氢氧化钠约 3％~5％,一般通过多效蒸发蒸浓后回收,先供丝光应用,再用于调配煮炼液、废碱液和用于退浆过程。因此,丝光废水几乎很少排出,且在工艺上被多次重复使用。虽经碱回收,但丝光废水的碱性仍很强,BOD_5 却低,其污染程度根据加工漂白布或本色布而异。加工漂白布时,织物先经漂炼再丝光,污染程度较低;而加工本色布时,退浆后直接进行丝光,使原来进入煮炼废水的纤维杂质转到丝光废水,因而相应提高了废水的污染程度。

5.染色废水

染色废水水质变化大,色泽深,主要的污染源是染料和染色助剂。不同纤维原料需用不同的染料、染色助剂和染色方法。此外,由于染料上色率的高低、染液的浓度不同、染色设备和规模不同,废水水质变化很大。一般染色废水的碱性强,特别当采用硫化燃料和还原染料时,pH 值高达 10 以上。染料本身的 BOD_5 较低,而 COD 却高很多。另外,染色废水中的许多物质不易被生物分解,生物处理对印染废水的 COD 去除率仅为 $60\% \sim 70\%$,脱色率也仅 50% 左右。

6.印花废水

印花废水的污染物主要来自调色、印花滚筒、印花筛网的冲洗水,以及后处理的皂洗、水洗、洗印花衬布的废水。印花废水的污染程度很高。此外活性染料应用大量尿素,使印花废水的氨氮含量升高。

7.整理废水

整理废水的水量较小,其中含有纤维屑、树脂、油剂、浆料、甲醛、表面活性剂等。

10.2 棉纺印染工业废水的处理技术

根据棉纺印染废水的水质特点,废水处理的主要对象是碱度、不易生物降解或生物降解速度极为缓慢的有机质、染料色素以及有毒物质等。此外,根据棉纺织物种类的不同,其处理方法也有所区别。一般情况下,棉纺工业废水经生物处理后难以达到排放标准,因此,通常在生物处理装置后还串联不同型式的化学处理装置作进一步处理;或在好氧生物处理装置前增加水解酸化装置,改善废水的可生物降解性,提高废水的去除效率。典型的纯棉织物染色废水及棉混纺织物染色废水处理流程如图 10-3 和图 10-4 所示。此外,针对染料废水具体排放对象的水质特点,还应采取专项处理技术,如碱度、色度以及某些有毒物质的去除。

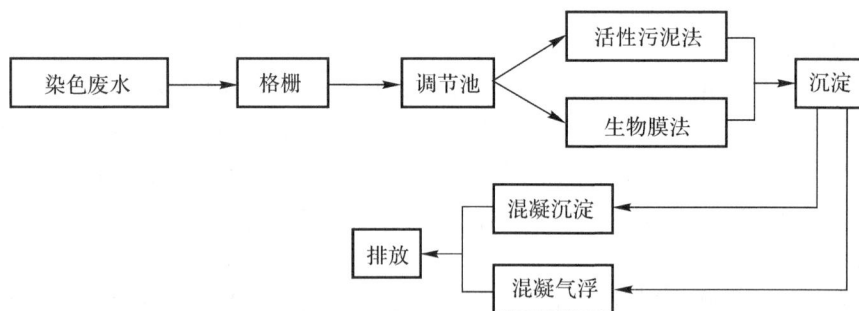

图 10-3 纯棉织物染色废水处理流程图

1.碱度的去除

印染废水的 pH 多高达 11 以上,直接用酸中和,费用较高。常用的较为经济的方法是利用排出废水本身酸碱度的不均匀性,设置调节池,保证一定的匀质时间,以达到一定要求的 pH。此外,还可采用烟道废气中和碱性废水,用烟道气处理碱性废水既能降低废水的

pH，又能消除烟道气中尘粒、SO_2、CO_2 对大气的污染。

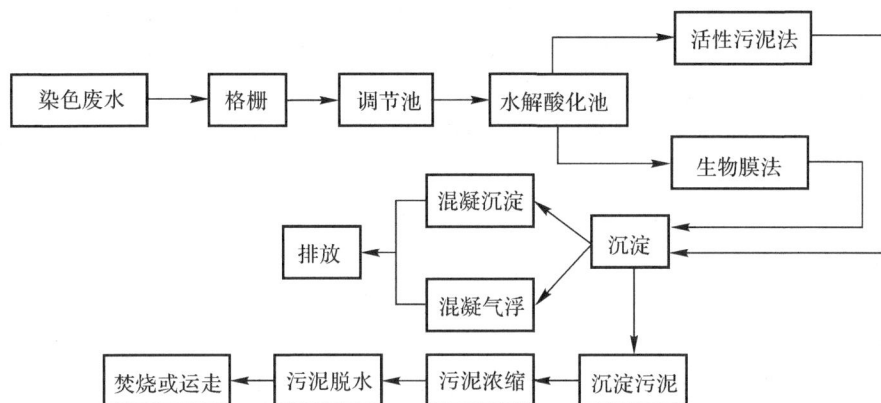

图 10-4　棉混纺织物染色废水处理流程图

2.色度的去除

棉纺织印染工艺中大量使用染料。根据染料的不同，其色度去除的方法也不尽相同。染色工艺中常用的染料种类及其化学品见表 10-1。

表 10-1　染色工艺中常用的染料种类及其化学品

序　号	染料种类	化学品
1	直接染料	染料、硫酸钠、碳酸钠、食盐、表面活性剂
2	还原染料	染料、烧碱、保险粉、硫酸钠、重铬酸钾、双氧水、醋酸、红油、平平加
3	纳夫妥染料	染料、乙醇、烧碱、纯碱、食盐、盐酸、醋酸钠、亚硝酸钠、表面活性剂
4	硫化染料	染料、硫化钠、纯碱、硫氢化钠、硫酸钠、重铬酸钾、双氧水
5	活性染料	染料、烧碱、磷酸钠、纯碱、碳酸氢钠、硫酸钠、尿素、表面活性剂
6	酸性染料	染料、硫酸钠、硫酸铵、醋酸铵、硫酸、醋酸钠、丹宁酸、酒石酸锑钾、苯酚、间苯二酚、表面活性剂
7	酸性媒染染料	染料、醋酸、硫酸钠、重铬酸钾、表面活性剂、丹宁酸、纯碱
8	金属络合染料	染料、硫酸、硫酸钠、硫酸铵、醋酸铵、表面活性剂
9	分散染料	染料、保险粉、有机化合物、表面活性剂

(1)染料分类：

1)直接染料。直接染料大多数是芳香族化合物的硝酸钠盐，大部分属于偶氮染料，亦是亲水性染料。芳香族的 BOD_5/COD 约为 0.53～0.84。活性污泥对直接染料具有较高的吸附作用，这其中属于亲水性染料的脱色效果好，脱色速度快。

2)还原染料。还原染料主要有蒽醌型和硫靛型两种结构，属于疏水性的染料，脱色速度慢,但活性硅藻土对其具有较好的脱色效果。

3)纳夫妥染料。纳夫妥染料为疏水性染料,活性硅藻土对这种染料有较好的脱色效果。

4)硫化染料。硫化染料为疏水性染料。染料中含有硫化合物,生物处理对其废水中硫化物的允许浓度是 $10\sim15$ mg/L。硫化染料占比较大的废水,可采取预曝气、预沉淀、投加混凝剂等方法处理,先除去部分硫化物并使还原性物质预先进行氧化。活性硅藻土对硫化染料有较好的脱色效果。

5)活性染料。活性染料为亲水性染料,但活性污泥对其吸附作用很小,硅藻土对它的脱色效果亦差。

6)酸性染料。酸性染料为亲水性染料。酸性染料溶解度大,导致活性污泥对它的吸附作用很低。

7)酸性媒染染料。酸性媒染染料具有酸性染料的基本结构,含磺酸基等水溶性基因,对羊毛有亲和力,同时含有能和金属原子络合的羧基团,羧基团和金属媒染剂有重铬酸钠和重铬酸钾。这类染料的耐晒、耐洗牢度较酸性染料好,但色泽较为深暗,主要用于羊毛染色。

8)金属络合染料。活性炭吸附法对金属络合染料废水无效。臭氧法不能用于处理络合染料废水,否则反而生成六价铬离子,增加水的毒性。

9)分散染料。分散染料是一种不含水溶性磺酸基团,且疏水性较强的非离子性染料。分散染料废水采用混凝法去除效果好。活性污泥也对其有一定的吸附作用。

(2)色度去除方法:

1)活性炭吸附法。活性炭吸附是目前去除染色废水色度的重要方法之一。活性炭对染料会有选择性地进行吸附,同时活性炭能吸附废水中的可溶性有机物,从而降低废水中的 BOD_5 和 COD,但对于较高浓度的废水则须结合其他方法一起使用,才能提高污染物的去除效率。根据染料的分类,活性炭对阳离子染料、直接染料、酸性染料、活性染料等水溶性染料的废水具有良好的吸附性能;但对硫化染料、还原染料等不溶性染料的废水,由于这些染料的溶解度低,吸附时间需要很长,活性炭则几乎不能吸附。

2)混凝法。混凝法是向废水中投加化学混凝剂、助凝剂,由于吸附、微粒间的电荷中和和扩散离子层的压缩等产生的凝聚,通过沉淀、浮选、过滤等方法去除废水中的色度,从而达到印染废水脱色的目的。混凝法在去除色度时,通常投药量较大,沉渣较多。对于活性染料等,混凝沉淀法则较为困难,投药量有时可高达 1 000 mg/L 以上。无机混凝剂几乎不能或完全不能去除水溶性染料中分子量小的和不容易形成胶体状的染料,例如:酸性染料、活性染料、金属络合染料及一部分直接染料。

染料废水由于废水中往往含有多种类型染料,物化处理时常采用几种混凝剂复合使用,几种混凝剂可同时投加,而每种混凝剂根据自己的化学基团,可以在水中发挥各自的优势起到架桥作用,使絮体增大,从而取得更好的效果。

3)活性硅藻土吸附法。活性硅藻土既有混凝作用,又有吸附作用,因此能达到良好的脱色效果。通常,活性硅藻土对亲水染料的脱色效果不一,而对疏水染料效果较好。当废水中表面活性剂和均染剂较多时,效果将显著下降。研究发现,活化 1 t 硅藻土约需 0.5 t 硫酸,故对硫酸的消耗量较大。日本通过活化硅藻土,对分散、酸性、纳夫妥、士林、硫化等染料进行了脱色,其脱色率可达 90% 以上。

4)臭氧法。臭氧法在处理染色废水时,一般与其他方法联用,常用的有活性炭与臭氧联合法,适用于含泥量极少的废水,混凝与臭氧联合法,适用于含泥量多、颜色深的印染废水,活性污泥与臭氧联合法,适用于原水 BOD_5 高或要求处理后 BOD_5 较一般低的废水。国外研究认为,臭氧对直接、酸性、碱性、活性等亲水染料脱色速度快、效果好;而对于还原、纳夫妥、氧化、硫化、分散性染料等疏水性染料,则脱色效果较差,且臭氧的用量大;对于含铬染料的废水,反而会生成六价铬离子,使废水的毒性增加。因此,根据不同的染料废水,应根据其成分选用适宜的处理方法,从而达到良好的去除效果。

10.3　印染废水处理工艺

10.3.1　生化-物化处理工艺

国内外印染废水多采用物化和生化相结合的处理工艺。生化法主要用于 COD、BOD_5 的去除,物化则主要用于脱色、悬浮物及不可生物降解 COD 的去除。目前,国内外大型企业印染废水处理主要采用新型的"生化＋物化"工艺,如图 10-5 所示。各反应池的功能为:①调节池:加酸中和调节 pH,并调节其他水质、水量指标;②水解池:利用厌氧菌、兼性菌将废水中难降解的大分子、杂环类有机物水解、酸化而分解成为简单的小分子有机物,降低 COD 浓度,提高废水的可生化性,并破坏染料分子的显色基团,部分去除原水色度;③好氧生化池:水解池中产生的简单小分子有机物在好氧菌的作用下,进一步分解为无机小分子物质,有机污染物得到去除,COD、BOD_5 基本被去除。好氧生化池可选择 SBR、氧化沟及其他活性污泥工艺设备;④混凝沉淀池:投加混凝剂,进一步降低废水中的色度、COD,根据需要混凝池中可以投加脱色剂、除磷剂等辅助药剂。该工艺操作管理方便,处理效果稳定、可靠。出水的 COD 去除率可达 80%～90%,BOD_5 去除率可达 85%～95%,色度去除率可达 50%～90%。混凝过程是去除废水中色度的重要保证,但投加化学药剂存在运行费用高,易引发二次污染,且脱色效果不稳定等问题。

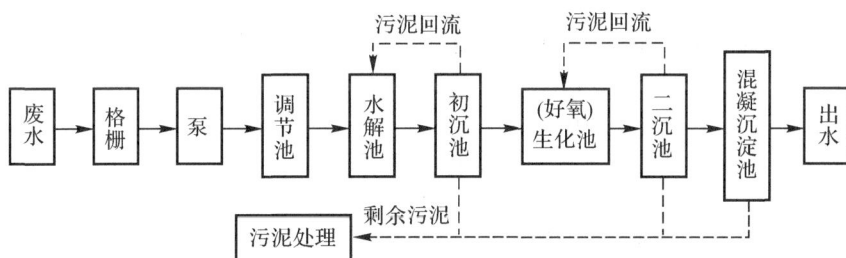

图 10-5　印染废水处理工艺

10.3.2　水解酸化-好氧生化处理工艺

原国家环保总局在《印染废水污染防治技术指南》中推荐了"水解酸化＋好氧生化＋物化"的处理工艺。由于印染废水成分复杂,难降解物质多,一般的生化处理效果较差。加入水解酸化后则可提高废水的处理效率,并减小运行费用。某印染废水的水质和排放标准见表 10 - 2。根据此印染废水的水质特征,废水选择水解酸化-接触氧化法-气浮-过滤处理工艺进行(见图 10 - 6)。印染废水水质与水量可在预曝气调节池得到均化和调节,针对印染废水可生化性差、有大量难生物降解有机物的情况,可先使废水在兼氧池水解酸化以提高高分子染料的可生化性,为好氧氧化的高效处理创造条件。生物接触氧化池选择二段式接触氧化反应池。氧化段所产生的剩余污泥全部回流到兼氧段,污泥在此有足够的停留时间,使有机物得以降解,从而减小整个处理系统的剩余污泥量。氧化池出水经气浮去除悬浮物,然后经炉渣过滤处理使出水得到进一步进化,确保出水的排放达标排放。

表 10 - 2   废水水质及排放标准

项 目	$\dfrac{COD}{mg \cdot L^{-1}}$	$\dfrac{BOD_5}{mg \cdot L^{-1}}$	$\dfrac{SS}{mg \cdot L^{-1}}$	pH	色度/倍
原废水	740~850	260~360	150~350	9~10	250~300
排放标准	<180	<40	<100	6~9	<80

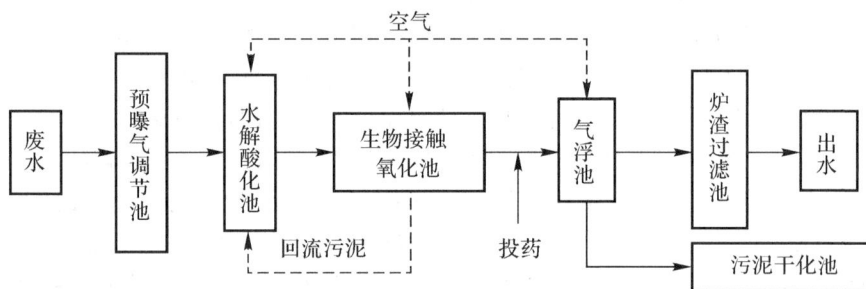

图 10 - 6   水解酸化-接触氧化法-气浮-过滤工艺流程图

10.3.3   混凝沉淀-水解酸化-MBR 工艺

印染废水水质水量变化大、色度高、成分复杂,是工业废水处理的难点。针对其水质特点,目前国内采用较多的是水解酸化-好氧接触氧化工艺。此工艺对冲击负荷有较强的适应性。剩余污泥少且运行费用低,但要达标排放,还需进一步处理。结合混凝沉淀、水解酸化、膜生物反应器这 3 种工艺可对印染废水进行处理,如图 10 - 7 所示。

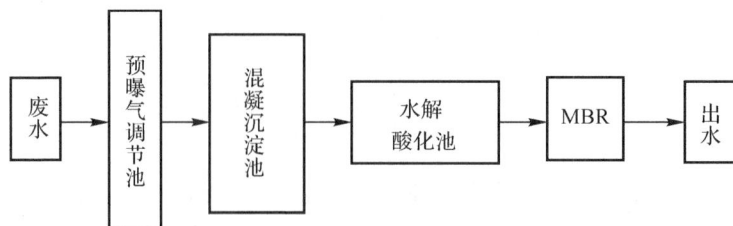

图 10 - 7   混凝沉淀-水解酸化-MBR 工艺流程图

混凝沉淀去除水体中的悬浮物质及胶体,水解酸化可提高废水的可生化性,而膜生物反应器可强化生物处理效果,以保证出水的稳定性。根据天津市国印厂的废水水质特点,系统进水色度及 COD 的变化范围都较大,混凝预处理去除了大部分色度,使得废水的色度在进入水解酸化反应器时已没有大幅度的波动,在后续的好氧生物处理单元中,色度可进一步被去除,最终使系统的出水色度较进水低于 50 倍。而 MBR 的稳定运行对 COD 的去除起到了决定性的作用,系统出水始终 COD 小于 100 mg/L。从而保证了出水水质完全满足纺织染整行业污染物的一级排放标准。

10.3.4　水解-接触氧化-气浮-生物活性炭处理工艺

印染废水有可采用水解-接触氧化-气浮-生物活性炭工艺(见图 10 - 8)进行处理,以达到良好的去除效果。经管道输送后,先经格栅去除大片杂物,然后进入调节池,调节温度,均衡水质、水量;而后,废水经水泵提升进入水解酸化池,在厌氧微生物的作用下,废水中的有机物发生水解,然后进入生物接触氧化池进行好氧生物降解处理,处理后废水进入气浮池,经气浮处理的废水再进入生物炭池进行脱色,最终达标排放或进行回用。此系统处理后污染物的去除率可达 98％以上,去除效果良好。

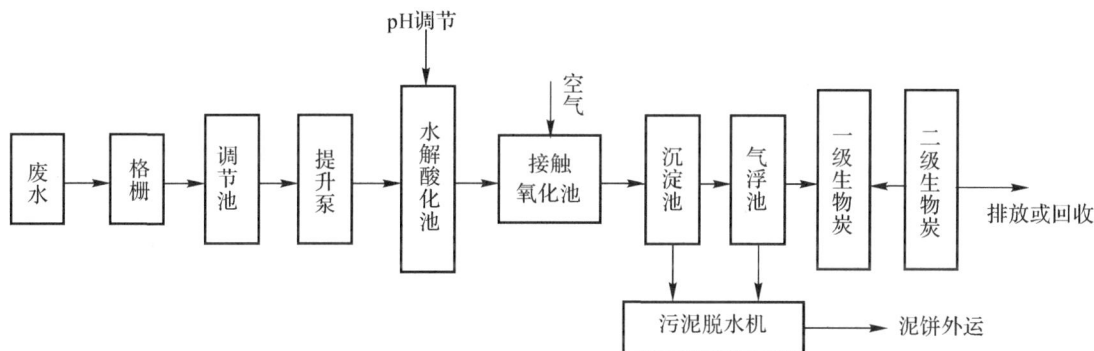

图 10 - 8　水解-接触氧化-气浮-生物活性炭工艺流程图

10.4　各类印染废水处理工艺的选择

1. 棉纺印染废水

棉纺印染废水含不易生物降解的有机物、染料色素等,相对而言,染色废水比印花废水、纯棉织物比棉混纺织物废水的生物处理难度小,针织废水中无退浆废水,生物处理较易。对化纤印染废水可采用调节-混凝(中和)沉淀-水解酸化-活性污泥法-二沉池-脱色-出水的工艺流程。

2. 纯棉染色、针织等废水

纯棉染色、针织等废水相应对调节、水解等工序可适当放宽要求,有条件时将退浆废水进行预处理,经酸析、过滤除去浆料,再进行混合废水的处理。

3. 丝绸印染废水

丝绸印染废水中,煮炼废水 COD 浓度高,含私胶、碱剂、表面活性剂等,宜进行厌氧预处理。其余缫丝、煮茧、制丝等废水 COD 不高,采用常规生物接触氧化法即可满足要求。如有染整工序,则废水应进行混凝脱色。

4. 毛纺印染废水

毛纺印染废水中,洗毛废水污染严重,含泥沙、油脂、羊毛汗等,是高污染废水,需进行离心分离—酸析—沉淀处理。常见的炭化废水 COD 不高,但呈酸性;毛织物染色废水,缩绒冲洗废水 COD 高、色度高、总固体浓度大,应考虑采用延时曝气活性污泥法。胶态及悬浮物较高时,吸附再生的 A/B 也可考虑。

5. 亚麻加工废水

亚麻加工废水中主要的废水产生在亚麻浸渍过程中,显酸性,且色度高(深褐色),混合废水处理方法和棉纺印染废水处理方法类似。

第 11 章　制革工业废水

近数十年来，随着经济的快速发展，为了满足消费者对皮革和皮革制品需求的不断增加，制革行业也得到迅速发展。根据农粮组织的统计，全世界每年大约生产 2 亿吨的皮革，贸易额约 1 000 亿美元。然而据估计，每处理 1 kg 动物皮，大约产生 30 L 的废水，因此，制革工业被认为是当今最严重的污染源之一。根据皮革的最终用途，有两种鞣制方法：植物鞣制和铬鞣制。铬鞣制更为常见，可以在较短时间内获得更柔软、更柔韧和更稳定的皮革。但在制革过程中使用的大量化学品并不能被兽皮完全吸收，使得制革废水中存在各种有毒、有害物，如铬、氯酚、甲醛、磺化油、单宁酸和废染料等，高效低成本处理制革废水是当务之急。

11.1　制革工业的生产过程

皮革是由动物皮经过十分复杂的物理加工和化学处理过程而制成的。制革过程一般可分为准备阶段、鞣制阶段和整饰阶段 3 个过程。

1. 准备阶段

准备阶段主要是去除动物皮上所有没用的东西，如毛、脂肪、皮子内的各种腺体和可溶性蛋白质等，并对动物皮的胶原纤维（即构成皮革的主体）进行处理，为鞣制作准备，以提高皮革的品质。本阶段的主要工序有浸水、去肉、脱毛、浸灰、脱脂、软化、浸酸。制革过程中的削肉和脱脂过程如图 11-1 所示。

图 11-1　制革过程中的削肉和脱脂过程

2. 鞣制阶段

鞣制阶段是生皮变为革的质变过程,是整个皮革加工过程的关键,鞣制后的革可获得一系列的鞣制效应。其主要目的是通过化学方法使动物皮的胶原纤维在结构上发生变化,使其从皮变成革。同时,也决定了所得皮革的品质及性能。在本阶段的主要工序有预鞣、主鞣制及复鞣。皮革的鞣制过程是在鞣制机中完成的,如图 11-2 所示。

图 11-2 制革过程的鞣制阶段

3. 整饰阶段

整饰阶段,其主要目的是富于皮革一些特殊的感官性能,如厚薄度、柔软性、颜色、表面状态以及防水性,通过一系列皮革化学品的作用及各种机械加工使皮革获得各种各样的使用价值。在本阶段主要工序有剖层、削匀、中和、染色、加脂、干燥、做软、平展、磨革、涂饰、压花等。

皮革是经脱毛和鞣制等物理、化学加工所得到的已经变性不易腐烂的动物皮。革是由天然蛋白质纤维在三维空间紧密编织构成的,其表面有一种特殊的粒面层,具有自然的粒纹和光泽,手感舒适。而制革过程中,由于工序众多,因此废水的成分复杂,且难以生物降解,了解制革过程中各个工序废水的性质,有利于制革废水的高效处理。

11.2 制革废水的来源和水质特征

11.2.1 制革废水的来源

1. 鞣前准备阶段

在鞣前准备过程中,污水主要来源于水洗、浸水、脱毛、浸灰、脱灰、软化、脱脂。其主要污染物为:①有机废物,包括污血、泥浆、蛋白质、油脂等;②无机废物,包括盐、硫化物、石灰、碳酸钠、氢氧化钠等;③有机化合物,包括表面活性剂、脱脂剂等。鞣前准备工段的废水排放量约占制革总水量的 70% 以上,污染负荷占总排放量的 70% 左右,是制革废水的最主要来源。

2. 鞣制阶段

鞣制阶段的废水主要来自水洗、浸酸、鞣制。主要污染物为无机盐、金属铬等。其废水排放量约占制革总水量的 8% 左右。

3. 鞣后整饰阶段

鞣后整饰阶段的废水主要来自水洗、挤水、染色、加脂、喷涂机的除尘污水等,主要污染物为染料、油脂、有机化合物,如表面活性剂、酚类化合物、有机溶剂等。该阶段的废水排放量约占总水量的 20% 左右。

11.2.2　制革废水的特征

1. 水量和水质波动大

由于制革加工厂的废水多是间歇式排出,其水量变化主要表现为时变化流量和日变化流量。时变化流量是由于皮革生产工序的不同,在每天的生产过程中都会出现生产高峰。而日变化流量则根据操作工序的时间安排,例如,每周周末排水量小,形成每周排水的最低峰。

2. 水质变化

皮革废水水质变化同水量变化类似,差异很大,随生产品种、生皮种类、工序交错而变动。由于其水质变化大,污染物的排放无规律性。

3. 污染负荷重

皮革工业污水碱性大,其中准备阶段的废水 pH 在 10 左右,色度重,耗氧量高,悬浮物多,同时含有硫、铬等。一般来讲,制革废水中有毒、有害污水占总水量的 15%～20%。其中,来自铬鞣工序的污水中,铬含量在 2～4 g/L,而灰碱脱毛废液中硫化物含量可达 2～6 g/L。这两种污水作为制革废水防治的重点,必须加以单独处理。

11.3　制革废水的危害

制革废水中有机物含量及硫、铬含量高,耗氧量大,其废水的污染情况严重,主要表面在以下几方面。

1. 色度

皮革废水色度较大,一般在 600～3 500 倍之间,主要由植物鞣剂、染色、铬鞣和灰碱废液造成,如不经处理而直接排放,将影响地面水的颜色,影响水质。

2. 碱性

皮革废水总体上偏碱性,综合废水 pH 在 8～10 之间。其碱性主要来自于脱毛等工序用的石灰、烧碱和硫化钠。由于其碱性高,如不加处理会影响地面水的 pH 值和农作物生长。

3. 悬浮物

皮革废水中的悬浮物高达 2 000～4 000 mg/L。主要是油脂、碎肉、皮渣、石灰、毛、泥沙、血污,以及一些不同工段的废水混合时产生的蛋白絮、氢氧化铬等絮状物。如不加处理而排放,这些固体悬浮物可能会堵塞机泵、排水管道和排水沟。此外,大量的有机物及油脂也会使地面水耗氧量增高,从而造成水体污染,危害水生生物的生长。

4. 硫化物

硫化物主要来自灰碱法脱毛废液,少部分来自于采用硫化物助软的浸水废液及蛋白质的分解产物、含硫废液在遇到酸时,易产生硫化氢气体,含硫污泥在厌氧情况下也会释放硫化氢气体,对水体和人类造成巨大的危害性。

5. 氯化物及硫酸盐

氯化物及硫酸盐主要来自于原皮保藏、浸酸和鞣制工序、其含量为 $2\ 000 \sim 3\ 000$ mg/L。当饮用水中氯化物含量超过 500 mg/L 时,可明显尝出咸味,如高达 4 000 mg/L 时,会对人体产生危害。而硫酸盐含量超过 100 mg/L 时会使水味变苦,引用后产生腹泻。

6. 铬离子

皮革废水中的铬离子主要以 Cr^{3+} 的形态存在,含量一般在 $60 \sim 100$ mg/L。虽然 Cr^{3+} 对人体的危害性较 Cr^{6+} 小,但它能在环境和动植物体内积蓄,对人体健康产生长远影响。

7. 化学需氧量和生物需氧量

皮革废水中蛋白质等有机物的含量较高,并含有一定量的还原性物质,因此其 COD 和 BOD_5 很高,若不经过处理直接排放,则会引起水污染,促进细菌繁殖;同时废水排入水体后要消耗水体中的溶解氧,当水体中的溶解氧小于 4 mg/L 时,鱼类等水生生物将会变得呼吸困难,甚至死亡。

8. 酚类

酚类主要来自于防腐剂,部分自来于合成鞣剂。酚对人体及水生生物的危害非常严重,是一种有毒物质,因此,制革废水中对酚类化合物的去除也非常重要。由此可见,制革废水是以有机物为主体的综合性污染废水,必须加以行之有效的处理。

11.4 制革废水处理技术

原料加工成成品皮革的过程中,由于操作工序的不同可能会导致该工序废液含有某种特定的污染物质,如脱脂废液中含有大量的油脂、脱毛皮液中含有大量的硫化物、铬鞣废液中含有大量的铬等。为此,铬废液需进行单独处理。对各工序所排出的废液进行单独收集和预处理,然后外排,与其他排水共同形成制革厂的综合废水,需进行统一处理。由于制革废水属于以有机物为主的综合性污染废水,可以采用以活性污泥法为主体的生物处理工艺进行处理。

11.4.1 脱脂废液的处理

1. 脱脂废液的水质

原料皮经过组批后,需要进行去肉、浸水和脱脂。一般情况下,生猪皮的油脂含量在 $21\% \sim 35\%$ 之间,去肉后油脂的去除率为 15% 左右,脱脂后油脂去除率为 10%。浸灰、鞣制后,原有油脂的 85% 左右被去除,大多数转移到废水中,并主要集中在脱脂废液中,致使脱脂废液中的油脂含量、COD 和 BOD$_5$ 等污染物指标很高。在脱脂废水处理时,可对废液进行分隔治理,从而回收油脂,这在皮革废水治理中是切实可行的,同时也是一种经济、环境效益明显的治理手段。

2.油脂回收方法

油脂回收方法可采用酸提取法、离心分离法或溶剂萃取法。目前在制革厂中广泛采用是酸提取法。含油脂乳液的废水在酸性条件下,油水分离、分层,而后将分离后的油脂层回收,经加碱皂化后再经酸化水洗,最后回收得到混合脂肪酸。酸提取法的工艺流程如图 11-3 所示。在整个酸提取工艺中,由于脱脂过程中碱液的皂化作用,使脱脂废水中的油脂基本上处于乳化状态。因此,为了使油脂能从液相中分离出来,必须进行破乳。而选择破乳剂时,要根据破乳剂的来源、价格和处理效果进行综合考虑。制革厂使用最多的破乳剂通常为硫酸,但在使用过程中,需要对设备进行防腐处理。此外,采用酸提取法回收油脂时,需控制反应的 pH。研究发现,在反应温度、静置时间相同的情况下,酸化 pH 控制在 4,脱脂乳液破乳,使油水分离,分层效果最好。如果 pH 偏高,蛋白质不易与油脂分离,油水分离效果差;当 pH 偏低时,由于酸碱反应剧烈,而产生大量二氧化碳气泡黏附在油脂上,也会影响油水分离的效果。除了破乳剂的选用和控制 pH 值外,在破乳过程中,温度的控制也非常重要。提高乳化液的温度,可以降低乳化剂的吸附性,减少乳状液的黏度,以致发生乳化作用。因此,在脱脂废水加酸破乳的同时,提高乳化反应的温度可以使破乳反应更加彻底。

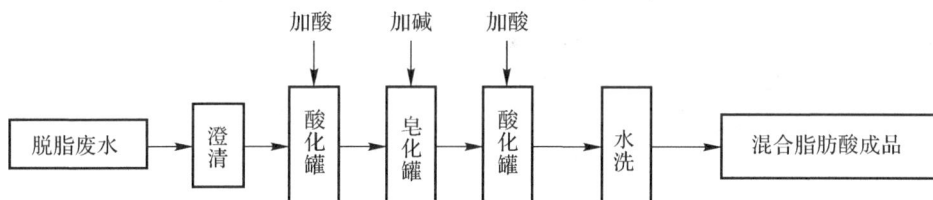

图 11-3　酸提取法工艺流程图

11.4.2　灰碱脱毛废液的处理

1.水质特点

由于硫化碱质量稳定可靠,生产操作简单,易于控制。因此,我国皮革工业生产过程中,多采用硫化碱进行脱毛。脱毛废液的产生量约占皮革污水总量的 10%,其废水污染负荷高,毒性大,硫化物含量在 2 000～ 4 000 mg/L。此外,脱毛废水悬浮物和浊度都很大,是皮革工业中污染最为严重的废水。

2.处理方法

加碱的脱毛废水处理时,常用的方法有化学沉淀法、酸吸收法和催化氧化法。

(1)化学沉淀法。向脱毛废水中加入可溶性化学药剂,使其与废水中的 S^{2-} 起化学反应,并形成难溶解的固体生成物,而后进行固液分离去除水中的 S^{2-}。处理硫化物常用的沉淀剂有亚铁盐、铁盐等。沉淀法处理脱毛废水的工艺流程如图 11-4 所示。脱毛废液出鼓后,由集液槽收集经分隔沟排入集水池,在集水池入口设置格栅或滤床,用以过滤毛和灰渣。由于脱毛废液是强碱性溶液,如直接加铁盐或亚铁盐脱硫,则沉淀剂的用量过大,颗粒细、速度慢。因此,在处理时,常先向脱毛废液中加入少量硫酸,使废液的 pH 维持在 8~9 之间,再投入沉淀剂,此时除硫效果好,反应终点的 pH 在 7 左右,不会产生硫化氢气体。待静置澄清后,上层清液进入水处理系统、污泥则进入污泥浓缩干化系统。脱硫后的污水中仍含有大量有害杂质,虽然经脱硫沉淀,但处理后的水质仍不稳定,存放期稍微加长就会出现水质浑浊现象,这主要是由于存在大量不稳定的中间产物造成的,而向污水中通入空气进行曝气氧化即可克服此缺陷。由此可见,化学沉淀法反应迅速,操作简单,且污水中硫离子去除较完全。但此方法沉淀剂的消耗量大,且污泥产生量大,易造成二次污染,使水体受到影响。

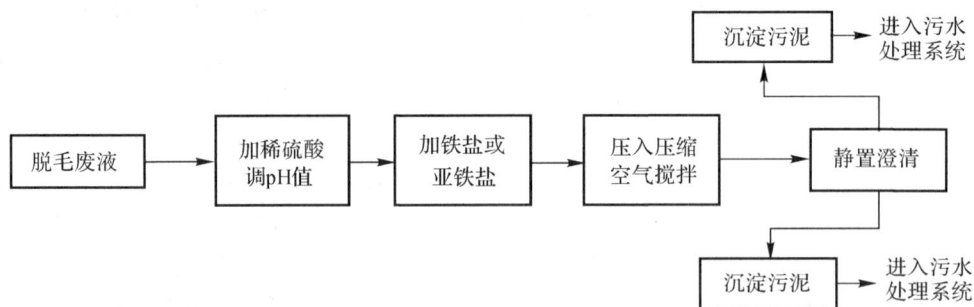

图 11-4　化学沉淀法处理脱毛废水的工艺流程图

(2)酸化吸收法。脱毛废液中的硫化物在酸性条件下会产生极易挥发的硫化氢气体,再用碱液吸收硫化氢气体,则可生成硫化碱,达到硫化碱的回收再利用,其工艺流程如图 11-5 所示。将含硫化钠的脱毛废液由高位槽放入反应釜中,至有效液位后即关闭阀门。从贮酸高位槽加入适量硫酸,将反应物的 pH 调至 4~4.5,再用空压机把空气从反应釜底部送入釜中,将所产生的硫化氢气体缓缓地吸入吸收塔,用真空泵连续抽出吸收塔尾部的气体,而后排空。整个反应过程中,要求吸收系统完全处于负压和密闭状态,以确保硫化氢气体不外漏。反应完毕后的残渣可直接进入板框进行压滤脱水,残渣中主要含有蛋白质,可用作农肥或饲料。采用酸化吸收法处理脱毛废液后,硫化物的去除率可达 90% 以上,COD_{cr} 去除率可达 80%。

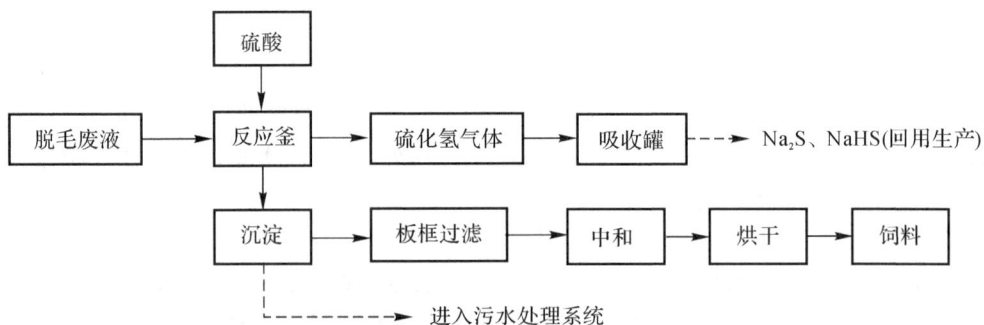

图 11-5　酸化吸收法处理脱毛废水的工艺流程图

(3)催化氧化法。化学沉淀法除硫过程中,会产生大量的含硫污泥。而含硫污泥的积累极易造成二次污染,给后期污泥的处理带来很大的问题。为了避免硫化物在污泥中的积蓄,

可将废水中有毒的 S^{2-} 转变为无毒的硫酸盐、硫代硫酸盐或元素硫,而氧化法可达到这一目的。氧化法借助空气中的氧,在碱性条件下将二价的硫氧化成元素硫及其相应 pH 的硫酸盐。为了提高氧化效果,在实际操作中,大多添加锰作为催化剂,以达到催化氧化的目的。目前,国内皮革厂对含硫废液进行分隔治理时多采用空气-硫酸锰催化氧化法,其工艺流程图如图 11-6 所示。脱毛废液经格栅滤去大块碎皮等固体杂物后,集中在贮液池内,催化剂由贮罐经计量后加入反应池内,开动循环水泵,使废水通过充氧器进行强制循环,在催化剂的条件下,废液中的硫化物被氧气氧化,以达到清除的目的。处理工艺中,充氧器用于提供足够的氧气,使氧能充分地与硫化物接触反应。

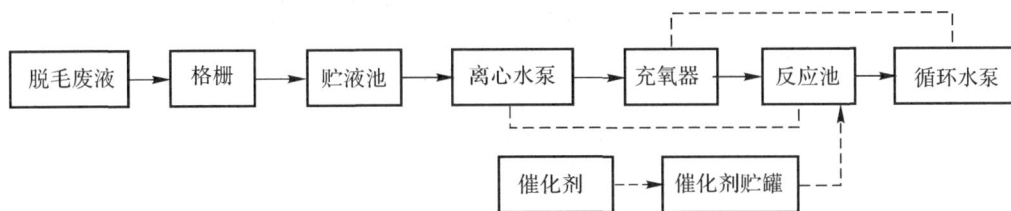

图 11-6　催化氧化法处理脱毛废水的工艺流程图

11.4.3　铬鞣废液的处理

废铬回收和利用多采用减压蒸馏法,反渗透法,离子交换法,溶液萃取法、碱沉淀法以及直接循环利用等方法。

11.4.4　综合污水处理

综合污水处理一般有物理法、化学法和生化法 3 类。制革污水处理通常是这三类方法的结合。

1. 氧化沟法

氧化沟法处理制革废水时有以下优点:①工艺简单,构筑物少,运行管理方便;②可操作性强,维护管理高,设备可靠,维修工作量少;③处理效果稳定、出水水质好,并可以实现一定程度的脱氮;④基建投资省,运行费用低;⑤抗水量水质冲击负荷高。采用氧化沟工艺去除制革废水,其 COD 去除率可达 90% 以上,硫化物去除率达 95% 以上,动植物油去除率达99%,色度去除率85%。

2. SBR 法

SBR 工艺对中、小型企业的废水处理十分适用。该工艺对 COD_{cr} 去除率可达 90% 以上,SS 的去除率 95%,氨氮的去除率 80%。

3. 生物膜法-生物接触氧化法

生物膜法工艺的优点在于,没有活性污泥中常见的污泥膨胀问题,出水水质较好且稳定,运行管理方便。但该技术如果维护不好,膜表面容易结团而导致表面积减少,处理效果下降。此外,采用该工艺后生物填料需要定期更换,重新挂膜,成本相对较高。

11.5　制革废水处理工程案例

11.5.1　浙江通天星集团制革厂制革废水处理工程案例

1. 工程概况

根据市场要求和企业经营决策,技改项目将原有年产 300 万张猪皮革生产线改为牛皮革生产线,使年生产能力达到 45 万张牛皮。制革厂现有 1 套 1 000 t/d 处理能力的废水处理设施已不能满足处理能力和要求,因此必须对现有治理设施进行改造和扩建,设计规模为 4 000 t/d。设计最大时处理能力 225 t/h。废水水质见表 11-1。原有污水的处理工艺如图 11-7 所示。

表 11-1　废水水质数据

项　目	$\dfrac{BOD_5}{mg \cdot L^{-1}}$	$\dfrac{SS}{mg \cdot L^{-1}}$	$\dfrac{NH_4-N}{mg \cdot L^{-1}}$	$\dfrac{COD}{mg \cdot L^{-1}}$	pH	$\dfrac{S^{2-}}{mg \cdot L^{-1}}$	$\dfrac{总铬}{mg \cdot L^{-1}}$	$\dfrac{色度}{倍}$
数值	<30	<70	<15	<100	6~9	<1.0	<1.5	<50

2. 工艺流程

根据制革厂废水的水质,新的处理工艺在原有的基础上进行了改进,该厂工艺改造前和改造后流程图如图 11-7、图 11-8 所示。

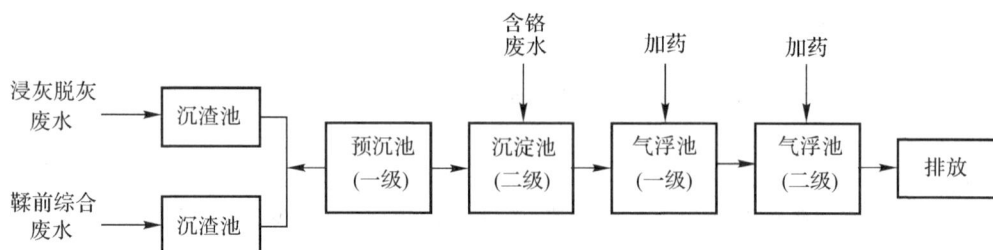

图 11-7　原有污水处理工艺流程图

制革废水处理工程具体工艺流程:①加强综合废水的预处理,设置 2 道粗、细机械格栅,沉渣池、沉淀池和调节池,预沉池前投加 $FeSO_4$ 进行化学除硫,调节池内设置预曝气,空气氧化脱硫;②生物处理采用氧化沟工艺,氧化沟对 COD、BOD_5 和 S^{2-} 的去除率分别可达到 87%、95% 和 99%,处理效果稳定,抗冲击负荷能力强,操作管理、维护简单。此外在氧化沟前设置生物选择器,利用高有机负荷选取菌种,从而抑制丝状菌的增长,提高污泥的絮凝、沉降性能;③除新建氧化沟和二沉池外,其他构筑物单元均利用现有设施改造利用,原沉淀池改作调节池。原有气浮池,因结构不合理,处理能力小,均予以拆除。

3. 运行状况

污水处理站从 2001 年 4 月竣工投入试运行,氧化沟在培菌时投入 50 t 活性污泥(脱水污泥,含水率 80%)。调试过程顺利,至 7 月份该工艺处理效果已趋于稳定。对废水中的

COD、硫化物、SS、总铬的去除率均可达到96%以上,氨氮的去除率为67.3%,能够满足实际运行需要。

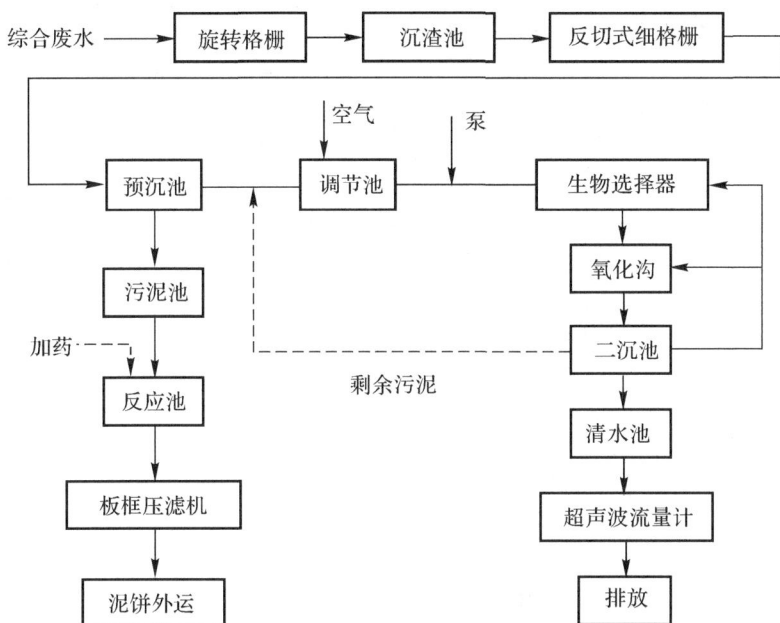

图 11-8　设计污水处理工艺流程图

11.5.2　广东某制革企业废水处理案例

1.进出水水质

根据某制革企业的废水水量和水质情况,企业废水处理工程设计量为 700 m³/d,实际运行的处理量约 500 m³/d,设计了"预处理-AO 生化处理-芬顿氧化-人工湿地"组合工艺,采用预处理手段去除制革废水中的悬浮固体,采用二级 AO 去除废水中的易降解有机物和氨氮,然后通过芬顿-人工湿地技术进行深度处理,进一步氧化分解废水中的难降解有机物,并通过人工湿地系统的基质吸附和过滤、植物吸收、微生物分解等作用进行深度处理,同时去除制革废水中的悬浮物、有机物、氮、磷和重金属等,实现对废水的高效净化。具体进出水指标见表 11-2,工艺流程图如图 11-9 所示。

表 11-2　进水出水水质

项目	pH	色度	SS mg·L⁻¹	COD mg·L⁻¹	BOD mg·L⁻¹	NH₃-N mg·L⁻¹	硫化物 mg·L⁻¹	总铬 mg·L⁻¹
进水	5~13	240	2 000	3 500	1 200	140	100	130
排放标准	6~9	30	50	100	20	10	0.5	1.5

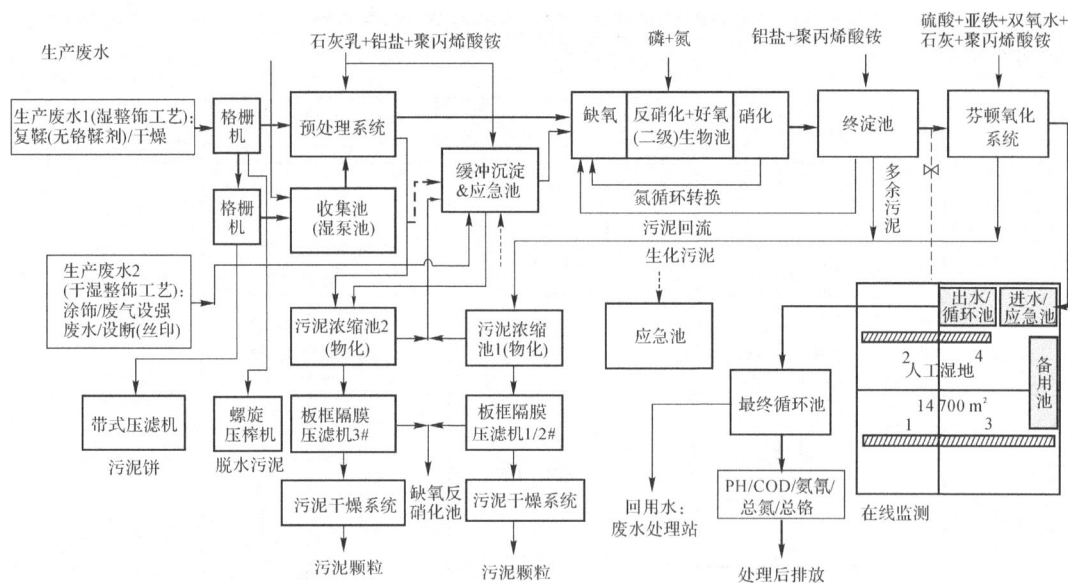

图 11-9　废水处理工艺流程

废水处理组合工艺已实际应用于制革企业的生产废水的处理中,2021 年和 2022 年 1—9 月的水质检测结果统计见表 11-3,各项指标均能达到使出水水质达到广东省地方标准《水污染物排放限值》(DB 44/26—2001)一级标准和《制革及皮毛加工工业水污染物排放标准》(GB 30486—2013)中直接排放限值要求。

表 11-3　运行效果

项目	pH	色度	SS $\mathrm{mg \cdot L^{-1}}$	COD $\mathrm{mg \cdot L^{-1}}$	BOD $\mathrm{mg \cdot L^{-1}}$	NH_3-N $\mathrm{mg \cdot L^{-1}}$	硫化物 $\mathrm{mg \cdot L^{-1}}$	总铬 $\mathrm{mg \cdot L^{-1}}$
限值	6~9	30	50	100	20	10	0.5	1.5
出水水质	6.38~ 7.69	4~20	5~43	20~80.2	6~19.1	0.427~ 8.38	0	0~0.077

11.5.3　安徽某皮革集团处理案例

1.进出水水质

某针对皮革集团污水处理厂,企业废水处理量为 7 000 $\mathrm{m^3/d}$,企业内部建设废水预处理设施,将其处理达到《污水排入城市下水道水质标准》(GB/T 31962—2015)中的 B 标准后接入园区污水处理厂。综合考虑两厂排放指标限值,经加权平均计算,预留一定的空间,确定本工程设计进水水质。工业园区污水处理厂排放标准执行《污水排入城市下水道水质标准》(GB 18918—2002)中一级 A 标准。具体设计进出水水质见表 11-4。

表 11 - 4　设计进出水水质

项目	SS mg·L⁻¹	COD mg·L⁻¹	BOD mg·L⁻¹	NH₃-N mg·L⁻¹	TN mg·L⁻¹	TP mg·L⁻¹	硫化物 mg·L⁻¹
限值	330	500	150	40	65	8	0.9
出水水质	≤10	≤50	≤10	≤5	≤15	≤0.5	0

本工程预处理系统采用细格栅去除生化出水中细小漂浮物,设置调节池对水质水量进行调节,同时根据《制革及毛皮加工废水治理工程技术规范》的要求,设置事故池进行事故应急。考虑废水可生化性较差,设置前置水解酸化工艺,利用兼性菌将废水中大分子和难生物降解有机物降解为易生物降解的小分子有机物,提高废水可生化性及后续去除效率。废水处理工艺流程如图 11 - 10 所示。

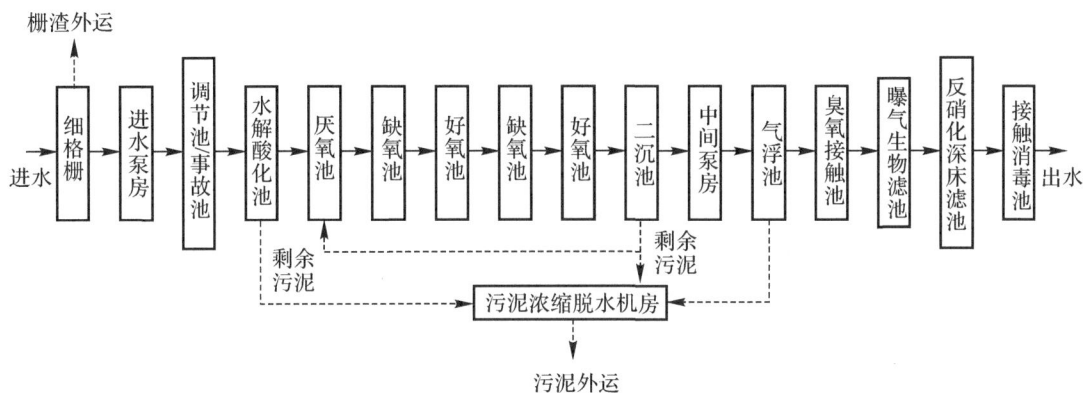

图 11 - 10　废水处理工艺流程

两厂出水进入细格栅及进水泵房,经提升后进入调节池进行水量水质的调节,通过搅拌防止池内悬浮物沉积;事故时进水切换至事故池,待来水正常时通过事故提升泵小流量泵回调节池,以避免对系统造成冲击;调节池出水提升进入水解酸化池,通过兼性菌将大分子和难生物降解的有机物降解为易生物降解的小分子有机物,提高废水可生化性及后续去除效率;水解酸化池出水进入两级生化系统,一级 A/A/O 池去除废水中大部分有机污染物、NH₃-N 等,利用原水中碳源反硝化去除 TN,二级 A/A/O 池去除废水中剩余的有机污染物、NH₃-N 等,根据水质情况补加碳源进一步脱除 TN;两级生化系统出水进入二沉池固液分离后进入气浮池 通过投加药剂进行深度化学除磷,去除废水中细小悬浮物,降低后续臭氧投加量;气浮出水进入臭氧氧化、曝气生物滤池,通过组合工艺的强耦合作用,去除废水中残留的难降解污染物;曝气生物滤池出水进入反硝化深床滤池,去除废水中 SS、TN 等污染物,确保出水水质稳定;反硝化深床滤池出水进入接触消毒池消毒后达标排放。处理过程中产生的污泥均进入污泥脱水间,经机械浓缩、板框脱水后外运并处置。

2.工程运行效果

本工程调试期间出现系统波动、毒性物质超标等情况,主要原因是上游企业内部处理后的出水水质波动大,对下游污水处理厂的运行造成了冲击。调试后期通过严格监管上游皮革集团的运行情况,保证了废水处理工程进水水量、水质、毒性物质等指标的稳定性。本工程运行后工业园区污水处理厂进水 COD、BOD_5、NH_3-N、TN、TP 和 SS 的质量浓度分别约为 430、110、35、60、4、300,单位为 mg/L,出水分别约为 40~45、8、4、10~12、0.5、8,单位为 mg/L,各项水质指标均达到设计要求。

第12章 常见管件、仪表设备

12.1 管道、阀门的种类及连接方式

12.1.1 管配件的种类、性能和用途

由管道及其配件才能构成流体流动的通道,因此流体输送离不开管配件。常用的管配件主要由金属或非金属材料制成。

(1)铸铁管。铸铁的耐腐蚀性能好,经久耐用,价格低廉,广泛用做上下水管道。缺点是质脆,不耐振动和弯折,质量大,表面粗糙。排水铸铁管常用的配件有弯头。乙字管、三通、四通和大小头等,如图12-1所示。

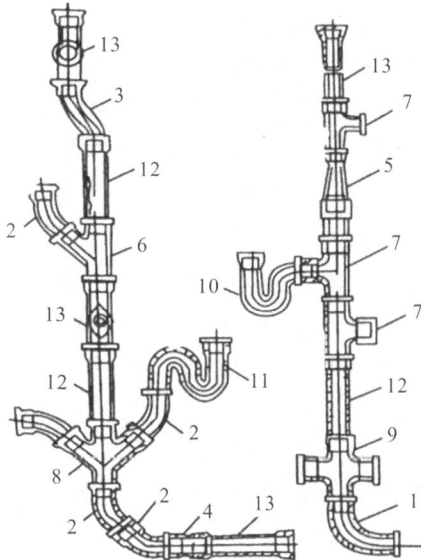

图12-1 铸铁管承插连接配件

1—90°弯头; 2—45°弯头; 3—乙字管; 4—双承管; 5—大小头; 6—斜三通;
7—正三通; 8—斜四通; 9—正四通; 10—P弯; 11—S弯; 12—直管; 13—检查口短管

(2)钢管。钢管有无缝钢管和焊接钢管两种,水处理装置常用焊接钢管。钢管的优点是

强度大,能耐高压;韧性好,耐振动;质轻,长度长,连接时接头少。但易生锈,耐腐蚀性能差。

钢管常用的配件有管箍、弯头、三通、四通、异径弯头和活接头等,如图 12-2 所示。

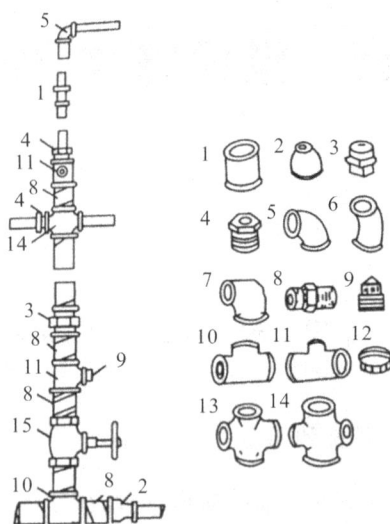

图 12-2　钢管螺纹连接配件及连接方法

1—管箍;　2—异径管箍;　3—活拉头;　4—补心;　5—90°弯头;　6—45°弯头;　7—异径弯头;
8—内箍管;　9—管塞;　10—等径三通;　11—异径三通;　12—根母;　13—等径四通;　14—异径四通

(3)塑料管。塑料管有硬聚氯乙烯(UPVC 管)、聚乙烯管(PE 管)、聚丙烯管(PP 管)和聚丁烯管(ABS 管)等,目前最常用的是 UPVC 管。

硬聚氯乙烯管有优良的化学稳定性,耐腐蚀,不受酸、碱、盐和油类等介质的侵蚀;具有很好的可塑性,在加热情况下容易加工成型;容易切割,安装方便;材质轻,密度为钢的 1/5,铝的 1/2;管内壁光滑,水头损失少。但强度低,不耐高压和高温,易老化,适用于压力较低的排水管道。

硬聚乙烯管配件有两类:一类是注塑配件,有多种规格的弯头、三通、四通、大小头、套管、存水弯、伸缩节和束接等。接头形式有带螺纹的和带承插口的两种。另一类是热加工焊接管件,可直接在现场加工,尤其制作大口径管件时都用这种方法。

12.1.2　管配件的连接

管道连接可分为:螺纹连接、法兰连接、承插连接、焊接连接和黏合连接五种方式。根据管材和连接要求不同来选择连接方式。

(1)螺纹连接。螺纹连接适用于管径 DN≤100 mm、工作压强 $P < 1.0$ MPa 的水管道。管螺纹分圆锥管螺纹和圆柱管螺纹两种。圆锥管螺纹用于管道接口,圆柱管螺纹用于活接头等管件。用螺纹连接管件时,先应根据管道输送流体性质选用相应填料,以使连接严密,无渗漏。螺纹上紧时注意不应用力过猛,以免损坏零件,上紧后连接处突出的填料应清理干净。

（2）法兰连接。法兰连接常用于管道与管道、管道与设备或者阀门等的连结。其优点是结合面紧密，强度高，方便拆卸，能满足不同材质管道的连接，但不宜用于埋地管道的连接，因螺栓易锈蚀，拆卸困难。

连接法兰前应将其密封面清理干净，焊缝高出密封面部分应锉平，垫面放置应平整。安装时必须使法兰密封面与管子中心线垂直。拧法兰螺栓时，要对称、均匀拧紧，严禁先拧紧一侧，再拧另一侧。法兰垫片材质应根据管道输送流体性质选择，其内圆不应小于管内径，外径不应大于法兰盘的凸面边缘。

（3）承插连接。带承接口的铸铁管采用承插链接。承插连接分嵌缝和密封两道工序。嵌缝是用油麻或橡胶圈将承插口填满并压实，然后用密封填料将承插口密封，保证管道中流体不渗漏。常用的填料有石棉水泥填料、自应力水泥砂浆填料、石膏水泥填料、青铅填料和水泥砂浆填料等。

（4）焊接连接。焊接连接是一种可靠性很高的连接方式，适用于高温高压管道的连接，但拆卸不方便，焊缝较易腐蚀，因此常用于不需要经常拆卸的管道连接。

焊接前应清除管内污物及管口边缘和焊口两侧表面铁锈。当管壁厚度超过 4 mm 时，需对焊接口端进行坡口处理。为降低或消除焊接接头的残余应力，防止产生裂纹，改善焊缝和热影响区金属结构与性能，应进行焊前预热和焊后热处理。

（5）黏合连接。黏合连接常应用于塑料管的连接。硬聚氯乙烯管采用承插式连接。先将被连接管的一端插入约 140 ℃的甘油浴中加热，使之软化，然后将预热至 100 ℃左右的钢模插入被加热管端进行扩口。加工好承接口后，将连接管插入，接头必须插足，同时在接头上涂一层薄而均匀的黏合剂使之黏合。黏合前管子表面要求干燥、清洁，最好用丙酮或二氯乙烷擦洗干净。为保证连接质量，还可在接口处用焊条焊接。若在光滑表面进行黏结、焊接时，必须用砂纸或刮刀将局部打毛。

承插式连接还可用胶水黏结接口。施工时先用干布揩拭管端和承插口内表面，然后在管端外表面及承插口内涂一薄层黏结剂，再将管子插入承插口，并转动半圈，使黏结剂涂布均匀，用抹布擦掉插口外多余的黏结剂，待自然干燥即可。

管道与阀门黏结时应防止胶水流入阀门，使阀门报废。

12.1.3　阀门

在水处理设施中，阀门被广泛用于控制介质的流量或者完全截断介质的流动。

在水处理工程中使用的阀门种类繁多，其中大部分使用定型产品；有防腐要求时则使用化工阀门；如果有特殊要求，则可单独设计、单独制造。阀门的各种分类有：

①从介质的种类分，有污水阀门、污泥阀门、清水阀门、气体阀门、油阀门等；②从功能分，有截止阀、流量控制阀、止回阀、安全阀等；③从结构分，有闸阀、蝶阀、球阀、旋塞阀、角阀等。阀门最基本的参数是流通直径和介质工作压强。

1. 主要常用阀门的结构和用途

（1）闸阀。闸阀的流通介质可以是清水、污水、污泥、浮渣，也可以是油或者气。它的流通直径一般为 50～1 000 mm，最大工作压强可达 2～4 MPa。闸阀的特点是当阀门全开时通道完全无障碍，所以流体通过阀时的阻力最小，不会发生缠绕，故适用于在含大量杂质的污水、污泥管道中使用。但由于闸阀的密封面长,故有易泄漏、体积较大等缺点。

闸阀由阀体、闸板(又称插板)、密封件和启闭装置组成。图12-3为明杆楔式单闸板阀结构。闸板启闭方式为往复平动,为了防止泄漏,闸板的两个平面及两个侧面都必须与阀体形成良好的密封,因此阀体与闸板接触的一个狭长的缝隙要镶以用青铜、橡胶或者尼龙制的密封件。为了排除淤积在闸板的插缝里的杂质,闸板下部的弧形面大都做成楔形或者疏齿形。闸阀的启闭装置有明杆和暗杆,手动、电动或液压之分。

(2)蝶阀。蝶阀是水处理中使用得最广泛的一种阀门,它的流通介质有污水、清水、活性污泥、曝气用低压气体等,其最大流通直径可超过2 m。图12-4是一个大型电动蝶阀的图片。

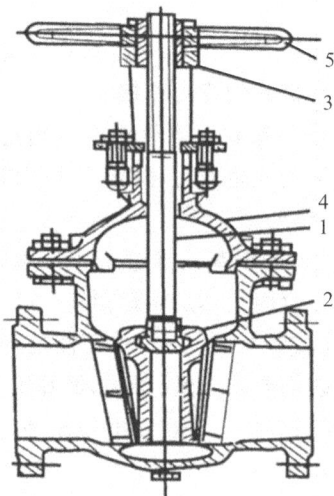

图12-3　明杆楔式单闸板阀结构
1—阀杆; 2—闸板;
3—螺钉套筒; 4—阀盖; 5—手轮

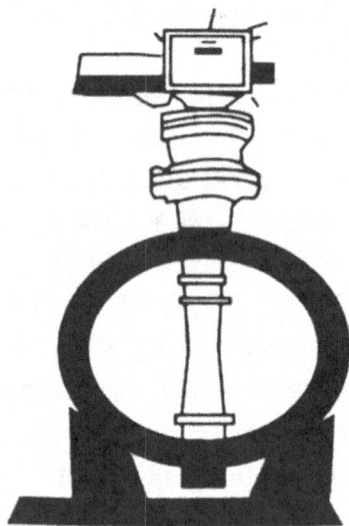

图12-4　电动蝶阀

蝶阀由阀体、内衬、蝶板及启闭机构几部分组成。阀体一般由铸铁制成,特殊的也用不锈钢及工程塑料制作,它与管道的连接方式大部分为法兰盘。内衬的主要作用是实现阀体与蝶板的密封,避免介质与铸铁阀体的接触以及实现法兰盘密封。内衬多使用橡胶材料或者尼龙材料制成。不锈钢蝶阀有不设置内衬的。蝶板运动方式为转动,最大的转动角度为90°。蝶板的材质由介质来决定,有的是加防腐涂层或镀层的钢铁材料,有的是不锈钢或者铝合金。蝶板的中心轴固定于阀体上下的两个滑动轴承上。启闭机构分手动及电动两种,小型蝶阀可直接用手柄转动,大一些的要借助蜗杆蜗轮减速增力,通径大于500 mm的除了使用涡轮减速外还要增加齿轮减速和螺旋减速才能使蝶板转动。启闭机构与阀体之间用盘根或者橡胶油封等密封,以防止介质泄漏。

蝶阀的优点是与其通经相比体积较小,密封性好。其缺点是阀门开始后,蝶板仍横在流通管道的中心,会对介质的流动产生阻力,介质中的杂物会在碟板上造成缠绕。因此在浮渣管道或者介质中含浮渣较多的管道中应避免使用蝶阀。另外在蝶阀闭合时,如蝶阀附近有较多泥沙淤积,泥沙会阻碍蝶板再次开启。

(3)球阀。球阀的特点是阀芯为一球形,中间有一与其通径相同的通孔,阀门的启闭方式与蝶阀一样为阀芯的转动。当通孔的轴向位置与介质流动的方向平行时,阀门为全开;当通孔的位置与介质流动的方向垂直时,阀门为全闭合。因此在介质流通的管道中无任何障碍,即使在关闭时有泥沙淤积也不会阻碍重新开启。图 12 - 5 是一种小型球阀的结构图。球阀的密封性好,动作灵活,适应介质广泛,一些球阀可以承受 20 MPa 的压强。在污水处理厂,球阀常用在含杂物较多的中小型管道,如污泥、浮渣管道中。另外利用其密封性好、耐高压的特点,在污泥消化处理系统的沼气管道上也常常使用球阀。由于球阀的启闭方式是转动,启闭装置的形式与蝶阀相似。其缺点是与前述两种阀门相比,相同通径的球阀的体积、质量要大得多,成本也要高一些。基于这一原因,大于 400 mm 通径的球阀一般不多见。

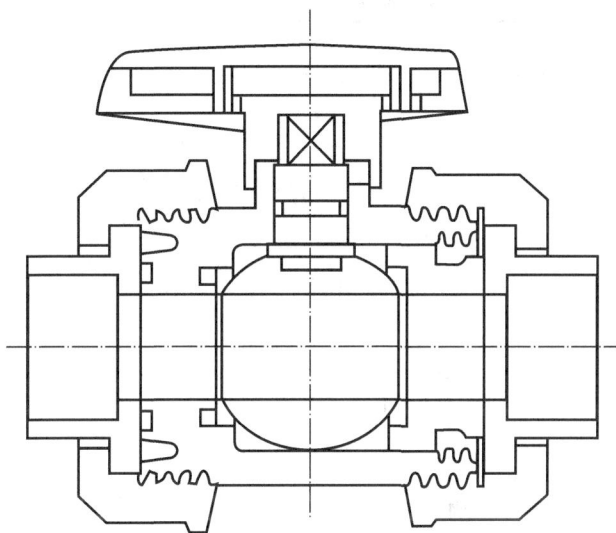

图 12 - 5 一种小型球阀结构图

(4)锥形泥阀。锥形铌阀多用于沉淀池或曝气池池底的排泥;在静压式的吸泥机上,锥形泥阀则用于控制活性污泥的流量。锥形泥阀的启闭方式为上下平动,阀板与螺杆相连接,一般采用明杆螺旋、电动或手动启闭。图 12 - 6 为一种电动锥形泥阀的结构。

锥形泥阀的阀板与阀体密封处,有的镶嵌了青铜,有的为橡胶。在一些对密封要求不高或者只需调节流量、不需完全关闭的部位,广泛使用无镶嵌的锥阀,如吸泥机上的锥阀就很少使用密封镶嵌。

锥形阀的工作特点是:当开度为 0.2 时,其流量变化最大。0.2 开度时的流量为全开的 80%,0.3 开度时则基本上与全开一样,因此大部分锥阀最大开度为 0.3~0.4。锥形阀的开度是指提升高度与通径的比值。

手动锥形泥阀的操作和维护都非常简单。应注意的是,阀板与阀杆之间的铰链应保持转动灵活,以保证在关死时的瞬间密封处不至于受较大的摩擦,电动锥阀应注意调节好行程开关及扭矩开关,以保证在关闭阀门时既要有良好的密封扭矩,又不致施压太大而损坏阀板、阀杆及密封。为了进一步起到保护作用,在阀杆及螺杆连接的部位,有的电动锥阀还设置了安全联轴器以保护上述部位。锥形泥阀成本较低,不易堵塞,堵塞区也易于疏通,维修也比较方便。但作为放水阀门,如果水深超过 3 m,则因接杆太长、导向困难而不宜使用。

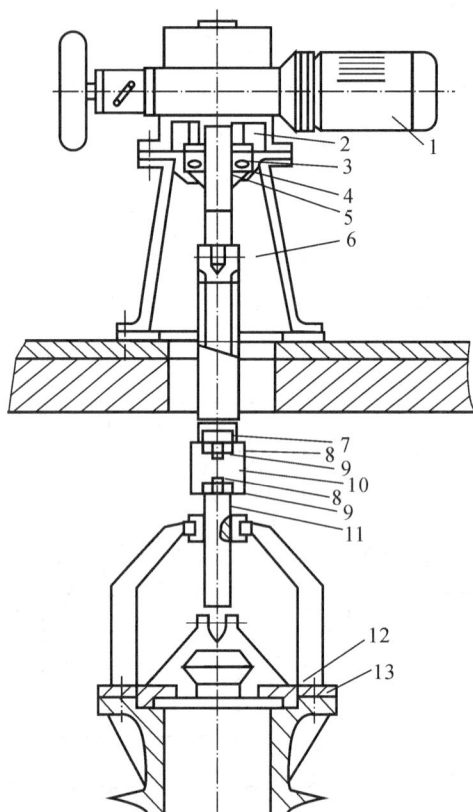

图 12-6　电动锥形泥阀的结构

1—阀门电动装置；　2—牙嵌联轴器；　3—止推轴承；　4—承重螺母；　5—毛毡密封；　6—销轴；

7—空心接杆；　8—扁螺母；　9—锁紧螺母；　10—安全联轴器件；　11—阀杆；　12—橡胶密封圈；　13—铜阀座

(5)止回阀。在废水处理厂的水泵房和鼓风机房,往往要若干台水泵或者鼓风机并联工作,才能满足所需的进水量或送风量。当其中一台因某种因素停止工作时,管网中的压力水或空气会从该台水泵或鼓风机的出水口或出风口倒流进水泵或鼓风机;当全部鼓风机停止运行后,曝气池中的水会因池底的压力通过曝气头流进管网甚至鼓风机房。为避免上述情况的出现,在每一台水泵或者鼓风机的出水口或者出风口安装一个止回阀,以防止倒流。

止回阀又称逆止阀或者单向阀。它由一个阀体和一个装有弹簧的活瓣门组成。图 12-7 为卧式升降式逆止阀的结构图。其工作原理很简单:当介质正向流动时,活瓣门在介质的冲击下全部打开,管道畅通无阻;当介质倒流的情况下,活瓣门在介质的反向压力下关闭,以阻止倒流的继续,从而保证了整个管网的正常运行,保护了水泵及鼓风机。止回阀的品种和规格很多,根据介质、管道流量或压强、管道口径、截断逆流所需的时间来使用不同的止回阀。除了升降式逆止阀以外,还有旋启式止回阀、浮球式止回阀、对夹式止回阀等。

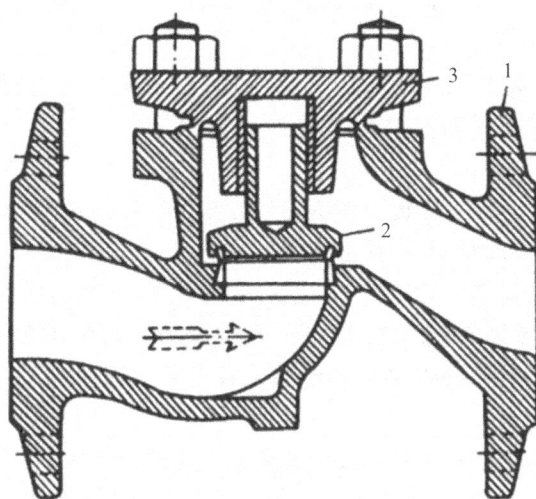

图 12-7　卧式升降式逆止阀结构图
1—本体；　2—阀体；　3—阀盖

2.阀门的使用和保养

(1)阀门的润滑部位以螺杆、减速机构的齿轮及蜗轮、蜗杆为主,这些部位应每三个月加注一次润滑脂,以保证转动灵活,防止生锈。阀门的螺杆是暴露的,每年至少一次应将暴露的螺杆清洗干净并涂以新的润滑脂。

(2)在使用电动阀时,应注意手轮是否脱开,板杆是否在电动的位置上,如果不注意脱开,在启动时一旦保护装置失效,手柄可能高速转动而伤害操作者。

(3)在手动开闭阀门时应注意,如果感到很费劲就说明阀杆有锈死、卡死或阀杆弯曲等故障,此时如大臂力就可能损坏阀杆,应在排除故障后再转动。当闸门闭合后应将阀门手柄反转一两转,这有利于阀门再次开启。

(4)电动阀的转矩限制机构不仅起到扭矩保护作用,当行程控制机构在操作过程中失灵时,还起备用停车的保护作用。其动作扭矩是可调的,应将其随时调整到说明书给定的扭矩范围之内。有少数闸阀是靠转矩限制机构来控制阀板压力的,如调节转矩太小,则关闭不严;反之则会损坏连杆,所以更应格外注意转矩的调节。

(5)应将阀门的开度指示器的指针调整到正确的位置。调整时首先关闭阀门,将指针调零后再逐渐打开;当阀门完全打开时,指针应刚好指到全开的位置。正确的指示有利于操作者掌握情况,也有助于发现故障,例如当指针未指到全开位置而马达停转,就应判断这个阀门可能卡死。

(6)在北方地区,冬季应注意阀门的防冻措施,特别是暴露于室外、井外的阀门,冬季要用保温材料包裹,以避免阀体被冻裂。

(7)长期闭合的水阀门,有时在阀门附近形成一个死区,其内会有泥沙沉积,这些泥沙会对蝶阀的开合形成阻力。如果开阀的时候发现阻力增大,不要硬开,应反复做开合动作,以促使水将沉积物冲走,在阻力减小后再打开阀门。同时如发现阀门附近有经常积沙的情况,应时常将阀门开启几分钟,以利于排除积沙。对于长期不启闭的闸门与阀门,应定期运转一两次,以防止锈死或者淤死。

(8)在可燃气体管道上工作的阀门如沼气阀门,应遵循与可燃气体有关的安全操作规程。

3.阀门安装的要求

阀门在管道上安装时首先应按照管道连接方法进行安装,同时要满足以下规定:

(1)安装前应按设计核对型号,并根据介质流向确定其安装方向。

(2)检查、清理阀件各部位的污物、氧化铁屑、沙粒等,防止污物划伤阀的密封面。

(3)检查填料是否完好,一般安装前要重新塞好填料,调整好填料压盖。

(4)检查阀杆是否歪斜,操作机构和传动装置是否灵活,试开试关一次,检查能否关闭严密。

(5)水平管道上的阀门,其阀杆一般应安装在上半圆范围内。

(6)安装铸铁、硅铁阀件时,要防止因强力连接或受力不均而引起的损坏。

(7)安装电动和气动阀门时,应使执行机构位于阀门的上部。

(8)截止阀的介质流过方向必须由下向上流经阀盘。

(9)闸阀不宜倒装,明杆阀门一般不装在地下。

(10)升降式止回阀应水平安装。

(11)旋启式止回阀只要保证旋板的放置轴呈水平即可,可装在水平或垂直的管道上,如果在垂直的管道上安装,流向必须由下向上流。

4.安全阀的安装

(1)设备容器的安全阀应该装在设备容器的开口短节上,也可装设在接近设备容器出口的管路上,但管路的公称直径不能小于安全阀进口的公称直径。

(2)液体安全阀介质应排入封闭系统,气体安全阀介质可排入大气。

(3)可燃气体和有毒气体安全阀的排气口,应用管引至室外,排气管应尽量不拐弯,排气管出口应高出操作面 2.5 m 以上。可燃气体和有毒气体排入大气时,安全阀放空管出口应高出周围最高建筑物或设备 2 m。水平距离 15 m 以内有明火设备时,可燃气体不得排入大气。

(4)安全阀应垂直安装,以保证管路系统畅通无阻。安全阀应布置与便于检查和维修的场所。

(5)安装重锤式安全阀时,应使杠杆在一垂直平面内运动,调试好后必须用固定螺栓将重锤固定。

12.2 常用的仪表

1.污废水处理常用检测仪表

污水处理常用检测仪表见表 12 - 1、表 12 - 2。

表 12-1　主要检测仪器仪表

检测对象	仪表种类		适用条件
流量	堰式流量计		处理水
	节流装置	文丘里管	废水、处理水、空气
		喷嘴	清水、空气
		孔板	气体、空气
	计量槽	巴式计量槽 P-B 计量槽	废水、处理水
	电磁流量计		废水、污泥、药液
	超声波流量计		废水、处理水
液位	浮子式液位计		废水、处理水、油池
	排气式液位计		废水、污泥消化池、污泥贮存池
	压力式液位计	浸没式	污水、处理水
		压差式	废水、处理水、药液、油池
	电容式液位计		几乎所有液体都可使用
	超声波液位计		几乎所有液体都可使用
	电极式液位计		小型水槽、主要做控制用
	倒转式液位计		废水、处理水、污泥
物料面位	机械式物位计		各种料斗
	超声波式物位计		
	电容式物位计		
压力	弹簧管式压力计		锅炉蒸气压、泵压(水)
	膜片式压力计		气压、泵压(水、污泥)、鼓风机压力
	环状天平式压力计		较低压力、气压
	波纹管压力计		较低压力
转速	电机式		泵(废水、雨水、回流污泥)
开启度	电位式开度计		进水闸门、泵的出水阀、鼓风机吸气阀、二次沉淀池排泥阀等
重量	张力重量计		贮药池、泥饼贮斗

表 12-2 质的主要检测仪器

检测对象	仪表种类	适用条件
温度	电阻温度计	曝气池、污泥消化池、催化燃烧式脱臭装置
	热电偶温度计	锅炉、直接燃烧式脱臭装置、内燃机排气
pH	玻璃电极式 pH 计	废水、处理水、药液
DO	极谱仪式 DO 计	控制曝气池鼓风量
	电极式 DO 计	
浊度	表面散射光式浊度计	废水、处理水
	透射光散射光比较式浊度计	
污泥浓度	光学式浓度计	废水的 SS 浓度、排泥及回流污泥浓度
	超声波式浓度计	
MLSS	透光式 MLSS 计	活性污泥的浓度
	散射光式 MLSS 计	
污泥界面	光学式污泥界面计	初沉池、二沉池、污泥浓缩池
	超声波式污泥界面计	
COD	COD 计	废水、处理水
UV	UV 计	处理水

2. 污泥检测

(1)污泥浓度的检测方法与仪表。污泥浓度的检测方式有光学式、超声波式和放射线式等,一般对低浓度污泥的检测多采用光学式,对高浓度污泥则多采用超声波式。

1)光学式污泥浓度检测仪。污泥浓度即曝气池中混合液悬浮固体浓度(MLSS),其浓度一般在 1 500~4 000 mg/L 之间,属于低浓度污泥,常用光学式检测仪 MLSS 计来检测。

光学式检测仪又分为透射光式、透光散射光式和散射光式 3 种。如图 12-8 所示。透射光式检测仪将装有试样的测定管夹在对置的一对光源和受光器中间,照射在试样上的光被 SS 吸收并散射,到达受光器的透射量发生衰减。根据受光器得到的透光量与 SS 浓度的相关关系检测 MLSS 浓度。试样中的气泡将对检测精度产生影响,因此应当按使测定管内气泡无法存在的方向来设置。检视窗口需要定期清洗,或附设自动清洗装置。散射光式检测从光源发射到试样的光因 SS 存在而形成散射,根据受光器接收的散射光量与 SS 浓度的相关关系,检测 MLSS 浓度。气泡的存在与检视窗口的污染都会引起误差。透光散射光式检测仪根据受光器得到的透光量和接收的散射光量两者与 SS 浓度的相关关系来检测 MLSS 浓度。在使用 MLSS 检测仪时应注意以下事项:为了避免由于检视窗口的污染引起的检测误差,应当定期清洗;为了避免由于来自上方直射日光等强光的射入引起的误差,检测仪的传感器部分常常放置在水面以下 30~50 cm 处;由于 MLSS 检测仪是根据光学原理测定 MLSS 浓度,当被检测的混合液颜色变化影响透光率变化时,宜使用受其影响较小的透光散射光式检测仪;在对 MLSS 检测仪进行较正时,将 MLSS 人工分析值和 MLSS 检测仪的测定值进行比较,并做成表示相关关系的曲线图,用来校正检测仪。人工分析某一被检测试样后,依次稀释该试样,并求出与 MLSS 检测仪测定值之间的相关关系,来校正 MLSS 检测仪。

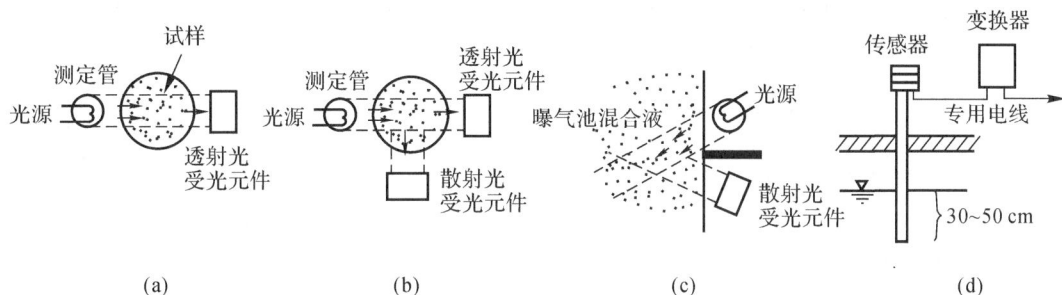

图 12 - 8　MLSS 检测仪
(a)透射光式;　(b)透光散射光式;　(c)散射光式;　(d)检测方法示意图

2)超声波式污泥浓度检测仪。污泥浓度较高时常采用超声波式浓度检测仪。如图 12 - 9 所示,将一对超声波发射器与接收器相对安装在测定管两侧,超声波在传播时被污泥中的固形物吸收和分散而发生衰减,其衰减量与污泥浓度成正比,通过测定超声波的衰减量来检测污泥浓度。试样中的气泡也会引起检测误差。它的优点是受污染的影响较小,缺点是间歇式检测。使用时应注意如下事项:

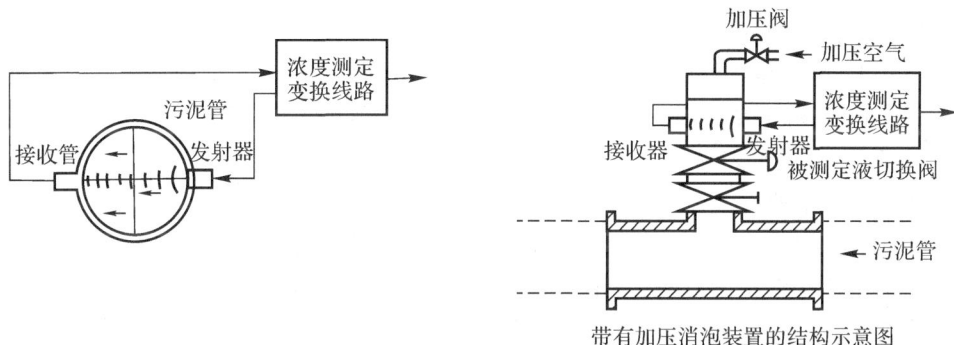

图 12 - 9　超声波污泥浓度检测仪

①试样中的气泡将异常地增大超声波的衰减量而引起检测误差。若气泡较多时,应当采用带有加压消泡装置的检测仪,消泡后再检测。可是,也要注意由于污泥的腐败或搅拌后空气卷入污泥中,使消泡困难,难于去除气泡对检测值影响的情况。

②当有加压消泡装置时,应定期检查加压机构和空气压缩机,排除空气罐中的水。

③当由于季节变化而引起污泥颗粒形状的变化,或者由于污泥混合后不均质的情况,应用正常的污泥检测结果校正。

④有加压消泡装置时,由于其检测是按更换污泥—加压—检测的程序进行,每检测一次约需要 5 min 左右。因此,当泵是间歇运行时,如果随着泵的启动开始检测的话,能够顺利

地更换需要检测的污泥。

（2）污泥界面的检测方法与仪表。为了进行必要的污泥管理必须设置污泥界面计。污泥界面计有光学式和超声波式两种。在设置和检测时，应注意藻类与气泡的影响，以及污泥界面的凹凸不平等引起的误差。

1）光学式。其检测原理与 MLSS 检测仪基本相同，如图 12-10 所示。气泡与检视窗口的污染也会引起误差。

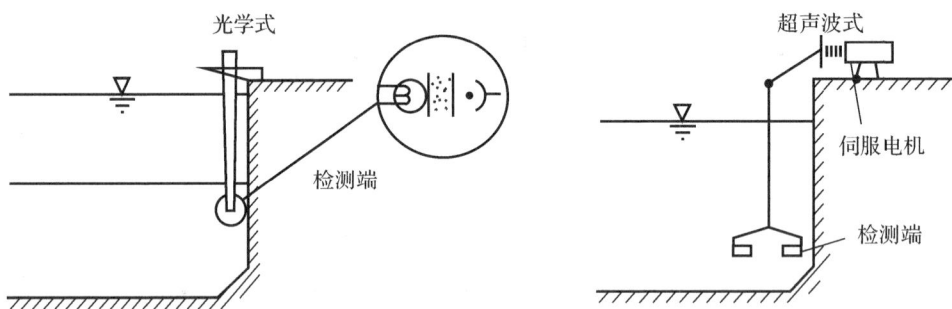

图 12-10　污泥界面的检测方式

2）超声波式。与超声波污泥浓度的检测原理相同（见图 12-10），污泥界面的检测分为用伺服机构跟踪检测器方式和固定检测方式。

3. 流量检测仪表

在给排水系统中，流量是重要的过程参数之一。无论在给排水工艺过程中，还是在用水点，流量的检测为生产操作、控制以及管理提供依据。

在工程上，流量是指单位时间内通过某一截面的物料数量。在给排水工程中常用的计量单位为体积流量，即单位时间内通过某一过水断面的水的体积，用每小时立方米（m^3/h）、每小时升（L/h）等单位表示。

工业测量流量的方法很多，有以下几种类型：

（1）节流流量计。节流流量计是利用节流装置前后的压差与平均流速或流量的关系，根据压差测量值计算出流量的。节流流量计的理论依据是流体流动的连续性方程和伯努利方程。节流装置的种类很多，其中使用最多的是同心孔板、流量喷嘴和文丘里管等。节流流量计是使用非常广泛的流量计。

（2）容积流量计。容积流量计的原理是，使流体充满具有一定体积的空间，然后把这部分流体送到流出口排出，类似于用翻斗测量液体的体积。流量计内部都有构成一定容积的"斗"的空间。这种流量计适合于体积流量的精密测量。常用的容积流量计有往复活塞式、旋转活塞式，圆板式、刮板式、齿轮式等多种形式。

（3）面积流量计。面积流量计结构简单，广泛地用于工业测量。其工作原理是利用浮子在流体中的位置确定流量。当浮子在上升水流中处于静止状态时，其位置与流量存在关系。最常用的面积流量计是圆形截面锥管和旋转浮子组合形式，即所谓转子流量计。

（4）叶轮流量计。置于流体中的叶轮是按与流速成正比的角速度旋转的。流速可由叶轮旋转的角度获得，而流体通过流量计的体积将从叶轮旋转次数求得。叶轮流量计即利用这一原理而广泛地用作风速仪、水表、涡轮流量计等。叶轮流量计的指示精度高,可达到 0.2%~0.5%。

(5)电磁流量计。当导体横切磁场移动时,在导体中感应出与速度成正比的电压,电磁流量计就是按照这条电磁感应定律求得流体的流速和流量的。

(6)超声波流量计。超声波流量计的测量原理是多种多样的。实用的方法有传播速度差法、多普勒法等。超声波流量计是目前发展很快、得到广泛应用的流量测量装置。

(7)量热式流量计。流体的流动和热的转移,或者流动着的流体和固体间热的交换,相互间有着密切的关系。因此,可以由测量热的传递、热的转移来求得流量、流速。这类形式的流量计称为量热式流量计,一般用于气体流量的测量。较为常见的是热线风速议。

(8)毕托管。由流体力学可知,流体中的动压力与流速和流体的密度有关。因此可以通过压力的测量来确定流量。毕托管就是利用这一原理制成的流量测量装置。

(9)层流流量计。流体流动中由于黏性阻力会导致压力减小,层流流量计正是利用了这一点。层流流量计可以用来测量微小流量和高黏度流体的流量。

(10)动压流量计。在管路中装有弯管或在流束中安装有平板等时,由于它们的存在会使流体的流动方向变化,流量计可以通过测出流体的动量来测量流量。动压板流量计、弯管流量计、环形流量计等都属于这类流量计。这种流量计构造简单,在管道中不需安装节流装置等,因此可以对含有微小颗粒的流体流量进行测量。

(11)用堰、槽测量流量。用堰、槽测量流量,是测量明渠流量时的典型方法。测量流量用堰的种类有三角堰、矩形堰、全宽堰等;槽的类型有文丘里水槽、巴氏计量槽等。这一类测流装置的原理在流体力学书籍中都有介绍。

(12)质量流量计。随着温度、压力的变化,流体的密度会发生变化,在温度、压力变化大的流体中,往往达不到测量体积流量的目的。这样,便希望用质量流量计来测质量流量。质量流量计有很多种类,大致可分为两大类:直接检测与质量流量成比例的量,这是直接型质量流量计;用体积流量计和密度计组合的仪器来测量质量流量,这是间接型质量流量计。

(13)流体振动流量计。在所谓流体力学振动现象的振动中,其振动频率与流速或流量有对应关系,可以利用这种原理来测量流量。涡轮流量计、涡流进动流量计、射流流量计等都属于这种类型的流量计。这种流量计是较新发展的流量计,其应用范围正在迅速扩大。

(14)激光多普勒流速计。它是利用激光的多普勒效应测量流量的方法。这种流量计具有非接触性测量、响应快、分辨率高、测量范围宽等优点,但也有光学系统调整复杂、实用性差、价格高等缺点。受上述缺点所限,目前应用于流量测量不多,大多是作为流速计使用。

(15)标记法测流量。用适当的方法在运动的流体中作个标记,通过测此标记的移动来测量流量的方法称为标记法。属于标记法的测量流量方法有:示踪法,如盐水速度法、加热冷却法、放射性同位素法、染料法等;核磁共振法;混合稀释法等。这些方法都是在一些特殊情况下用来测量流量。

下面主要介绍在给水排水生产过程中常用的几种典型流量计,并将几种主要类型流量计的性能列于表 12-3 中。

表 12-3　几种主要类型流量计的性能比较

类　　型	测量原理	被测物质	测量精度	安装直管段要求	压头损失	口径系列/mm
椭圆齿轮流量计	测输出轴转速	气体液体	$\pm(0.2\sim0.5)\%$	不要	有	$10\sim300$
涡轮流量计	由被测流体推动叶轮旋转	液体气体	$\pm(0.5\sim1)\%$	要	有	$2\sim500$
转子流量计	定压降环形面积可变原理	液体气体	$\pm(1\sim2)\%$	不要	有	$2\sim150$
压差流量计	伯努利方程	液体、气体、蒸汽	$\pm2\%$	要	较大	$50\sim1\,000$
电磁流量计	法拉第电磁感应定律	导电性液体	$\pm(0.5\sim1.5)\%$	上游有要求，下游无	几乎没有	$2\sim240$
超声波流量计	超声波传播、多普勒效应	液体气体	$\pm(0.5\sim2)\%$	要	没有	$6\sim7\,600$

（1）差压流量计。差压流量计是目前工业上使用历史最久和应用最广泛的二种流量计。

从流体力学可知，流体在管道中流动时，具有动能和位能，并在一定条件下可以相互转换，但是其总能量是不变的。对于不可压缩的理想流体来说，当流体充满水平管道流动时，其能量方程为

$$P/\gamma + v^2/2g = 常数 \tag{12-1}$$

式中：v 为管道平均流速；γ 为流体重度；P 为静压力。

式（12-1）为理想流体的伯努利方程，式中的第一项表示流体的压力位能，第二项表示流体的动能。

差压式流量计是以伯努利方程和连续性方程为理论根据。通过测量流体流动过程中产生的差压来测量流量的。如图 12-11 所示，差压流量计主要由节流装置（如孔板）和差压计等两部分组成，流体通过节流装置（孔板）时，在节流装置的上、下游之间产生压差，从而由差压计测出差压，流量愈大，差压也愈大，流量和差压之间存在一定关系，这就是差压流量计的工作原理。

实际上流体在管道中流动时总存在着与管壁的摩擦以及产生涡流等，因此，流体通过孔板后将产生部分能量损失。

为此，考虑若干修正，可以得到：

$$Q = aA_0 \times [2g/\gamma \times (P_1 - P_2)]^{1/2} \tag{12-2}$$

式中：a 为流量系数；A_0 为孔板开孔面积；P_1、P_2 为孔板前后管壁处的压力。

式（12-2）为流量测量的基本方程。由此可见，流体的流量与节流元件前后的压差平方根成正比，所以，使用差压流量变送器（即带有开方器的差压变送器）可以直接与节流装置

配合，来测量流量。其中 a 是一个受许多因素影响的综合系数，其值由实验方法确定。

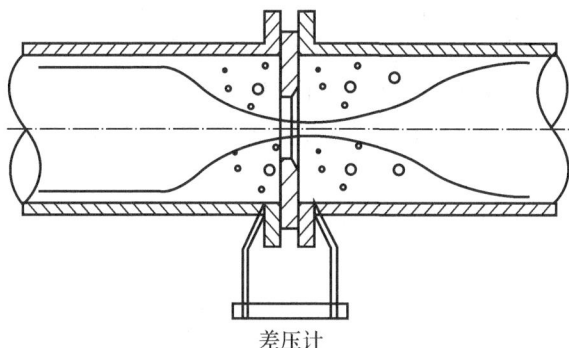

差压计

图 12-11　压差流量计示意图

上述基本流量方程式是根据流体在不可压缩的情况下导出的，对于可压缩流体，还必须引入一个校正系数 ε。因此，对于可压缩流体（如气体）的流量基本方程式为

$$Q = aA_0\varepsilon \times [2g/\gamma \cdot (P_1 - P_2)]^{1/2} \tag{12-3}$$

差压流量变送器分为气动式和电动式两种。气动式差压变送器是把被测压力变换成气压信号进行传送。电动式差压变送器是把测量差压变成电信号进行传送的差压变送器，一般采用 4～20 mA 标准信号。

(2)电磁流量计。电磁流量计是根据法拉第电磁感应定律制成的，是一种用来测量管道中导电性液体体积流量的仪表。可测各种腐蚀性的酸、碱、盐溶液，可测含各种悬浮固体微粒的液体，在给水排水系统中有广泛的应用。

电磁流量计由变送器和转换器两部分组成。变送器被安装在被测介质的管道中，将被测介质的液量变换成瞬时的电信号；而转换器将瞬时电信号转换成 0～10 mA 或 4～20 mA 的统一标准直流信号，供仪表指示、记录或调节用。

电磁流量计的原理如图 12-12 所示，在磁感应强度均匀的磁场中，垂直于磁场方向放置一段不导磁的管道，在该管道上与磁场垂直方向设置一对同被测介质相接触的电极 A、B，管道与电极之间绝缘。当导电流体流过管道时，相当于一根长度为管道内径 D 的导线在切割磁力线，因而产生了感应电势，并由两个电极引出。当管道直径一定，磁场强度不变时，则感应电势的大小仅与被测介质的流速有关，即

$$e = kBDv \tag{12-4}$$

式中：e 为感应电势；k 为常数；B 为磁场强度；D 为管道内径，即切割磁力线的导体长度；v 为流体的流速。

由于体积流量：

$$Q = \pi D^2/4v \tag{12-5}$$

将式(12-5)代入式(12-4)，可得：

$$e = Q(4Bk)/(\pi D) = KQ \tag{12-6}$$

式中：K 为仪表常数。

由式(12-6)可知，电磁流量计的感应电势与流量呈线性关系。将这个感应电势经过放

大,送至显示仪表,就能读出流量。

从电磁流量计的基本原理和结构来看,它有如下主要特点:电磁流量变送器的测量管道内无运动部件,因此使用可靠,维护方便,寿命长,而且压力损失很小,也没有测量滞后现象,可以用它来测量脉冲流量;在测量管道内有防腐蚀衬里,故可测量各种腐蚀性介质的流量;测量范围大,满刻度量程连续可调,输出的直流毫安信号可与电动单元组合仪表或工业控制机联用等。

但是,使用电磁流量计时,被测介质必须有足够的导电率,不能测量气体以及石油制品等的流量。

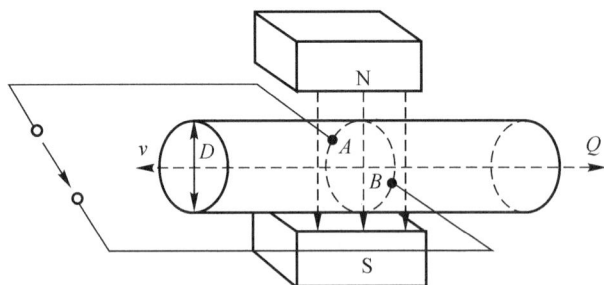

图 12 - 12　电磁流量计原理图

(3)超声波流量计。超声波流量计的测量原理(利用的现象)有多种(见表 12 - 4),主要的有传播速度差法和多普勒法。超声该流量计的主要优点是在管道外测流量,实现无妨碍测量,只要能传播超声波的流体皆可用此法来测量流量,也可以对高黏度液体、非导电性液体或者气体进行测量。而且,不管被测对象多大,例如河流之类也可用此法进行测量,因此现在的应用范围正在迅速扩大着。特别是超声波法可以从厚的金属管道外侧测量管内流动的液体的流量,具有不用对原有管道进行任何加工就可实施流量测量的特征,这是其他方法所不具备的。

表 12 - 4　超声波流量计测量原理一览表

类　　型	测量原理 (利用的现象)	检测量	检测方法简称
能动型	传播速度的变化	相位差 时间差 频率差	(传播速度差法) 相位差法 时间差法 声循环法
	射束位移	接受波的感度差	射束位移法
	多普勒效应	漂移频率	多普勒法
被动型	流动产生的声音	声音的大小	听音法

1)传播速度差法测量原理。将流体流动时与静止时超声波在流体中传播的情形进行比较,由于流速不同会使超声波的传播速度发生变化。取静止流体中的声速为 C,流体流动

的速度为 V,当声波的传播方向与流体流动方向一致(顺流方向)时,其传播速度为 $(C+V)$,而声波传播方向与流体流动方向相反(逆流方向)时,其传播速度为 $(C-V)$。在距离为 L 的 1、2 两处放两组超声波发生器与接收器(分别记为 T_1、R_1 和 T_2、R_2),当 T_1 顺流方向、T_2 逆流方向发射超声波时,超声波到达接收器 R_1 和 R_2。所需要的时间分别为 t_1 和 t_2,则

$$t_1 = L/(C+V) \tag{12-7}$$
$$t_2 = L/(C-V) \tag{12-8}$$

一般情况下,液体中的声速 C 在 1 000 m/s 以上,而多数工业用的流速 V 不超过每秒几米,即由于 $C^2 > V^2$,因此得到:

$$\Delta t = t_1 - t_2, = 2LV/C^2 \tag{12-9}$$

因而,如果知道了 L、C,通过测量时间差 Δt 就可以求得流速 V。但是,由于这个时间差非常小,因此早期使用了检测灵敏度高的相位差法。所谓相位差法就是测量顺、逆两个方向接收波的相位差 $\Delta\varphi$,而时间差 Δt 和 $\Delta\varphi$ 的关系为

$$\Delta\varphi = 2\pi f_t \Delta t \tag{12-10}$$

式中:f_t 为超声波的频率。

由此可知,相位差法和时间差法的原理可以看作是一样的。

在上述公式中,应确定声音速度 C。一般而言,声音速度与液体性质和温度有关。为了正确测量流速,需要进行声速修正,这是前述两种方法面临的问题。若使用声循环法,就不需要进行这种声速修正。

声循环法的原理是:在前述的两组超声波发生器和接收器中,首先从发生器 T_1 沿顺流方向发射超声波脉冲,在接收器 R_1 处接收这个信号,再由放大器进行放大,把输出信号加到发生器 T_1,从 T_1 再次反射出超声波脉冲,以后重复进行。这个重复的周期是式(12-7)的 t_1,因此,重复的频率(声循环频率)f_1 为

$$f_1 = 1/t_1 = (C+V)/L \tag{12-11}$$

在逆方向的 $T_2 - R_2$,也进行同样的操作,可以得到声循环频率 f_2 为

$$f_2 = 1/t_2 = (C-V)/L \tag{12-12}$$

从这里可以得到两个声循环频率之差,取此差为 Δf,则可得

$$\Delta f = f_1 - f_2 = 2V/L \tag{12-13}$$

由于此式中不含有声音速度 C 的项,因此流速的测量可以与声音速度无关。可是,由于这个 Δf 非常小,为了提高测量精度还需采取进一步的措施。

传播速度法从原理上看是测量超声波传播途径上的平均流速,因此,该测量值是线平均值。所以,它和一般的面平均(真平均流速)不同,其差异取决于流速的分布。将用超声波法测量的流速 V 与真正的平均流速之比命名为流量修正系数 k,k 的值可以作为雷诺数 Re 的函数表示出来。许多人对此进行了研究,提出各种表达式,例如下面是一个简单的实验式:

$$k = 1.119 - 0.11 \lg Re \tag{12-14}$$

瞬时流量可以用经修正后的平均流速和水流的横截面积的乘积来表示:

$$Q = \pi D^2/4k \times V \tag{12-15}$$

2)多普勒法测量原理。根据多普勒效应原理,若传播超声波的介质中存在着一个单个

的粒子,则它和周围介质流动的规律一样,以和介质相同的速度V移动。假如给定超声波收发器 T、R,发射频率为f_t,则由于粒子的漫反射,进入超声波接收器的接收频率为f_r,静止介质中的声速若为C,则可得到超声波收发频率之差(命名为多普勒频率)f_d为:

$$f_d = \mid f_t - f_r \mid = 2V\cos\theta/C \times f_t \qquad (12-16)$$

式中:θ为超声波传播方向和流动方向的夹角。

由此可知,多普勒频率,f_d与流速V成正比例。

当存在许多与介质一起流动的小颗粒时,超声波接收器的接收波是照射域内粒子产生的散射波的合成,在照射域内的平均流速与该域内各个粒子多普勒频率的平均值成正比。多普勒流量计正是利用了这一关系,当将此照射点(流速测量点)选在测量管中心轴上时,可以利用流量修正系数得到流量输出。而把这个测量点选在距管内壁为$0.11D$(D为管内径)处时,可以得到平均流速。

3)应用条件与注意事项。对于传播速度差法超声波流量计,与精度有关的因素是多种多样的,而安装超声波收发器的流管(被测管道)的位置是极其重要的。超声波收发器可以有多种安装方式,较为常见的是直接透过法,简称"Z"法,即收发器分别在管道两侧,但不在同一横截面上,二者连线与管壁呈一个θ角。

在超声波传播不稳定时,超声波流量计的可信度将降低。对于传播速度差法,短时间的不稳定状态可以用"消除异常值回路"等电路的方法去除。但是在含有过多气泡的液体中,超声波不易透过,可能造成测量的困难甚至不能测量。气泡和液体中的异物也是造成超声波传播损耗的原因。超声波收发器(探头)应沿管道的水平轴线高度安装,因为气泡易于聚集在管道的上方,大的异物则沿管道的底部流动,这种安装的方式有利于避开这些干扰。对比上面介绍的两类超声波流量计,传播速度差法仅适合比较干净的液体,而多普勒法可以适用于液体中含有大量异物和气泡等的场合,因此后者可以用于对废水、泥水等的流量测量。例如当传播距离为 1 m、有 5 000 mg/L 以上的悬浊物质时,可以用多普勒法等进行稳定的测量。

从精度上看,以传播速度差法优于多普勒法。

超声波流量计的安装场所尽可能远离系、阀等流动紊乱的地方。直管段长度在上流侧需要 $10D$ 以上,而下流侧则需要 $5D$ 左右(D为管道内径)所有的方法都不仅可以用于管道流量的测量,还可以在明渠流量测量中应用。

在不妨碍流动、无压力损失的情况下进行流量测量,是超声波流量计很大的特点。超声波流量计的使用与液体的种类和特性无关,也可以测量气体,特别是在大流量测量时其优点非常显著,从管道外壁可以测量管内流动液体的流量也是其他方法所没有的特点之一。

在表 12-5 中给出了一些典型超声波流量计产品的性能指标。

4.压力检测仪表

(1)压力与压力计。在给水排水工程中,经常会遇到压力和真空度的问题,例如水泵出口压力,管网中用户的服务水头等。水压的检测和控制是保证供水系统水压要求,并使之经济运行的必要条件。另外,还有一些其他过程参数,如流量、液位等往往可以通过压力来间接测量。所以,压力的测量在给水排水生产过程自动化中具有特殊的地位。

表 12 - 5　典型超声波流量计主要性能指标

产品型号	测量介质	管道材质	测量管径 /mm	测量流速 /(m·s⁻¹)	测量 精度
LDJ - 1J	给水、污水、泥浆、油水 混合液、啤酒等	钢、铜、铁、塑料	50～2 200	2.0～10	±2%
ZCL - 15	给水、污水	钢、铁、铝、塑料	100～3 000	0.05～15	±1.5%
LCZ - 803	水、油、化工液体等	金属、硬塑	25～2 200	0～6	±1.5%
LCD	浆体、污水	金属、非金属	25～3 000	0～12	±2%
DCHL	水、酸、碱、盐、油及浑 浊液体	钢、铸铁、铝、塑 料、玻璃钢等	100～3 000	0～10	±1.5%
PCL	水、海水、污水及其他 均质流体	钢、铸铁、有机玻 璃等	25～2 200	0～6	±1.5%
POLYSON- ICS 多普勒超声 波流量计	矿浆、污水、原水、原 油等		6～7 600	0.02～10	
POLYSON- ICS 时差式超声 波流量计	自来水、蒸馏水、泉水、 成品油、化学溶剂、酸碱 液等纯净液体		25～3 000	±0.5%	

在压力检测中,通常有绝对压力、表压(相对压力)、负压或真空度等名词。绝对压力是指介质所受的实际压力,表压是指高于大气压的绝对压力与大气压力之差,即

$$p_表 = p_绝 - p_大$$

负压或真空度是指大气压与低于大气压的绝对压力之差,即

$$p_真 = p_大 - p_绝$$

图 12 - 13 表示出表压力、绝对压力、负压力(真空度)的关系。

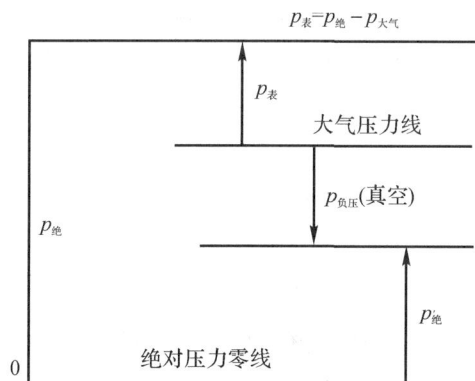

图 12 - 13　各种压力的关系

在给水排水工程上常用的压力单位为帕斯卡(Pa)(国际单位,通常在生产上用 MPa 为单位,1 MPa＝10^6 Pa),还有工程大气压、毫米汞柱、米水柱等,其换算关系见表 12-6。

表 12-6　压力单位换算表

帕斯卡/Pa	标准大气/atm	工程大气压/at	毫米汞柱/mm Hg	米水柱/m H_2O
1	9.871×10^{-6}	1.020×10^{-5}	7.500×10^{-3}	1.020×10^{-4}
1.013×10^5	1	1.033 2	760	10.332
9.807×10^4	0.967 8	1	735.56	10.000
133.32	0.001 31	0.001 36	1	0.013 6
9.807×10^3	0.096 8	0.1	73.556	1

在工业上检测压力的常用方法有:以流体静力学理论为基础的液柱测压法;根据弹性元件受力变形原理的弹性变形测压法;将被测压力转换成各种电量的电测法;将被测压力转换成活塞上所加平衡码的重量的活塞法等。

由于生产过程中测量压力的范围很宽,测量的条件和精度要求各异,所以,压力检测仪表的种类非常丰富,在此不可能一一介绍。下面主要介绍较为适于自动化监控用的几种常用压力计,并将各种常见压力计的基本性能列表于后。

(2)应变片式压力计。把压力转换为电阻、电容、电感或电势等电量,从而实现压力的间接测量的压力计叫作电气式压力计。这种压力计反应较快,测量范围($7\times10^{-5}\sim5\times10^8$ Pa)较广,精度也可达 0.2%,便于远距离传送。所以在生产过程中可以实现压力自动检测、自动控制和报警,适用于测量压力变化快、脉动压力、高真空和超高压的场合。应变片式压力计就是电气式压力计的一种。

应变片式压力计是利用电阻应变片将被测压力转换为电阻值的变化,再通过桥式电路获得毫伏级的电量输出,然后由二次仪表显示或记录。

① 电阻应变片原理。作为感压元件的应变片是由金属或半导体材料制成的电阻体,它的电阻值随压力所产生的应变而变化,一根截面积为 A、长度为 l 的电阻,其电阻值:

$$R=\rho(l/A) \tag{12-17}$$

式中:ρ 为材料的电阻率。

当电阻受到外力作用时,则要发生应变,电阻值就要改变,根据材料力学可以得到如下公式:

$$K=(dR/R)/\varepsilon \cdot (1+2\mu)+(d\rho/\rho)/\varepsilon \tag{12-18}$$

式中:K 为应变系数或灵敏度系数;μ 为材料的泊松系数;ε 为应变量。

系数 K 表示电阻材料产生应变时,电阻值的相对变化量,是衡量应变片灵敏度的参数。

对于金属材料来说,$(d\rho/\rho)\ll1$,压阻效应很小,电阻变化主要是由应变效应引起的,

$K \approx 1+2\mu$。将于大多数金属来说，K 值较小，约在 2 左右。对于半导体来说，由于压阻效应很大，应变效应可以忽略，$K \approx (\mathrm{d}\rho/\rho)/\varepsilon$，$K$ 值约为 $100 \sim 200$。

　　如图 12-14(a) 所示，如果两片应变片 R_1、R_2，分别以轴向和径向用特殊胶合剂固定在应变筒 l 的上端与外壳 2 固定在一起，其下端与不锈钢密封片 3 紧密连接，应变片与筒体保持绝缘。当被测压力 p 作用于膜片时，引起应变筒受压变形，从而使 R_1、R_2 阻值发生变化。R_1、R_2 与固定电阻 R_3、R_4 组成测量桥路[见图 12-14(b)]。当电阻 $R_1 = R_2$ 时，测量桥路平衡，故其输出为零；当 R_1、R_2 阻值变化不等时。测量桥路输出不平衡电压信号。应变式压力计就是根据该输出电压信号随压力变化，实现压力的间接测量。

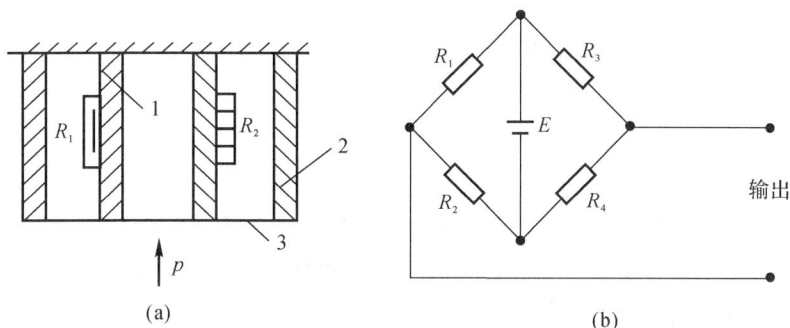

图 12-14　应变片式压力计示意图

　　(3) 霍尔片式压力计。霍尔片式压力计运用霍尔元件的霍尔效应，把被测压力作用下所产生的弹性元件位移转换为电势输出。

　　如图 12-15(b) 所示，半导体单晶片沿 z 轴方向被置于恒定磁场 B 中。如果在它的 z 轴方向接入直流稳压电源，并有恒定电流沿 y 轴方向流过，则在晶体的 x 轴方向出现电势，这种现象称为霍尔效应，所产生的电势称为霍尔电势，单晶体片称为霍尔元件或霍尔片。

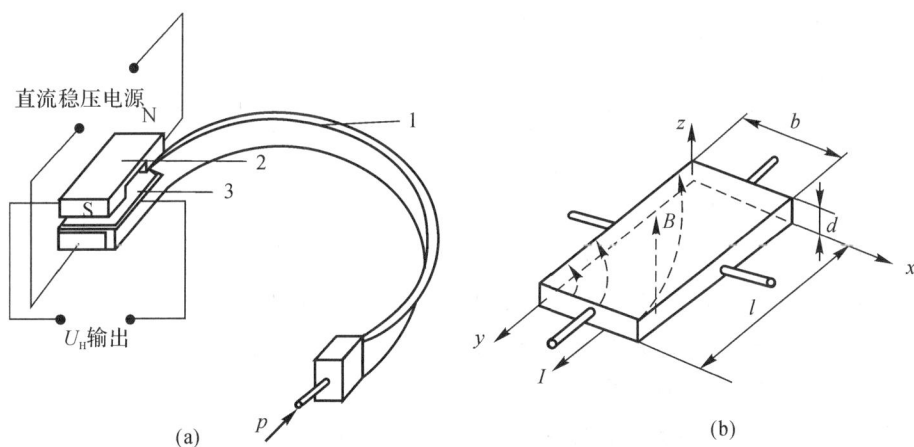

图 12-15　霍尔片式压力计

1— 弹簧管；　2— 磁钢；　3— 霍尔片

霍尔电势的产生是因为在霍尔片中流过控制电流,电子在霍尔片中运动时受到磁场力(方向可由左手定则确定)的作用,其运动方向发生偏移。因此,在霍尔片的一个端面上造成电子积累,另一个端面上出现正电荷过剩,于是在霍尔片的 x 轴方向出现电位差(即霍尔电势)。显然,控制电流 I 愈大,磁场强度 B 愈强,则霍尔片中偏转的电子愈多,霍尔电势 U_H 愈大。其关系式为

$$U_H = K_H I B \tag{12-19}$$

式中:K_H 为霍尔系数,与元件材料、几何尺寸有关。

由式(12-19)可知,对于选定的霍尔元件,若输入一恒定电流 I,则输出电势 U_H 与磁场强度 B 成正比。

图 12-15(a) 所示为霍尔片式压力计原理图,它由霍尔元件与弹簧管组成,弹簧管 1 与霍尔片 3 相连接,被测压力 p 从弹簧管的固定端引入,在霍尔元件的上下垂直方向安放两对磁极,在它右侧一对磁极所产生的磁场方向向下,左侧一对磁极所产生的磁场方向向上,形成一个差动磁场。当霍尔元件处于极板间的中央平衡位置时,霍尔元件两端通过的磁通大小相等,方向相反,所以,产生的霍尔电势(U_H)之代数和为零;当霍尔元件由弹簧管带动能离中央位置时,霍尔元件就产生正比于位移的霍尔电势;当弹簧管的位移与被测压力成正比时,则霍尔电势输出与被测压力成正比。从而实现了压力-位移-电势的转换。

由于霍尔元件受温度影响较大,所以在实际使用中应对霍尔元件采取恒温或其他温度补偿措施,以补偿环境温度变化对霍尔电势的影响。

(4)压力检测仪的选用:

1)仪表量程的选用:

对于测量稳定压力,仪表量程上限选大于或等于 1.5 倍常用压力。

对于测量交变压力,仪表量程上限选大于或等于 2 倍常用压力。

对于测量稳定压力,仪表常用压力选 1/3~1/2 量程上限。

对于测量交变压力,仪表常用压力选不大于 1/2 量程上限。

2)仪表精度的选用:

对于工业用仪表,其精度选 1.5 级或 2.5 级。

对于实验室或校验用仪表,其精度选 0.4 级及 0.25 级以上。

3)根据测量介质性质及使用条件选用:

对于测量腐蚀性介质,可选用防腐型压力计或加防腐隔离装置。

对于测量黏性、结晶及易堵介质,可选用膜片式压力计或加隔离装置。

对于使用于防爆场合,选用防爆式压力计。

对于测量高温蒸汽,可加隔离装置。

4)其他:当要求压力检测仪表具有指示、记录、报警和远传等功能时,则可以选用具有相应功能的压力表。

在表 12-7 中列出了各类压力检测仪表的主要性能特点,可供选用时参考。

表 12－7　各类压力测量仪表的性能比较

仪表类别	液柱式压力计	活塞式压力计	弹性式压力计	压力传感器
主要特征及优缺点	①按其工作原理和结构形式不同,可分为:U型管式、倾斜式、杯式和补偿式等几种; ②结构简单,使用方便; ③测量精度受工作液的毛细管作用、重度及视差等因素影响; ④若工作液是水银,则容易引起水银中毒	①按其活塞的形式不同,可分为单活塞和双活塞式两种; ②测量精度很高,可达 0.05％～0.02％; ③测量精度受浮力、温度和重力加速度的影响,故使用时需作修正; ④结构较复杂,价格较贵	①按其弹性元件的不同,可分为弹簧管式(包括单圈和多圈弹簧管)、照片式、膜盒式、波纹管式和板簧式等; ②使用范围广,测量范围宽(可以测量真空度、微压、低压、中亚和高压); ③结构简单,使用方便,价格低廉; ④若增设附加机构(如记录机构、控制元件或电气转换装置),则可制成压力记录仪、电接点压力表、压力控制报警器和远传压力表	①按其作用原理不同,可分为电位器式、应变式、电感式、霍尔式、振频式、压阻式、压电式和电容式等; ②输出信号根据不同的形式,可以是电阻、电流、电压或频率等; ③输出信号需要通过测量线路或信号处理装置相配使用; ④适用范围广,发展迅速,但品种系列及质量尚需进一步完善和提高
主要用途	用来测量低压力及真空度或作标准计量仪器	用来检定低一级的活塞式压力计或检验精密压力表,是一种主要的压力标准计量仪器	用来测量压力及真空度,可以就地指示,也可以远传、信中控制,或记录或报警发信;若采用膜片式或隔膜式结构,尚可测量易结晶及腐蚀性介质的压力或真空度	多用于压力信号的远传,发信或集中控制,如和显示、调节、记录仪表联用,则可组成自动调节和自动控制系统,广泛用于工业自动化中
精度	1.5％;1％;0.5％;0.2％;0.05％;0.02％	一等 0.02％;二等 0.05％ ;三等 0.2％	一般压力表 2.5％;1.5％;1％ 精密压力表 0.4％;0.25％;0.6％;0.1％	0.2％～1.5％
测量范围	0～15 至 0～2 000 Pa×133 Pa 0～15 至 0～2 000 Pa×9.8 Pa	(－1～215)×9.8×10^4 Pa (50～250)×9.8×10^4 Pa	(－1～0)×9.8×10^4 Pa (±8－±400)×9.8 Pa (0～0.6)×9.8×10^4 Pa－(0～100)×9.8×10^4 Pa	(7×10^{-10}～5×10^5)×9.8×10^4 Pa

5.液位检测仪表

液面高度的确定是给水排水工程中的常见测量项目。通过液位的测量可以知道容器里的原料、成品或半成品的数量,以便调节容器中流入流出物料的平衡,保证生产过程中各环节所需的物料或进行经济核算。另外,通过液位的测量,可以了解生产是否正常进行,以便及时监视或控制容器液位,保证安全生产以及产品的质量和数量。

(1)浮力式液位计。浮力式液位计是应用较早的一种液位计,由于它结构简单,使用方便,价格便宜,所以至今在许多工业部门中被广泛应用。

浮力式液位计是根据阿基米德原理工作,即液体对一个物体浮力的大小,等于物体所排开液体的重量。

浮力式液位计可分为两种:一种为恒浮力式液位计,在整个测量过程中其浮力维持不变(如浮标式、香球式等液位计),在工作时浮标随液位高低而变化。另一种为变浮力式液位计(如浮筒式液位计),它根据浮筒在液体内浸没的深度不同而所受浮力不同来测量液位。

图12-16所示为浮标式液位计,浮标置于被测介质中。为了平衡浮标的重量,设有平衡锤。浮标、标尺与平衡锤用钢丝绳连接。当液位变化时,浮标随着浮动,通过指针便可直接指示出液位高度。

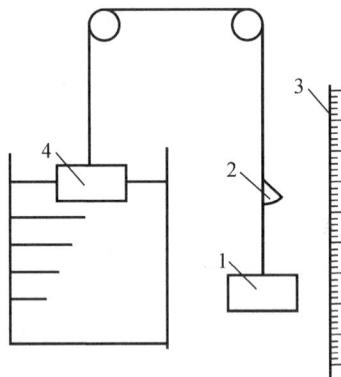

图12-16 浮标式液位计原理图
1—平衡锤; 2—指针; 3—标尺; 4—浮标

如果把浮标的位移转换为电量的变化,则可以进行液位的远传指示或记录。

(2)静压式液位计。静压式液位计在工业生产上获得了广泛的应用,因为对于不可压缩的液体,液位高度与液体的静压力成正比。所以,测出液体的静压力,即可知道液位高度。

图12-17所示为开口容器的液位测量。压力计与容器底部相连,由压力计指示的压力大小,即可知道液位高度。其关系为

$$H = P/\gamma \tag{12-20}$$

式中:H 为液位高度;γ 为液体重力密度;P 为容器内取压平面上的静压力。

(3)电容式液位计。在平行板电容器之间充以不同介质时,其电容量的大小是不同的。所以,可以用测量电容量的变化来检测液位或两种不同介质的液位分界面。

可利用插入容器中的一根导体与容器壁作为两个电极来测量液位,其总电容量:

$$C = Kh_1\varepsilon_1 + K(h - h_1)\varepsilon_2 = Kh\varepsilon_1 - Kh_1(\varepsilon_1 - \varepsilon_2) \tag{12-21}$$

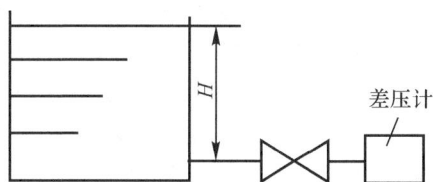

图 12-17　静压式液位计原理图

式中:K 为常数,与电极的尺寸、形状有关;ε_1 为被测液体的介电系数;ε_2 为气体的介电系数;h 为电极总高度;h_1 为浸入液体中的电极高度。

在实际应用中,电极的尺寸、形状已定,介电系数亦是基本不变的。因此,测量电容量的变化就可知道液位的高低。当电极几何形状及尺寸一定时,如果 ε_1、ε_2 相差愈大,则仪表灵敏度愈高;如果 ε_1、ε_2 发生变化,则会使测量结果产生误差。

电容量的变化可以用高频交流电桥等来测量。

(4)激光式液位计。激光式液位计是一种很有发展前途的液位计。因为激光光能集中,强度高,而且不易受外来光线干扰,甚至在 1 500 ℃ 左右的高温下也能正常工作。另外,激光光束扩散很小,在定点控制液位时,具有较高的精度。

图 12-18 所示为反射式激光液位计原理。液位计主要由激光发射装置、接收装置和控制部分组成,控制精度为 ±2 mm。当氦氖激光管 1 发射出激光光束,经直角接镜 2、3 折光后,射入光束 5 经盘式折光器 4 成为光脉冲,再经聚光小球 6 聚成很小的光点,由双胶合望远镜 7 将光束按 10 度左右的斜度投射于被测液面上。当被测液位正常时,光点反射聚焦在接收器的中向硅光电池 10 上,经放大器 13 放大后使正常信号灯亮;当被测液面高于正常液面时,光点反射升高,被上限硅光电池 9 接收,经放大器 12 放大后使上限报警灯亮;反之,则下限报警灯亮,控制执行机构改变进料量。上、下光电池间的距离,可根据光点的大小和控制精度进行上、下调整。

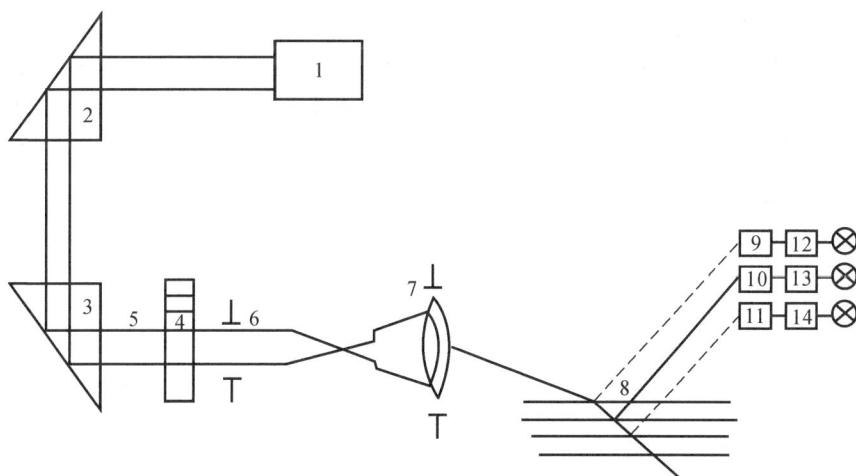

图 12-18　反射式激光液位计原理图

1—激光管；　2,3—直角棱镜；　4—盘式折光器；　5—光束；　6—聚光小球；　7—双胶合望远镜

(5)超声波式液位计。超声波液位计是基于晶体的压电效应,用压电晶体作探头(即换能器)发射出声波,声波遇到两相界面被反射回来,又被探头所接收,根据声波往返所需要的时间而测出液位的高度。作为换能器的探头又可分为发射型、接收型和发射—接收型3种。

一般把频率高于20 kHz的声波称为超声波。声频愈高,则发射的声束愈尖锐,方向性也愈强。但是,它的可测距离也相应地降低。因此,超声波液位计所使用的声波频率并非一定要高于20 kHz,要根据具体工作条件来决定。

超声波液位计可以使用两个探头,也可以使用一个探头,即双探头式及单探头式。前者是一个探头发射声波,另一个探头用来接收声波。后者是发射与接收都是用一个探头进行,只是发射与接收时间相互错开。

超声波液位计具有下列特点。

1)没有可动部件,而探头的压电晶片振幅很小,所以不会造成对探头或对设备的损坏,寿命长。

2)检测元件(探头)可以不与被测介质直接接触,即可以做到非接触测量。

3)可以利用切换开关进行多点测量,便于集中控制。

但是,超声波液位计的电路比较复杂,造价较高,要根据具体情况合理选用。

(6)液位检测仪表的选用。

1)检测精度。对用于计量和经济核算的,应选用精度等级较高的液位检测仪表,如超声波液位计的误差为±2 mm。对于一般检测精度,可以选用其他液位计。

2)工作条件。对于测量高温、高压、低温、高黏度、腐蚀性、泥浆等特殊介质,或在用其他方法难以检测的各种恶劣条件下的特殊场合,可以选用电容式液位计等。对于一般情况,可选用其他液位计。

3)测量范围。如果测量范围较大,可选用电容式液位计。对于测量范围在2 m以上的一般介质,可选用压差式液位计等。

4)刻度选择。在选择刻度时,最高液位或上限报警点为最大刻度的90%;正常液位为最大刻度50%;最低液位或下限报警点为最大刻度的10%。

在具体选用液位检测仪表时一般还须考虑,容器的条件(形状、大小);测量介质的状态(重力密度、黏度、温度、压力及液位变化);现场安装条件(安装位置,周围有否振动冲击等);安全性(防火、防爆等);信号编出方式(现场显示,或远距离显示、变送或调节)等问题。表12-8列出了液位测量仪表的分类及性能。

表 12-8　液位测量仪表的分类及性能

	项目	直读式液位仪表		差动式液位仪表			浮力式液位仪表				电子式液位仪表		
		玻璃管液位计	玻璃板液位计	压力式液位计	吹气式液位计	差压式液位计	油罐称重仪	带钢丝绳浮子式液位计	杠杆带浮球式液位计	浮筒式液位计	电接触式液位计	电容式液位计	电感式液位计
仪表	测量范围/m	<1.5	<3			20		20		2.5		2.5	≥64
	测量精度	无				±1%		±0.1%		±1.5%	±1%±10 mm		±2%
	可动部件	无	无	无	无	无	有	有	有	有	无	无	无
	与被测介质接触否	接	接	接、不	接	接	接	接	接	接	接	接	接、不
	连续测量或定点测量	连续	连续	连续	连续	连续	连续	连续	连续定点	连续	定点少数连续	连续定点	连续
输出方式	操作条件	就地目视	就地目视	远传		远传	远传	远传	报警	远传	报警	远传	报警远传
	工作压力(9.8×10⁵ Pa)	<16	<40	常压	常压			常压	16	320		320	
	介质工作温度/℃	100~150	100~150			-20~200			<150	<200	-200~200		
被测对象	防爆要求(本质安全、隔爆、不接触介质)	本质安全	本质安全	可隔爆	本质安全	气动防爆	可隔爆	可隔爆	本质安全隔爆	有隔爆			
	对黏性介质(结晶悬浮物)			法兰式可用		法兰式可用	钟盖引压可用						
	对多泡沫、沸腾介质测量			适用	适用	适用	适用		适用	适用			

续表

类别	项目	声学式液位仪表 声介式声波液位计	声学式液位仪表 液介式超声波液位计	声学式液位仪表 固介式超声波液位计	声学式液位仪表 超声波液位讯号器	核辐射式液位仪表 核辐射液位计	核辐射式液位仪表 核辐射液位讯号器	其他液位仪表 射流液位控制装置	其他液位仪表 激光液位控制器	其他液位仪表 微波液位仪表	其他液位仪表 振弦式液位表	其他液位仪表 重锤式料位测量仪
仪表	测量范围/m	30	10			15						30
仪表	测量精度/mm	±3	±4	±5	±6	±7	±8	±9	±10	±11	±12	±13
仪表	可动部件	无	无	无	无	无	无	无	无	无	有	有
仪表	与被测介质是否接触	接	接	接	不	不	不	接	不	不	接	接
输出方式	连续测量或定点测量	连续	连续	连续	定点	连续	定点	定点	定点	定点	定点	连续
输出方式	输出方式	远传	远传			远传	远传	报警	报警			
被测对象（操作条件）	工作压力（9.8×10^{5} Pa）					由电容器定	由电容器定		常压		常压	常压
被测对象（操作条件）	介质工作温度/℃	200		高温			1 000		1 500			
被测对象	防爆要求（本质安全、隔爆、不接触介质）					不接触介质	不接触介质	不接触介质	本质安全	不接触介质		
被测对象	对粘性介质（结晶悬浮物）	适用	适用	适用	适用	适用	适用	适用	适用			
被测对象	对多泡沫、沸腾介质测量	适用	适用	适用	适用	适用	适用					

附　　录

附录1　水处理行业常用标准

1.《污水综合排放标准》(GB18918—2022)

2.《水污染物综合排放标准》(DB 11/307—2013)

3.《城镇污水处理厂污染物排放标准》(GB 18918—2002)

4.《城市污水再生利用城市杂用水水质》(GB 1118920—2002)

5.《城市污水再生利用景观环境用水水质》(GB 1118921—2002)

6.《禽畜养殖业污染物排放标准》(GB 18596—2001)

7.《医疗机构污染物排放标准》(GB 18499—2005)

8.《煤炭工业污染物排放标准》(GB 20426—2006)

9.《发酵类制药工业水污染物排放标准》(GB 21903—2008)

10.《化学合成类制药工业水污染物排放标准》(GB 21904—2008)

11.《提取类制药工业水污染物排放标准》(GB 21905—2008)

12.《中药类制药工业水污染物排放标准》(GB 21906—2008)

13.《生物工程类制药工业水污染物排放标准》(GB 21907—2008)

14.《混装制剂类制药工业水污染物排放标准》(GB 21908—2008)

15.《啤酒工业污染物排放标准》(GB 19821—2005)

16.《汽车维修业水污染物排放标准》(GB 26877—2011)

17.《制革及毛皮加工工业水污染物排放标准》(GB 30486—2013)

18.《皂素工业水污染物排放标准》(GB 20425—2006)

19.《杂环类农药工业水污染物排放标准》(GB 21523—2008)

20.《制浆造纸工业水污染物排放标准》(GB 3544—2008)

21.《制糖工业水污染物排放标准》(GB 21909—2008)

22.《电镀污染物排放标准》(GB 21900—2008)

23.《淀粉工业水污染物排放标准》(GB 25461—2010)

24.《酵母工业水污染物排放标准》(GB 25462—2010)

25.《油墨工业水污染物排放标准》(GB 25463—2010)

26.《稀土工业污染物排放标准》(GB 26451—2011)

27.《发酵酒精和白酒工业水污染物排放标准 GB 27631—2011

28.《钢铁工业水污染物排放标准》(GB 13456—2012)

29.《铁矿采选工业污染物排放标准》(GB 28661—2012)

30.《电子工业水污染物排放标准》(GB 31570—2015)

31.《再生铜、铝、铅、锌工业污染物排放标准》(GB 31574—2015)

32.《纺织染整工业水污染物排放标准》(GB 4287—2012)

33.《石油炼制工业污染物排放标准》(GB 39731—2020)

34.《危险废物贮存污染控制标准》(GB 18597—2023)

附录 2   相关行业清洁生产标准

1.《清洁生产标准 淀粉工业(玉米淀粉)》(HJ 445—2008)

2.《清洁生产标准 味精工业》(HJ 444—2008)

3.《清洁生产标准 石油炼制业(沥青)》(HJ 443—2008)

4.《清洁生产标准 电石行业》(HJ/T 430—2008)

5.《清洁生产标准 化纤行业(涤纶)》(HJ/T 429—2008)

6.《清洁生产标准 化纤行业(氨纶)》(HJ/T 359—2007)

7.《清洁生产标准 钢铁行业(炼钢)》(HJ/T 428—2008)

8.《清洁生产标准 钢铁行业(高炉烧结)》(HJ/T 427—2008)

9.《清洁生产标准 钢铁行业(烧结)》(HJ/T 426—2008)

10.《清洁生产标准 钢铁行业(中厚板轧钢)》(HJ/T 318—2006)

11.《清洁生产标准 白酒制造业》(HJ/T 402—2007)

12.《清洁生产标准 镍选矿行业》(HJ/T 358—2007)

13.《清洁生产标准 电解锰行业》(HJ/T 357—2007)

14.《清洁生产标准 造纸工业(硫酸盐化学木浆生产工艺)》(HJ/T 340—2007)

15.《清洁生产标准 造纸工业(漂白化学烧碱法麦草浆生产工艺)》(HJ/T 339—2007)

16.《清洁生产标准 造纸工业(漂白碱法蔗渣浆生产工艺)》(HJ/T 317—2006)

17.《清洁生产标准 铁矿采选业》(HJ/T 294—2006)

18.《清洁生产标准 电镀行业》(HJ/T 314—2006)

19.《清洁生产标准 乳制品制造业》(HJ/T 316—2006)

20.《清洁生产标准 汽车制造业(涂装)》(HJ/T 293—2006)

21.《清洁生产标准 基本化学原料制造业(环氧乙烷/乙二醇)》(HJ/T 190—2006)

22.《清洁生产标准 钢铁行业》(HJ/T 189—2006)

23.《清洁生产标准 氮肥制造业》(HJ/T 188—2006)

24.《清洁生产标准 电解铝业》(HJ/T 187—2006)

25.《清洁生产标准 甘蔗制糖业》(HJ/T 186—2006)

26.《清洁生产标准 纺织业(棉印染)》(HJ/T 185—2006)

27.《清洁生产标准 食用植物油工业(豆油和豆粕)》(HJ/T 184—2006)

28.《清洁生产标准　啤酒制造业》(HJ/T 183—2006)

29.《清洁生产标准　制革行业(猪轻革)》(HJ/T 127—2003)

30.《清洁生产标准　炼焦行业》(HJ/T 126—2003)

31.《清洁生产标准　石油炼制业》(HJ/T 125—2003)

32.《清洁生产标准　煤炭采选业》(HJ 446—2008)

33.《清洁生产标准　制革行业(牛轻革)》(HJ 448—2008)

34.《清洁生产标准　铅蓄电池工业》(HJ 447—2008)

35.《清洁生产标准　合成革工业》(HJ 449—2008)

附录3　排放许可证授权与核发技术规范

1.《排污许可证申请与核发技术规范　总则》(HJ942—2018)

2.《排污单位环境管理台账及排污许可证执行报告技术规范　总则(试行)》(HJ944—2018)

3.《排污许可证质量核查技术规范》(HJ 1299—2023)

4.《排污许可证申请与核发技术规范　工业固体废物(试行)》(HJ 1200—2021)

5.《排污许可证申请与核发技术规范　稀有稀土金属冶炼》(HJ1125—2020)

6.《排污许可证申请与核发技术规范　铁路、船舶、航空航天和其他运输设备制造业》(HJ 1124—2020)

7.《排污许可证申请与核发技术规范　制鞋工业》(HJ 1123—2020)

8.《排污许可证申请与核发技术规范　橡胶和塑料制品工业》(HJ1122—2020)

9.《排污许可证申请与核发技术规范　工业炉窑》(HJ1121—2020)

10.《排污许可证申请与核发技术规范　水处理通用工序》(HJ1120—2020)

11.《排污许可证申请与核发技术规范　石墨及其他非金属矿物制品制造》(HJ1119—2020)

12.《排污许可证申请与核发技术规范　铁合金、电解锰工业》(HJ1117—2020)

13.《排污许可证申请与核发技术规范　涂料、油墨、颜料及类似产品制造业》(HJ 1116—2020)

14.《排污许可证申请与核发技术规范　金属铸造工业》(HJ1115—2020)

15.《排污许可证申请与核发技术规范　医疗机构》(HJ 1105—2020)

16.《排污许可证申请与核发技术规范　环境卫生管理业》(HJ 1106—2020)

17.《排污许可证申请与核发技术规范　煤炭加工——合成气和液体燃料生产》(HJ 1101—2020)

18.《排污许可证申请与核发技术规范　专用化学产品制造工业》(HJ 1103—2020)

19.《排污许可证申请与核发技术规范　日用化学产品制造工业》(HJ 1104—2020)

20.《排污许可证申请与核发技术规范　化学纤维制造业》(HJ 1102—2020)

21.《排污许可证申请与核发技术规范　制药工业——中成药生产》(HJ 1064—2019)

22.《排污许可证申请与核发技术规范　制药工业——生物药品制品制造》(HJ 1062—

2019)

23.《排污许可证申请与核发技术规范 制药工业——化学药品制剂制造》(HJ 1063—2019)

24.《排污许可证申请与核发技术规范 制革及毛皮加工工业——毛皮加工工业》(HJ 1065—2019)

25.《排污许可证申请与核发技术规范 印刷工业》(HJ 1066—2019)

26.《排污许可证申请与核发技术规范 钢铁工业》(HJ 846—2017)

27.《排污许可证申请与核发技术规范 有色金属工业——铝冶炼》(HJ863.2—2017)

28.《排污许可证申请与核发技术规范 农药制造工业》(HJ862—2017)

29.《排污许可证申请与核发技术规范 农副食品加工工业——制糖工业》(HJ 860.1—2017)

30.《排污许可证申请与核发技术规范 化肥工业——氮肥》(HJ864.1—2017)

31.《排污许可证申请与核发技术规范 纺织印染工业》(HJ 861—2017)

32.《排污许可证申请与核发技术规范 电镀工业》(HJ 855—2017)

33.《排污许可证申请与核发技术规范 炼焦化学工业》(HJ 854—2017)

34.《排污许可证申请与核发技术规范 玻璃工业——平板玻璃》(HJ 856—2017)

35.《排污许可证申请与核发技术规范 石化工业》(HJ 853—2017)

36.《排污许可证申请与核发技术规范 水泥工业》(HJ 847—2017)

37.《排污许可证申请与核发技术规范 有色金属工业——再生金属》(HJ 863.4—2018)

38.《排污许可证申请与核发技术规范 农副食品加工工业——屠宰及肉类加工工业》(HJ 860.3—2018)

39.《排污许可证申请与核发技术规范 农副食品加工工业——淀粉工业》(HJ 860.2—2018)

40.《排污许可证申请与核发技术规范 有色金属工业 锑冶炼》(HJ 938 2017)

41.《排污许可证申请与核发技术规范 有色金属工业——钴冶炼》(HJ937—2017)

42.《排污许可证申请与核发技术规范 有色金属工业——锡冶炼》(HJ 936—2017)

43.《排污许可证申请与核发技术规范 有色金属工业——钛冶炼》(HJ 935—2017)

44.《排污许可证申请与核发技术规范 有色金属工业——镍冶炼》(HJ 934—2017)

45.《排污许可证申请与核发技术规范 有色金属工业——镁冶炼》(HJ 933—2017)

46.《排污许可证申请与核发技术规范 有色金属工业——汞冶炼》(HJ 931—2017)

47.《排污许可证申请与核发技术规范 制药工业——原料药制造》(HJ 858.1—2017)

48.《排污许可证申请与核发技术规范 制革及毛皮加工工业——制革工业》(HJ 859.1—2017)

49.《排污许可证申请与核发技术规范 有色金属工业——铜冶炼》(HJ 863.3—2017)

50.《排污许可证申请与核发技术规范 有色金属工业——铅锌冶炼》(HJ 863.1—2017)

51.《排污许可证申请与核发技术规范 生活垃圾焚烧》(HJ 1039—2019)

52.《排污许可证申请与核发技术规范 危险废物焚烧》(HJ 1038—2019)

53.《排污许可证申请与核发技术规范 工业固体废物和危险废物治理》(HJ 1033—

2019）

54.《排污许可证申请与核发技术规范 食品制造工业——方便食品、食品及饲料添加剂
制造工业》（HJ 1030.3—2019）

55.《排污许可证申请与核发技术规范 废弃资源加工工业》（HJ 1034—2019）

56.《排污许可证申请与核发技术规范 无机化学工业》（HJ 1035—2019）

57.《排污许可证申请与核发技术规范 聚氯乙烯工业》（HJ 1036—2019）

58.《排污许可证申请与核发技术规范 电子工业》（HJ 1031—2019）

59.《排污许可证申请与核发技术规范 食品制造工业—调味品、发酵制品制造工业》
（HJ 1030.2—2019）

60.《排污许可证申请与核发技术规范 食品制造工业—乳制品制造工业》（HJ 1030.1—
2019）

61.《排污许可证申请与核发技术规范 酒、饮料制造工业》（HJ 1028—2019）

参 考 文 献

[1] 李艳.发酵工业概论[M].2版.北京:中国轻工业出版社,2011.

[2] 于文国.发酵生产技术[M].3版.北京:化学工业出版社,2016.

[3] 余淦申,郭茂新,黄进勇.工业废水处理及再生利用[M].北京:化学工业出版社,2013.

[4] 王又蓉.工业废水处理问答[M].北京:国防工业出版社,2007.

[5] 赵庆良,李伟光.特种废水处理技术[M].哈尔滨:哈尔滨工业大学出版社,2003.

[6] 王凯军,秦人伟.发酵工业废水处理[M].北京:化学工业出版社,2000.

[7] 李家科.特种废水处理工程[M].2版.北京:中国建筑工业出版社,2016.

[8] 郭宇杰,修光利,李国亭.工业废水处理工程[M].上海:华东理工大学出版社,2016.

[9] 宗绪岩.啤酒工艺学[M].北京:化学工业出版社,2016.

[10] 黄亚东.啤酒生产技术[M].2版.北京:中国轻工业出版社,2018.

[11] 胡晓东.制药废水处理技术及工程实例[M].北京:化学工业出版社,2008.

[12] 王琳,汪炎.精细化工园区综合废水治理工程实例[J].工业用水与废水,2014,45(3): 68-70.

[13] 国家环境保护总局科技标准司.污废水处理设施运行管理[M].北京:北京出版社,2010.

[14] 王效山,夏伦祝.制药工业三废处理技术[M].北京:化学工业出版社,2010.

[15] 冯绍彬.电镀清洁生产工艺[M].北京:化学工业出版社,2005.

[16] 张学洪,张力,梁延鹏.水处理工程试验技术[M].北京:冶金工业出版社,2008.

[17] 曾一鸣.膜生物反应器技术[M].北京:国防工业出版社,2007.

[18] 王继斌,宋来洲,孙颖.环保设备选择、运行和维护[M].北京:化学工业出版社,2007.

[19] 崔福义,彭永臻,南军,等.给排水工程仪表与控制[M].北京:中国建材工业出版社,2006.

[20] 张允诚,胡如南,向荣.电镀手册[M].北京:国防工业出版社,2007.

[21] 孙华,李梅,刘利亚.涂镀三废处理工艺与设备[M].北京:化学工业出版社,2006.

[22] 严春杰,罗文君,周森.稀土生产废水处理技术[M].武汉:中国地质大学出版社,2006.

[23] 林荣忱,乔寿锁,王家廉.污废水处理设施运行管理[M].北京:北京出版社,2016.

[24] 黄长盾.印染废水处理[M].北京:中国纺织工业出版社,2019.